电力电子技术 PLECS 仿真实践教程

主　编　李　擎　阎　群
副主编　杨　旭　徐银梅

科学出版社
北　京

内 容 简 介

本书通过大量的仿真实例，深入浅出地介绍了基于 PLECS 仿真软件的电力电子技术建模、仿真和分析方法。全书共 7 章：第 1～3 章为基础内容，重点介绍 PLECS 仿真软件基本操作；第 4～7 章从基本整流电路建模和仿真结果分析逐步深入，介绍直流-直流变换电路、交流-交流变换电路和逆变电路等电力电子技术典型电路仿真建模与仿真结果分析。

本书面向电气工程及其自动化、自动化等专业及相近专业的本科生，贯穿“电力电子技术”课程教学全过程，可以作为实验课程、课程设计、毕业设计以及科技创新项目等的配套教材，也可以作为研究生和专业教师的参考书，同时还可供相关专业工程技术人员在日常工作中参考。

图书在版编目（CIP）数据

电力电子技术 PLECS 仿真实践教程 / 李擎，阎群主编. —北京：科学出版社，2023.3

ISBN 978-7-03-075194-2

Ⅰ. ①电… Ⅱ. ①李… ②阎… Ⅲ. ①电力电子电路–电路分析–应用软件–高等学校–教材 Ⅳ. ①TM13-39

中国国家版本馆 CIP 数据核字（2023）第 046875 号

责任编辑：潘斯斯 / 责任校对：王　瑞
责任印制：赵　博 / 封面设计：迷底书装

科 学 出 版 社 出版
北京东黄城根北街 16 号
邮政编码：100717
http://www.sciencep.com

中煤（北京）印务有限公司印刷

科学出版社发行　各地新华书店经销

*

2023 年 3 月第　一　版　开本：787×1092　1/16
2025 年 1 月第四次印刷　印张：12 1/4
字数：358 000

定价：59.00 元

前　言

电力电子技术是电力、电子和控制相结合的一门新兴交叉学科，是利用电力电子器件对电能进行变换和控制的技术，被称为人类社会的第二次电子革命。电力电子技术的应用十分广泛，包括电力系统、新能源发电、交直流调速、电源变换和交通运输等领域。随着我国科技的快速发展和传统产业节能降耗改造的深入开展，电力电子技术的应用也将日益普及和推广。

“电力电子技术”课程是电气工程及其自动化、自动化等专业的重要专业基础课，是一门实践性很强的课程，配合理论教学的电力电子技术实践环节不仅可以加深学生对理论知识的理解，而且有利于激发学生学习的主动性和积极性，培养学生分析和解决实际工程问题的能力，达到学以致用的目的。近年来，计算机仿真技术已成为学生学习“电力电子技术”课程的重要手段，将理论分析与电路仿真验证相结合，不仅有利于学生对抽象的电路原理有更加直观深入的认识，而且方便学生对不同类型驱动电路和用电负载情况下的性能进行比较和归纳总结。同时，仿真预习环节的引入，还可以帮助学生提前了解课程中相关实验的目的、原理和难点，避免在实验中陷入细节操作而忽略实验目的。

当前电力电子技术常用仿真软件有 PSpice、Saber、PSIM、MATLAB/Simulink、PLECS 等，每款软件各具特色。PSpice 属于元件级仿真软件，特别适合于对电力电子电路中开关暂态过程的描述，但不适用于大功率器件；另外，采用变步长算法会导致计算时间延长，仿真收敛性较差。Saber 被誉为全球最先进的系统仿真软件，是一款多领域的系统仿真产品，缺点是使用过程较复杂，占用系统资源较多，环路扫频耗时太长。PSIM 是专门用于电力电子及电机控制领域的专业化仿真工具，但波形和数据的分析能力偏弱，不够精确和细致。MATLAB 软件主要用于数值计算及控制系统的仿真和分析，其 Simulink 环境下提供的 SimPowerSystems 仿真工具箱在电力电子技术分析应用过程中存在难以仿真电力电子器件开关动态过程等问题。PLECS 系统级电力电子仿真软件遵循由上而下的设计理念，从电源、变流器到负载，可以应用于电力电子领域的各个环节。因此，非常有必要在“电力电子技术”和“电机与运动控制”等课程教学中逐步引入 PLECS 仿真实验。

PLECS 有嵌入版和独立版两个版本，嵌入版以 MATLAB/Simulink 为运行环境，是 Simulink 的工具箱之一；独立版于 2010 年开发完成，作为一个完整且独立的软件运行，具有控制元件库和电路元件库，系统控制部分也可以直接完成快速仿真。目前，国内关于 PLECS 仿真的参考资料较少，本书是在参考国内外大量文献及 PLECS 用户手册的基础上，结合团队多年实践教学经验和科研积累编写而成的，旨在向读者详细介绍电力电子技术 PLECS 仿真的方法和技巧，具有如下特点。

(1) 理论联系实际，着重培养学生对电气系统的设计和分析能力。

(2) 编写思路由浅入深，方便学生和相关工程技术人员循序渐进地完成学习。

(3) 仿真实例丰富，更易于学生掌握仿真软件的使用方法。

本书共7章。第1章为PLECS仿真软件概述，包括PLECS仿真软件安装、PLECS仿真环境、PLECS常用元件库以及PLECS的配置等内容。第2章介绍PLECS仿真基础，内容包括PLECS仿真基本流程、子系统创建及封装和仿真参数设置的方法。第3章详细介绍PLECS示波器，包括示波器的基本操作和示波器数值测量分析等内容。第4章介绍整流电路仿真实验，包括不同类型整流电路外接不同负载时的仿真模型和仿真结果分析等内容。第5章介绍直流-直流变换电路仿真实验，包括Buck、Boost、Buck-boost、Cuk和Sepic变换器仿真模型和仿真结果分析等内容。第6章介绍交流-交流变换电路仿真实验，包括单相交流调压电路和三相交流调压电路外接不同负载时的仿真模型和仿真结果分析等内容。第7章介绍逆变电路仿真实验，内容包括有源逆变、无源逆变和单相SPWM控制逆变电路仿真模型及仿真结果分析等内容。

本书由北京科技大学自动化学院李擎、阎群担任主编，杨旭、徐银梅担任副主编，崔家瑞、苗磊、李希胜参编。其中，第1、2章由李擎、徐银梅共同编写，第3、4章由阎群、苗磊共同编写，第5章由杨旭、崔家瑞共同编写，第6章由杨旭、徐银梅共同编写，第7章由阎群、李希胜共同编写。在本书的编写过程中，高继伟、梁佳宇、陈乐、李志敏等多名研究生参与了部分书稿的文字录入、图形绘制和内容校对工作。此外，在本书的出版过程中，潘斯斯编辑也付出了大量的辛勤劳动，在此一并表示衷心的感谢！

本书得到了北京科技大学教材建设经费资助，得到了北京科技大学教务处的全程支持。

由于编者水平有限，书中难免存在疏漏之处，敬请广大读者批评指正。

编　者

2022年11月

目　录

第 1 章　PLECS 仿真软件概述

1.1　典型电力电子技术仿真软件简介

电力电子技术是使用电力电子器件对电能进行变换和控制的技术。“电力电子技术”以“高等数学”“电路原理”“模拟电子技术”等课程为基础，同时也是“自动控制原理”“电机与拖动”等专业课程的前置基础课，具有很强的实用性和综合性，是电气工程领域理论和实践相结合的专业核心课程之一。电力电子技术教学质量的好坏，将直接影响后续课程的学习。电力电子技术实验教学在加深学生对基本概念、基本理论和基本方法的理解等方面非常有必要，而传统电力电子实验教学受场地、器材、时间等诸多因素的影响，难以让学生达到基本的实验目标。随着计算机仿真技术的发展，电力电子技术仿真软件大大简化了电力电子电路及系统的设计和分析过程，已成为学生学习“电力电子技术”课程的重要手段。

当前电力电子技术常用仿真软件有 PSpice、Saber、PSIM、MATLAB/Simulink、PLECS 等，每款软件各具特色。

PSpice 属于元件级仿真软件，模型采用 Spice 通用语言编写，移植性强，非常适合信息电子电路仿真。现在使用较多的是 PSpice 16.0，工作于 Windows 环境，占用硬盘空间 60MB 左右，整个软件由原理图编辑、电路仿真、激励编辑、元器件库编辑、波形图等几个部分组成，使用时是一个整体。PSpice 的电路元件模型反映实际型号元件的特性，通过对电路方程运算求解，能够仿真电路的细节，特别适合于对电力电子电路中开关暂态过程的描述，但不适用于大功率器件；采用变步长算法，导致计算时间的延长；仿真的收敛性较差。

Saber 被誉为全球最先进的系统仿真软件，也是唯一的多技术、多领域的系统仿真软件，现已成为混合信号、混合技术设计和验证工具的业界标准，可用于电子、电力电子、机电一体化、机械、光电、光学、控制等不同类型系统构成的混合系统仿真，这也是 Saber 的最大特点。Saber 是混合仿真系统，可以兼容模拟、数学、控制量的混合仿真，便于在不同层面分析和解决问题，其他仿真软件不具备这样的功能。Saber 仿真的真实性很好，从仿真电路到实际电路实现，参数基本不用修改。缺点是操作较复杂，占用系统资源较多，环路扫频耗时太长(以几十分钟计)。

PSIM 是专门用于电力电子及电机控制领域的专业化仿真工具。PSIM 具有快速的仿真功能和友好的用户界面等优点。PSIM 和其他仿真软件的最重要的差异是仿真速度快，环路扫频速度快(较复杂的需几分钟)，原理图仿真基本都能收敛。设计者可完全根据所掌握的主电路、控制方法等仿真知识直接进行设计。缺点是波形和数据的分析能力偏弱，不够精确和细致。

MATLAB/Simulink软件具有丰富的控制功能，同时提供了SimPowerSystems工具箱，构建仿真系统较灵活，广泛应用于电力电子技术仿真教学中。但SimPowerSystems仿真工具箱存在：难以仿真电力电子器件开关动态过程；对电机系统的联合仿真优化程度不足，难以仿真电机系统中的瞬变过程；受限于计算机的计算速度，过短的计算步长将导致计算机分配给MATLAB软件的存储空间溢出，过长的计算步长难以模拟电力电子变换器的过渡过程等问题。

PLECS（Piecewise Linear Electrical Circuit Simulation）是由瑞士Plexim GmbH公司开发的，是一款电路和控制相结合的，专门用于电力电子的系统级仿真软件，尤其适用于电力电子和传动系统，被誉为"专业的系统级电力电子电路仿真软件"，非常适用于电力电子的仿真实验教学。PLECS具有丰富的元件库、极快的仿真速度、功能强大的示波器和波形分析工具、C语言控制器、能自动生成C代码等特点，遵循由上而下的设计理念，从电源、变流器到负载，应用于电力电子领域的各个方向，不管是工业领域中的开发者还是学术研究者，PLECS都能够加速其对电气系统的设计和分析，例如，PLECS承担了英飞凌科技公司的半导体器件的热模型设计工作。美国ABB GE（中国）研究中心石油天然气部门、西门子（中国）研究院高压变频实验室、GE医疗、中国科学院物理研究所、中国铁道科学研究院、中国长江电力股份有限公司等，以及中国清华大学电机系、浙江大学电气工程学院、合肥工业大学能源研究所、华中科技大学、武汉科技大学、南京工业大学、中国矿业大学信息与控制工程学院等都在使用PLECS。

PLECS有PLECS Blockset（嵌入版）和PLECS Standalone（独立版）两个版本。嵌入版使用Simulink解算器作为其解算器，需要配合MATLAB的Simulink使用，这相当于为Simulink增加了PLECS的工具包，在使用Simulink进行仿真时，可以调用PLECS的元器件库进行主电路搭建，而控制部分仍然使用Simulink中提供的控制模块，大大加快了Simulink的仿真速度。独立版脱离MATLAB/Simulink，具有控制元件库和电路元件库，使用GNU Octave作为其数值引擎，采用优化的解析方法，作为一个完整且独立的软件运行，系统控制部分可以在PLECS独立版中直接快速仿真，大大降低了投资和维护成本。与PLECS嵌入版工具箱相比，PLECS独立版电路仿真模型编辑器保持了易于使用的人性化界面的简约风格。

本书主要基于PLECS独立版进行仿真。

1.2　PLECS仿真软件安装

PLECS独立版可运行于Microsoft Windows 32-bit、Microsoft Windows 64-bit、Mac/Intel 64-bit和Linux/Intel 64-bit环境下。

Plexim GmbH提供了PLECS的免费试用版，可从瑞士Plexim GmbH公司的网站上下载4种版本的安装文件，如图1-1所示。PLECS仿真软件可免费使用90天。

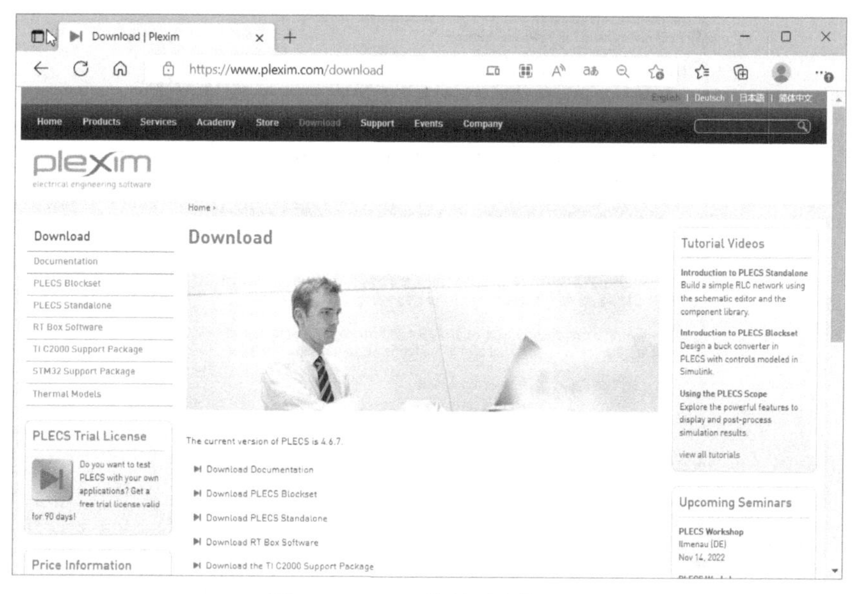

图 1-1　PLECS 软件原文件网址

登录 Plexim 官网，下载最新版的 PLECS 独立版软件。下载后启动安装程序，按照安装界面提示逐步进行安装即可，以 PLECS Blockset 3.6.1(64bit)为例，在 Windows10 操作系统下的具体安装过程如下。

(1)双击安装程序后出现图 1-2 所示的安装开始界面。

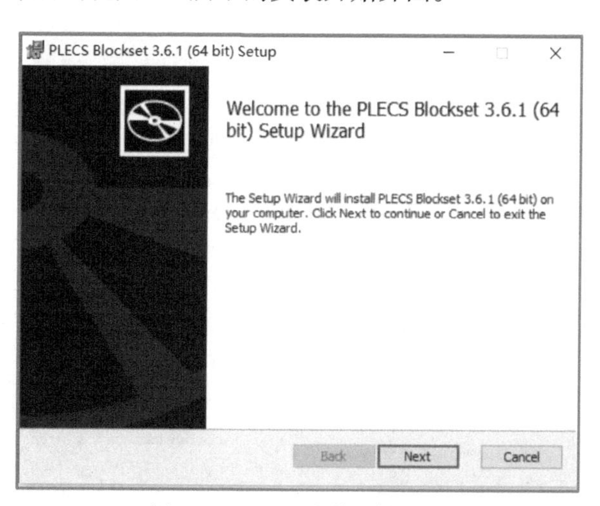

图 1-2　PLECS 安装开始界面

(2)单击图 1-2 中“Next”按钮，出现如图 1-3 所示用户许可协议界面。

(3)选择图 1-3 中“I accept the terms in the License Agrecment”复选框，然后单击图 1-3 中“Next”按钮，出现如图 1-4 所示安装用户选择界面。

(4)按需求选择当前用户或所有用户，再单击“Next”按钮，出现如图 1-5 所示安装路径选择界面。

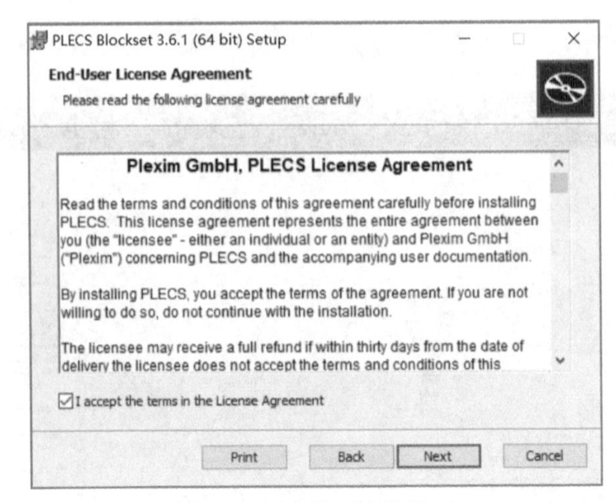
PLECS Blockset 3.6.1 (64 bit) Setup

End-User License Agreement

Please read the following license agreement carefully

Plexim GmbH, PLECS License Agreement

Read the terms and conditions of this agreement carefully before installing PLECS. This license agreement represents the entire agreement between you (the "licensee" - either an individual or an entity) and Plexim GmbH ("Plexim") concerning PLECS and the accompanying user documentation.

By installing PLECS, you accept the terms of the agreement. If you are not willing to do so, do not continue with the installation.

The licensee may receive a full refund if within thirty days from the date of delivery the licensee does not accept the terms and conditions of this

I accept the terms in the License Agreement

Print　Back　Next　Cancel

图1-3　用户许可协议界面

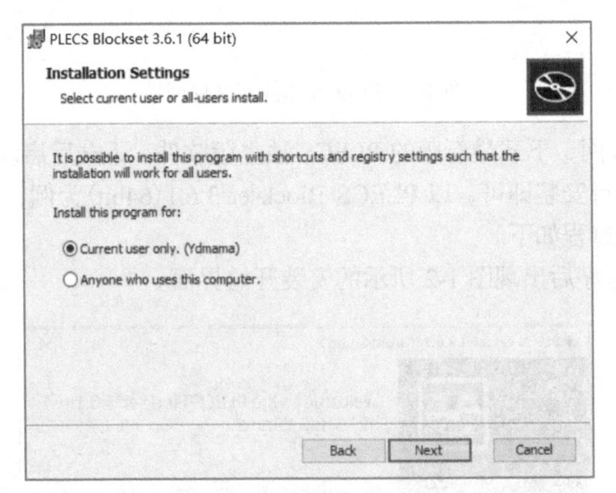

图1-4　安装用户选择界面

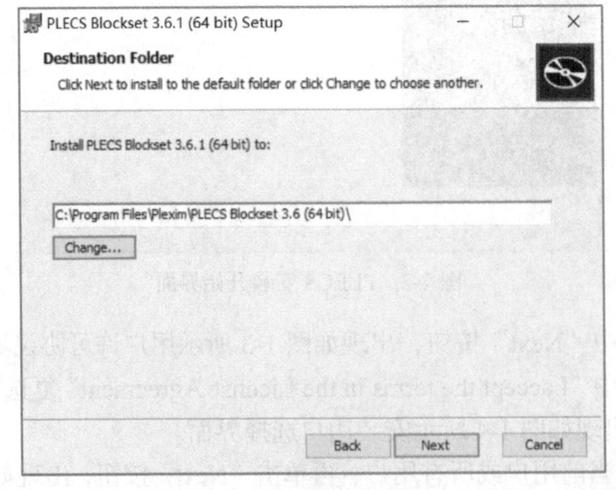

图1-5　安装路径选择界面

(5)单击图 1-5 中“Change”按钮，选择自定义安装路径，也可以默认安装路径。然后单击“Next”按钮，出现如图 1-6 所示界面。

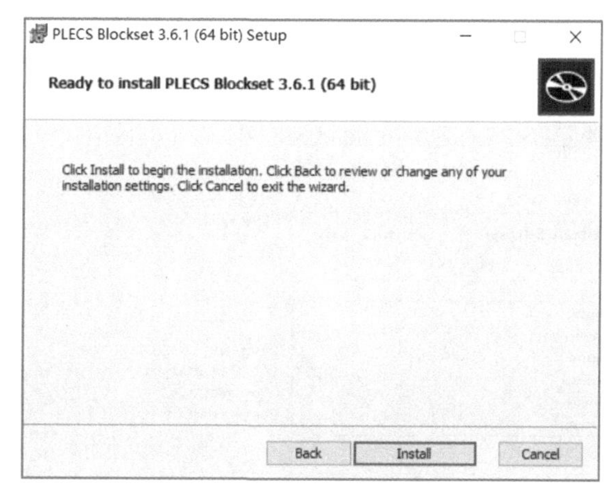

图 1-6　安装准备就绪界面

(6)单击图 1-6 中“Install”按钮，程序开始安装，安装结束后出现如图 1-7 所示运行安装向导界面。

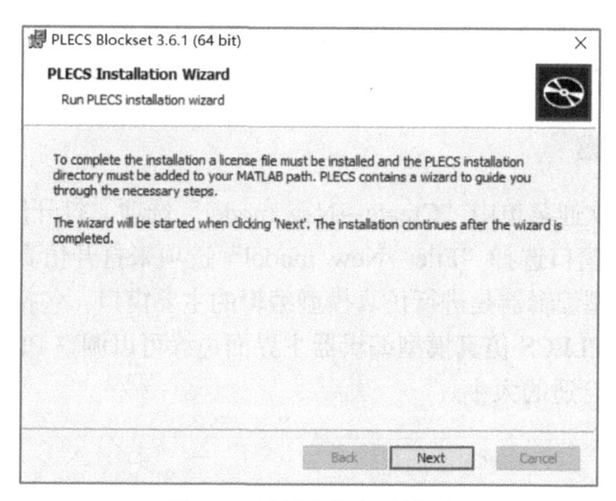

图 1-7　运行安装向导界面

(7)等待安装完成，单击“Next”按钮。PLECS 安装目录必须添加到 MATLAB 路径中，PLECS 将引导完成后续操作，按引导一直单击“Next”按钮，直到安装结束，再单击“Finish”按钮，结束安装。

1.3　PLECS 仿真环境

1.3.1　PLECS 欢迎界面

双击桌面图标，运行 PLECS，出现如图 1-8 所示欢迎界面，左侧是“Library

Browser(元件库浏览器)”，右侧是PLECS的欢迎界面，欢迎界面中有三个区域，分别是“Open Recent(打开近期的模型)”、“Create(创建新模型)”和“Browse(浏览)”。

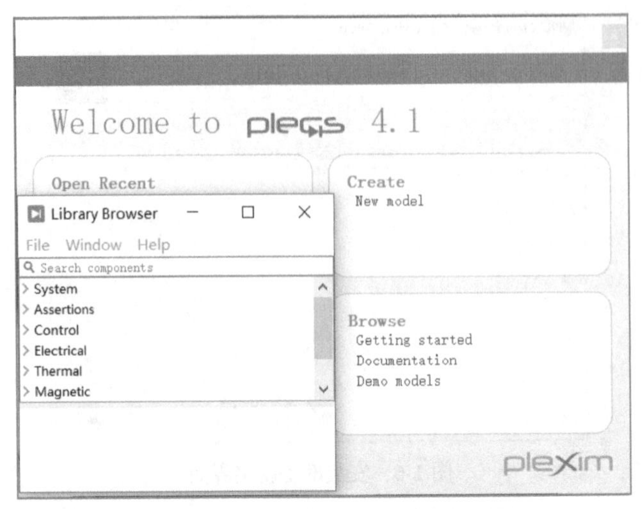

图1-8　PLECS欢迎界面及元件库浏览器窗口

“Open Recent(打开近期的模型)”区域显示了最近使用的电路仿真模型。“Browse(浏览)”区域为PLECS的帮助浏览器，单击任意一项均可打开“PLECS Help View”窗口。“Create(创建新模型)”区域为新建仿真模型，单击后将进入仿真模型编辑器窗口。

1.3.2　仿真模型编辑器

选择图1-8所示欢迎菜单中“Create→New model”选项，打开仿真模型编辑器窗口，也可以在元件库浏览窗口选择“File→New model”选项来打开仿真模型编辑器窗口，如图1-9所示。仿真模型编辑器是进行仿真模型编辑的主要窗口，包括菜单栏和仿真模型编辑区域。用鼠标拖动PLECS仿真模型编辑器主界面边缘可以调整PLECS仿真模型编辑区域，放大或者缩小到合适的大小。

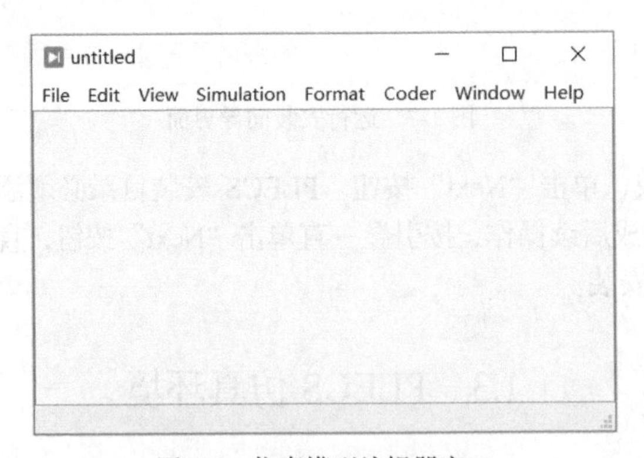

图1-9　仿真模型编辑器窗口

PLECS仿真模型编辑器菜单栏包括File(文件)、Edit(编辑)、View(视图)、Simulation(仿真)、Format(格式)、Coder(代码)、Window(窗口)、Help(帮助)等菜单。

1. “File(文件)”主菜单

文件主菜单包含的子菜单如图 1-10 所示，包括新建(New)、打开(Open)、打开最近(Open Recent)、关闭(Close)、保存(Save)、另存为(Save as)、打印(Print)、退出(Quit PLECS)等常见子菜单，除了这些常见子菜单外，还有从 PLECS 嵌入版集中导入(Import from Blockset)、导出原理图(Export schematic)等子菜单。

(1) “New”子菜单为新建仿真电路模型。
(2) “Open”子菜单为打开仿真电路模型。
(3) “Open Recent”子菜单为打开最近使用的仿真电路模型。
(4) “Import from Blockset”子菜单为从 PLECS 嵌入版导入仿真电路模型。
(5) “Close”子菜单为关闭。
(6) “Save”子菜单为保存仿真电路模型。
(7) “Save as”子菜单为另存为仿真电路模型。
(8) “Export schematic”子菜单为仿真电路模型原理图输出。
(9) “Circuit permissions”子菜单为电路模型保护。
(10) “Print”子菜单为打印仿真电路模型原理图。
(11) “Page setup”子菜单为打印页面设置。
(12) “PLECS Preferences”子菜单为 PLECS 的配置。
(13) “PLECS Extensions”子菜单为 PLECS 的扩展功能。
(14) “Quit PLECS”子菜单为退出 PLECS。

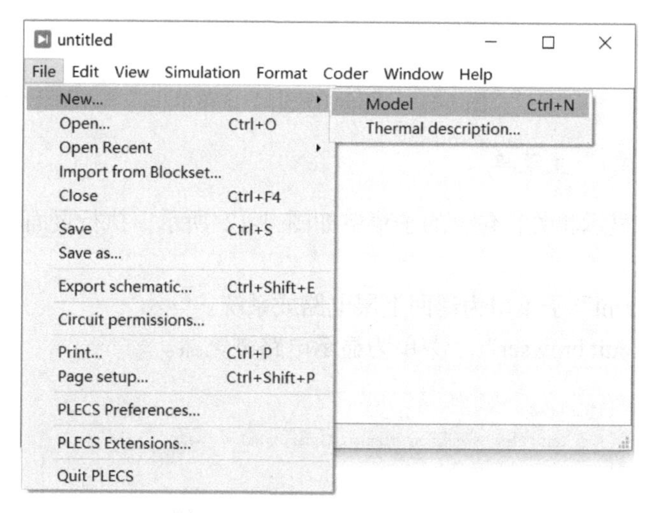

图 1-10　“File(文件)”主菜单

2. “Edit(编辑)”主菜单

编辑主菜单包含的子菜单如图 1-11 所示，编辑列表中也有很多常规操作，除常规操作外，创建子系统和参数也是重要的操作。

(1) “Undo”子菜单为撤销操作。

(2)“Redo”子菜单为恢复操作。

(3)“Cut”子菜单为剪切。

(4)“Copy”子菜单为复制。

(5)“Copy as image”子菜单为以图像形式复制。

(6)“Paste”子菜单为粘贴。

(7)“Delete”子菜单为删除。

(8)“Select all”子菜单为选择全部。

(9)“Create subsystem”子菜单为创建子系统。

(10)“Subsystem”子菜单为子系统。

(11)“Parameters”子菜单为参数设置。

(12)“Break all library links”子菜单为断开所有的库链接。

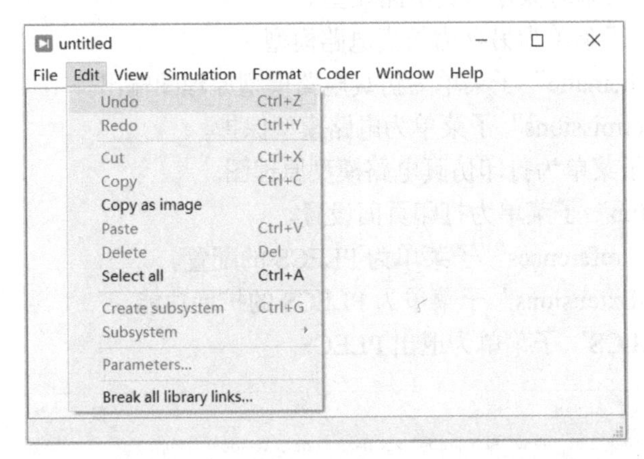

图 1-11　“Edit(编辑)”主菜单

3. “View(视图)”主菜单

视图主菜单与显示相关，包含的子菜单如图 1-12 所示，执行页面的放大与缩小，高亮显示或移除高亮。

(1)“Go to parent”子菜单为返回上层电路或系统。

(2)“Show circuit browser”子菜单为显示电路浏览器。

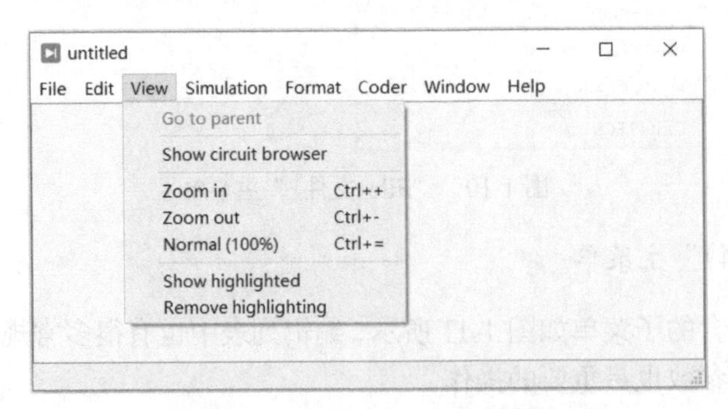

图 1-12　“View(视图)”主菜单

（3）“Zoom in”子菜单为放大显示。
（4）“Zoom out”子菜单为缩小显示。
（5）“Normal(100%)”子菜单为正常比例(100%)显示。
（6）“Show highlighted”子菜单为高亮显示。
（7）“Remove highlighting”子菜单为撤销高亮显示。

4. “Simulation(仿真)”主菜单

仿真主菜单与仿真和模型分析相关，是最常使用的，包含的子菜单如图 1-13 所示。让一个模型开始运行，需要选择“Start”选项，还可以在这个菜单栏中进行详细的仿真参数设置。

（1）“Start”子菜单为启动仿真。
（2）“Pause”子菜单为暂停仿真。
（3）“Simulation parameters”子菜单为仿真参数设置。
（4）“Analysis tools”子菜单为分析工具。
（5）“Simulation scripts”子菜单为仿真脚本。

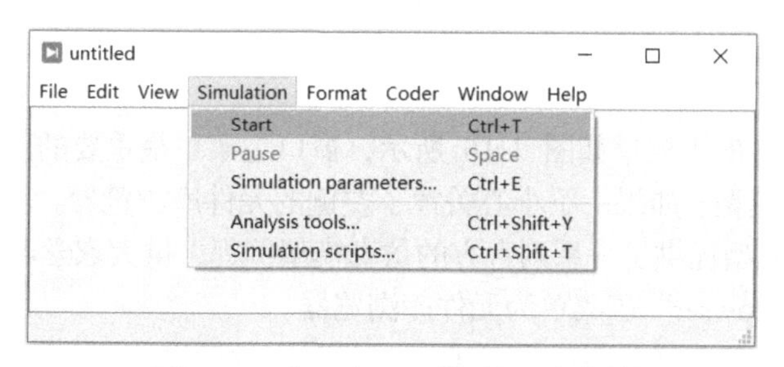

图 1-13　“Simulation(仿真)”主菜单

5. “Format(格式)”主菜单

格式主菜单主要与仿真元件的方向调整及文本标注的操作相关，如旋转和镜像，包含的子菜单如图 1-14 所示。

（1）“Text alignment”子菜单为文本对齐方式，有“Left(左对齐)”“Center(居中)”“Right(右对齐)”三种方式。

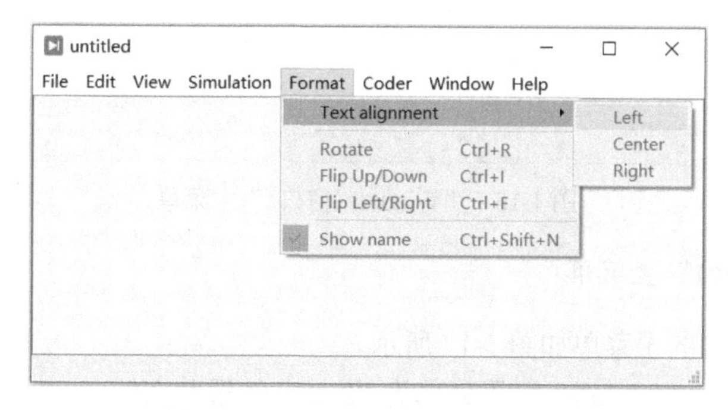

图 1-14　“Format(格式)”主菜单

(2)“Rotate”子菜单为旋转元件操作，每次顺时针旋转 90°。
(3)“Flip Up/Down”子菜单为垂直翻转元件。
(4)“Flip Left/Right”子菜单为水平翻转元件。
(5)“Show name”子菜单为显示元件名称。

6. “Coder(代码)”主菜单

代码主菜单仅有一个子菜单“Coder options”，即代码生成功能选项，如图 1-15 所示，选择此选项会出现代码生成功能选项窗口。

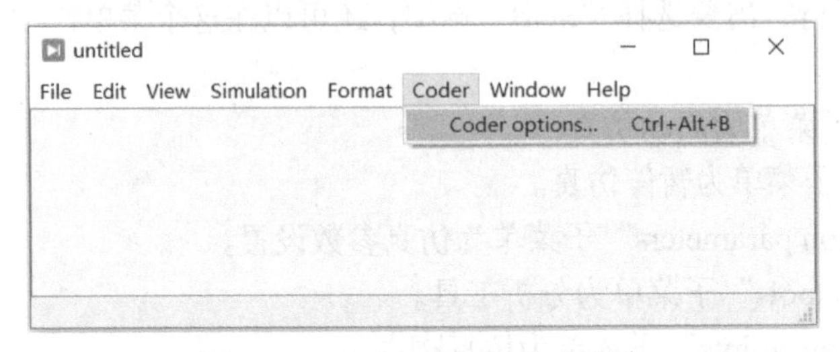

图 1-15　“Coder(代码)”主菜单

7. “Window(窗口)”主菜单

窗口主菜单包含的子菜单如图 1-16 所示，窗口主菜单最重要的两个功能分别是元件库浏览器和 Demo 模型。如果一不小心关掉了左侧的元件库浏览器，就可以在这里重新将它调出来。Demo 模型提供了一系列官方的仿真模型例程，供大家学习参考。
(1)“Library Browser”子菜单为元件库浏览器。
(2)“Thermal Library Browser”子菜单为热设计元件库浏览器。
(3)“Demo Models”子菜单为演示电路模型。
(4)“Show Console”子菜单为显示 PLECS 控制命令窗口。
(5)“Target Manager”子菜单为硬件在环/半实物仿真硬件目标管理。

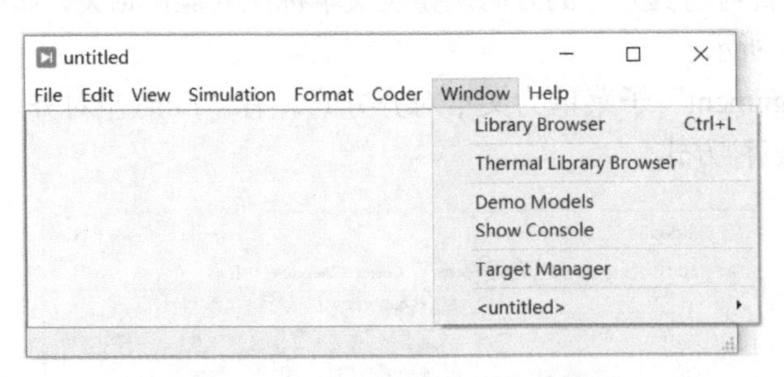

图 1-16　“Window(窗口)”主菜单

8. “Help(帮助)”主菜单

帮助主菜单包含的子菜单如图 1-17 所示。
(1)“PLECS Documentation”子菜单为 PLECS 的帮助文档。
(2)“PLECS License Manager”子菜单为 PLECS 授权管理器。

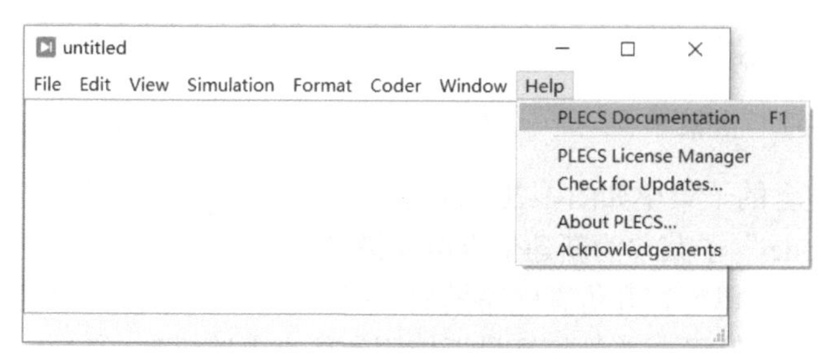

图 1-17　“Help(帮助)”主菜单

(3) “Check for Updates”子菜单为 PLECS 检查更新。

(4) “About PLECS”子菜单为 PLECS 版本信息。

(5) “Acknowledgements”子菜单为致谢信息。

在帮助菜单中可以打开 PLECS 官方文档，软件的官方文档是学习软件的较好教程。其中不仅包括开始使用、PLECS 如何工作，还有 PLECS 的温度、磁场、机械模型以及 C-script、状态机、代码自动生成、硬件在环，甚至还有 TI 的 C2000 控制器和 stm32 的仿真模型。

选择仿真模型窗口“Help→PLECS Documentation”菜单项(图 1-17)，将进入 PLECS 在线帮助系统，选择 PLECS 帮助浏览器左侧的“PLECS Demo Models”选项，可以访问大量的 PLECS 仿真示例，如图 1-18 所示。

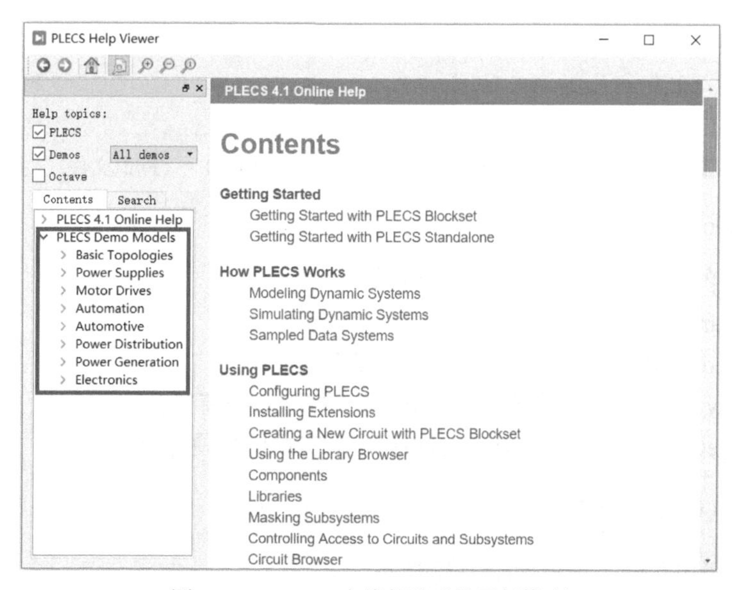

图 1-18　PLECS 在线帮助系统示例模型

PLECS 演示模型库提供了 Basic Topologies(基本电路拓扑)、Power Supplies(开关电源)和 Motor Drivers(电机驱动)等仿真模型。

1.3.3　元件库浏览器

元件库浏览器窗口如图 1-19 所示，包括主菜单、元件搜索框、元件库和元件预览 4

个区域，这里主要介绍主菜单。

1. “File(文件)”主菜单

文件主菜单包含的子菜单如图 1-20 所示。

(1) “New Model”子菜单为新建仿真电路模型。

(2) “Open”子菜单为打开仿真电路模型。

(3) “Open Recent”子菜单为打开最近使用的仿真电路模型。

(4) “Import from Blockset”子菜单为从 PLECS 嵌入版导入仿真电路模型。

(5) “PLECS Preferences”子菜单为 PLECS 的配置。

(6) “PLECS Extensions”子菜单为 PLECS 的扩展功能。

(7) “Quit PLECS”子菜单为退出 PLECS。

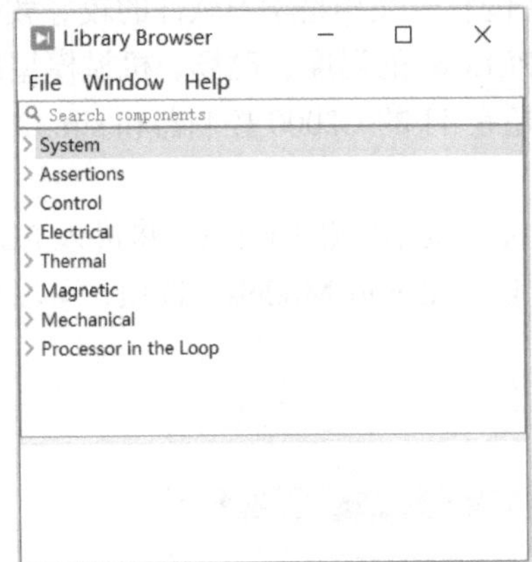

图 1-19　PLECS 的元件库浏览器窗口

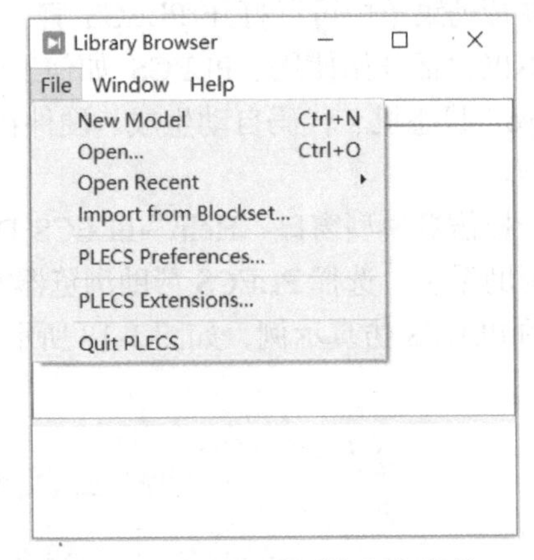

图 1-20　“File(文件)”主菜单

2. “Window(窗口)”主菜单

窗口主菜单包含的子菜单如图 1-21 所示。

(1) “Library Browser”子菜单为元器件浏览器。

(2) “Demo Models”子菜单为演示电路模型。

(3) “Show Console”子菜单为显示 PLECS 控制命令窗口。

(4) “Target Manager”子菜单为硬件在环/半实物仿真硬件目标管理。

3. “Help(帮助)”主菜单

帮助主菜单包含的子菜单如图 1-22 所示。

(1) “Using the Library Browser”子菜单为使用元件库浏览器的帮助。

(2) “PLECS Documentation”子菜单为 PLECS 的帮助文档。

(3) “PLECS License Manager”子菜单为 PLECS 授权管理器。

(4) “Check for Updates”子菜单为从 PLECS 更新检查。

(5) “About PLECS”子菜单为 PLECS 版本信息。

(6) “Acknowledgements”子菜单为致谢信息。

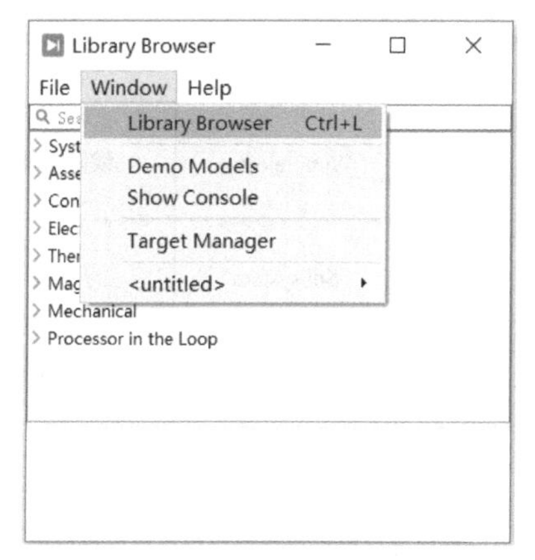

图 1-21　“Window（窗口）” 主菜单

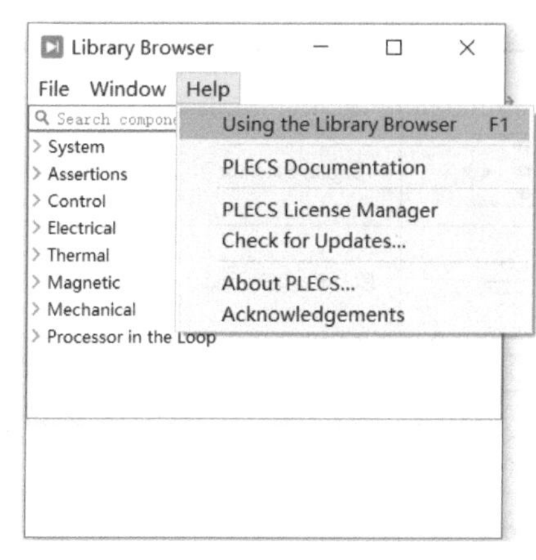

图 1-22　“Help（帮助）” 主菜单

1.4　PLECS 常用元件库

建立 PLECS 仿真模型时需要从 PLECS 库浏览器中复制所需元件到仿真模型编辑窗口。PLECS 的元件库非常强大，除了标准的如电压源和电流源、电压表和电流表以及无源器件外，PLECS 还提供了电力电子的特殊元件，在 PLECS 元件库中可以找到各种电力半导体器件、开关和断路器以及完整的电力电子变换器和三相变压器等。PLECS 的元件库按照功能及应用领域分为 System（系统类）、Control（控制类）、Electrical（电力类）、Thermal（热模型类）、Magnetic（磁模型类）和 Mechanical（机械模型类）等。单击元件库浏览器窗口树条目可在模块库中导航，也可以在搜索栏中键入特定模块的部分名称来搜索该模块，使用时只需把如半导体、电感和电容等典型元件添加到设计图中并用导线连接即可。下面重点介绍电力电子技术仿真常用的仿真模块子库。

1.4.1　System(系统)元件库

System（系统）元件库主要用于：信号的观测与记录，包括示波器、探针等；信号的传输，包括信号分解、多个信号合成、信号选择等。主要模块见表 1-1。

表 1-1　系统元件库主要模块

模块	名称	含义	模块	名称	含义
	Scope	示波器	0.0000	Display	数字显示
	XY Plot	XY 变量绘图	Rrobe	Probe	探针
	Signal Multiplexer	集线器		Signal Demultiplexer	分线器

续表

模块	名称	含义	模块	名称	含义
	Signal Selector	信号选择		Wire Selector	线路选择
	Electrical Ground	接地	In1 Out1	Subsystem	子系统
1	Signal Input	信号输入	1	Signal Output	信号输出
	Signal From	信号来自		Signal Goto	信号送达
	Electrical Label	电气标签	PAUSE	Pause/Stop	满足条件停止仿真

1.4.2 Control(控制)元件库

Control(控制)元件库中包含信号源、数学运算、逻辑运算、调制器、坐标变换、状态机以及小信号分析等元件组。这些连续、离散信号处理以及代数函数运算模块便于直接快速实现多种控制部分仿真，如数字控制等。电力电子技术仿真主要用到信号源和调制器元件组中的相应元件。

1. Sources(信号源)元件组

Sources(信号源)主要用于为系统提供各种激励信号，包括脉冲信号、正弦波信号等。主要模块见表 1-2。

表 1-2　信号源元件组主要模块

模块	名称	含义	模块	名称	含义
1	Constant	常量		Clock	时钟信号
	Step	阶跃信号		Pulse Generator	脉冲信号
	Ramp	斜波信号		Sine Wave Generator	正弦波信号
	Triangular Wave Generator	三角波信号		White Noise	白噪声信号

2. Modulators(调制器)元件组

Modulators(调制器)元件组包含大量的调制器模块，包括锯齿波 PWM、双脉冲发生器、

6 脉冲发生器等，调制器元件组主要模块见表 1-3。

表 1-3　调制器元件组主要模块

模块	m s	enable phi pulses 2 alpha	enable phi pulses 6 alpha
名称	Sawtooth PWM	2-Pulse Generator	6-Pulse Generator
含义	锯齿波 PWM	双脉冲发生器	6 脉冲发生器

1.4.3　Electrical(电气)元件库

Electrical(电气)元件库专门用于电路、电力电子、电机控制、电力系统仿真。模型库中包含各种电源、电子元件及测量工具。电气模块子库中包含多个模型组，这里主要介绍与电力电子相关的模型库。

1. Sources(电源)元件组

Sources(电源)元件组主要为仿真系统提供各种电源，包括直流电压源、交流电压源、直流电流源、交流电流源、受控电压源、受控电流源、三相交流电压源等，主要模块见表 1-4。

表 1-4　电源元件组主要模块

模块	名称	含义	模块	名称	含义
	Voltage Source DC	直流电压源		Current Source DC	直流电流源
	Voltage Source AC	交流电压源		Current Source AC	交流电流源
	Voltage Source (Controlled)	受控电压源		Current Source (Controlled)	受控电流源
	Voltage Source AC(3phase)	三相交流电压源			

2. Meters(仪表)元件组

Meters(仪表)元件组主要为仿真系统提供电压、电流测量仪表，包括电压表、电流表等模块，主要模块见表 1-5。

表 1-5　仪表元件组主要模块

模块			
名称	Voltmeter	Ammeter	Meter(3phase)
含义	电压表	电流表	三相表

3. Passive Components(无源器件)元件组

Passive Components(无源器件)元件组中包括电力电子仿真常用的电阻、电容、电感等无源器件模块，主要模块见表 1-6。

表 1-6　无源器件元件组主要模块

模块	名称	含义	模块	名称	含义
	Resistor	电阻		Inductor	电感
	Capacitor	电容		Mutual Inductor (2 Windings)	互感(双绕组)
	Mutual Inductor (3 Windings)	互感(3 绕组)		Pi-Section Line	π 形传输线
	Saturable Resistor	饱和电阻		Saturable Inductor	饱和电感
	Saturable Capacitor	饱和电容		Variable Resistor	可变电阻
	Variable Inductor	可变电感		Variable Capacitor	可变电容
	Variable Resistor with Variable Inductor	带可变电感的可变电阻		Variable Resistor with Constant Inductor	带恒定电感的可变电阻
	Variable Resistor with Variable Capacitor	带可变电容的可变电阻		Variable Resistor with Constant Capacitor	带恒定电容的可变电阻

4. Power Semiconductors（功率半导体）元件组

Power Semiconductors（功率半导体）元件包含常用的电力电子器件，如二极管、晶闸管、绝缘栅双极晶体管、金属氧化物半导体场效应管等。PLECS 的电力电子器件、断路器等模块都基于理想的开关，都具有理想的短路特性（短路电阻为零）和理想的开路特性（开路电阻为无穷大），开关动作是瞬时完成的。在建模中使用理想开关具有易于使用、鲁棒性和快速高效三大优点。主要模块见表 1-7。

表 1-7　功率半导体元件组主要模块

模块	名称	含义	模块	名称	含义
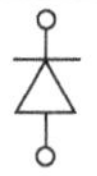	Diode	二极管		Thyristor	晶闸管
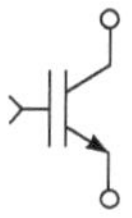	IGBT	绝缘栅双极晶体管	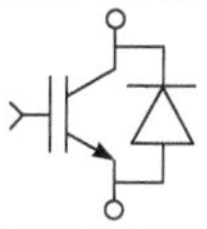	IGBT with Diode	带寄生二极管的 IGBT
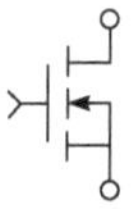	MOSFET	金属氧化物半导体场效应管	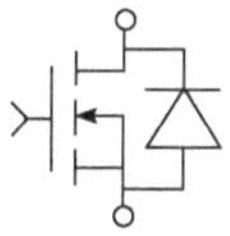	MOSFET with Diode	带寄生二极管的 MOSFET
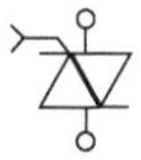	TRIAC	双向晶闸管		Zener Diode	稳压二极管

5. Converters（变换器）元件组

Converters（变换器）元件组包括三相二极管整流器、三相晶闸管整流器、三相 IGBT 变换器等集成模块，主要模块见表 1-8。

表 1-8　变换器元件组主要模块

模块	名称	含义	模块	名称	含义
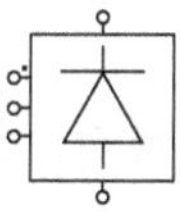	Diode Rectifier (3ph)	三相二极管整流器	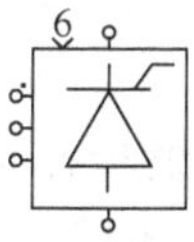 6	Thyristor Rectifier (3ph)	三相晶闸管整流器
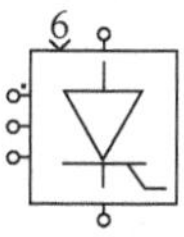 6	Thyristor Inverter (3ph)	三相晶闸管逆变器	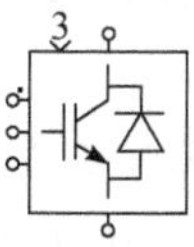 3	IGBT Converter (3ph)	三相 IGBT 变换器
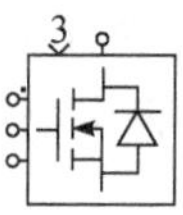 3	MOSFET Converter (3ph)	三相 MOSFET 变换器	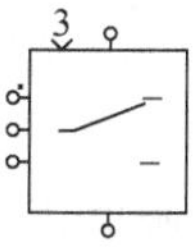 3	Ideal Converter (3ph)	三相理想变换器

1.5　PLECS 的配置

用户可以通过仿真模型编辑器或元件库浏览器窗口的“File→PLECS Preferences”子菜单自主配置 PLECS 运行环境，如使用语言等，PLECS 配置对话框如图 1-23 所示。

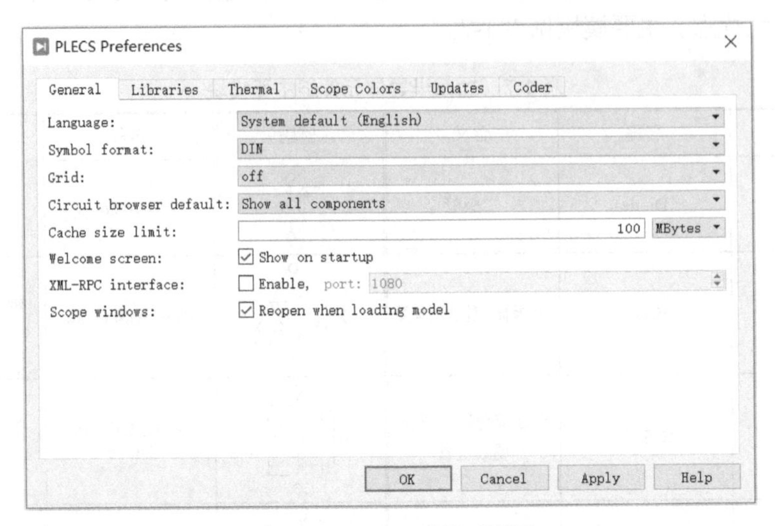

图 1-23　PLECS 配置对话框

PLECS 配置对话框包含 6 个选项卡，分别为“General(常规)”“Libraries(元件库)”“Thermal(热模型库)”“Scope Colors(示波器颜色)”“Updates(更新)”“Coder(代码器)”，一般情况下仅需要对“General”和“Scope Colors”两个选项卡进行配置。

1.5.1　常规设置

PLECS 的常规选项卡如图 1-23 所示，主要包含以下内容。

(1) Language：语言。PLECS 软件系统可设置的语言有英语和日语两种，系统默认的语言是英语。

(2) Symbol format：符号样式。PLECS 软件系统提供 DIN 和 ANSI 两种元件符号显示样式，一般选择 DIN 样式。

(3) Grid：栅格显示状态。如果状态为“on(打开)”，则电路仿真模型编辑器窗口显示栅格；否则，如果状态为“off(关闭)”，则电路仿真模型编辑器窗口不显示栅格。PLECS 软件系统默认关闭栅格。

(4) Circuit browser default：默认电路浏览器。可设置为 Show all components(显示所有元件)或 Show only subsystems(仅显示子系统)，PLECS 软件系统默认显示所有元件。

(5) Cache size limit：高速缓存大小限制。PLECS 软件系统仿真时一旦达到内存限制，将丢弃先前的计算结果。另外，高速缓存大小不应高于运行 PLECS 软件的计算机物理内存的 1/3，否则可能由于数据交换降低仿真性能。

(6) Welcome screen：启用或禁用欢迎界面。选择“Show on startup”复选框表示启用

欢迎界面，启动 PLECS 软件时显示 PLECS 欢迎界面。

(7) XML-RPC interface：启用或禁用 XML-RPC 接口。启用时，PLECS 软件在指定的 TCP 端口侦听传入的 XML-RPC 连接信息，接收外部脚本对仿真的控制。

(8) Scope windows：启用或禁用打开示波器窗口。启用后，当打开电路仿真模型时，PLECS 软件重新打开保存该仿真模型时打开的所有示波器窗口。

1.5.2　示波器颜色设置

示波器颜色设置选项卡如图 1-24 所示。

(1) Scope background：示波器背景颜色设置。示波器背景可设置为黑色和白色两种，PLECS 软件默认示波器背景为黑色。

(2) Scope palette：示波器调色板。如果要创建新的示波器调色板，则单击"Duplicate"按钮，然后在"Signals"选项区域中双击相应位置，编辑信号曲线的颜色、线型以及粗细等；如果要删除当前示波器调色板，则单击"Remove(删除)"按钮。PLECS 系统默认的示波器调色板是只读的，不能删除。

(3) Signals：信号波形曲线属性。该组合框中列出了示波器中波形曲线的基本属性，可以修改每一条曲线的线色、线型和线宽等，PLECS 默认信号波形在示波器中依次按 6 种颜色、实线、1 个像素宽显示。

(4) Distinguish traces by：区分波形曲线的方式，对比前后仿真结果时，区分同一信号波形曲线的方式，包括 Brightness(亮度)、Color(颜色)、Style(线型) 和 Width(线宽)，PLECS 默认通过亮度来区分波形曲线。

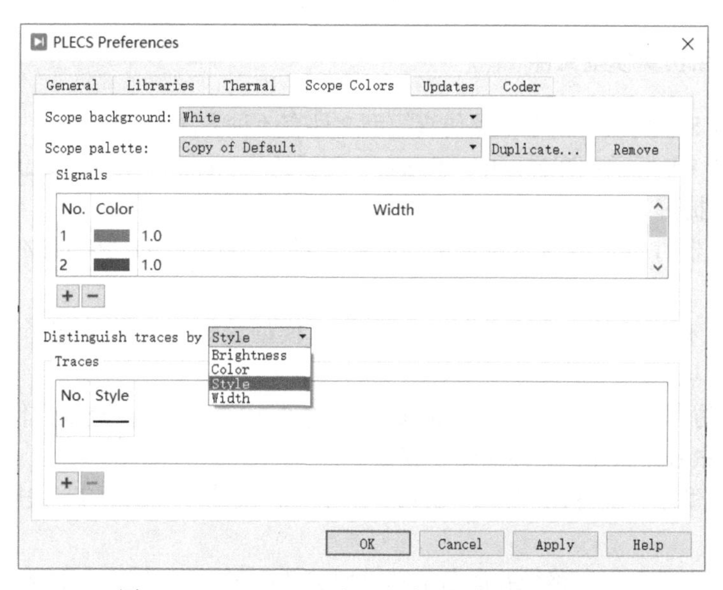

图 1-24　PLECS 配置窗口示波器颜色设置选项卡

第 2 章　PLECS 仿真基础

2.1　PLECS 仿真基本流程

以基本电阻分压电路为例，手把手介绍 PLECS 电路仿真基本流程。

如图 2-1 所示的电阻分压电路，$R_1 = 1000\Omega$，$R_2 = 2200\Omega$，$V_{\text{in}} = 10\text{V}$，仿真研究电阻 R_2 两端的电压 V_{R_2} 以及电源 V_{in} 的输出电流 I。

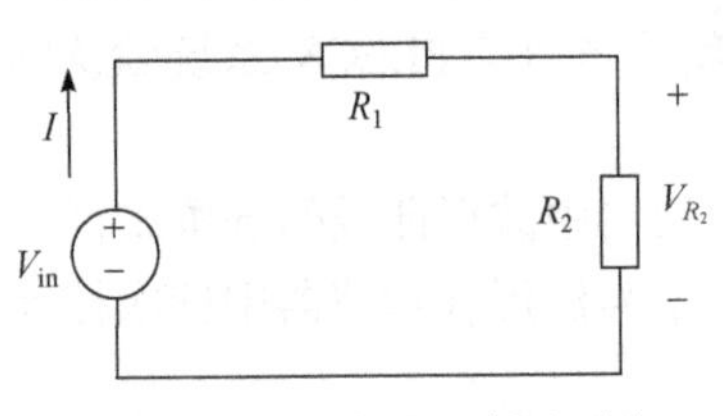

图 2-1　电阻分压电路原理图

依据电路基本理论，计算电阻 R_2 两端的电压 V_{R_2} 以及电源的输出电流 I 可得

$$V_{R_2} = \frac{2200}{2200+1000} \times 10 = 6.875\text{V}$$

$$I = \frac{10}{2200+1000} = 3.125\text{mA}$$

在 PLECS 中建立图 2-1 所示电阻分压电路仿真模型，仿真验证电阻 R_2 两端的电压 V_{R_2} 以及电源的输出电流 I。

2.1.1　新建电路仿真模型文件

运行 PLECS 软件后，新建电路仿真模型文件有 4 种方法：

(1) 选择图 1-8 所示欢迎界面中“Create”区域的“Create→New Model”选项。

(2) 使用快捷键 Ctrl+N。

(3) 选择元器件浏览器窗口主菜单“File(文件)”菜单中的“New Model(新模型)”选项。

(4) 如果已有打开的仿真电路模型，在仿真模型编辑器主菜单选择“File→New→Model”子菜单项。

新建电路仿真模型默认名称为“untitled”，为便于后续使用及查找方便，建议及时给新建仿真模型命名并保存，具体操作步骤如下：

(1) 选择模型编辑器界面“File→Save”菜单项，或使用“Ctrl+S”快捷键，如图 2-2 所示。

(2) 选择仿真模型保存路径并命名仿真模型文件命名，如“EX_1_ResistanceDivider”，PLECS 以.plecs 文件后缀保存文件，如图 2-3 所示。

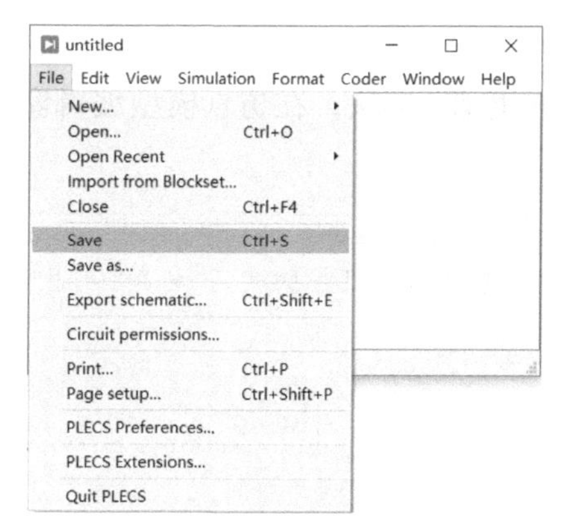

图 2-2　保存仿真模型

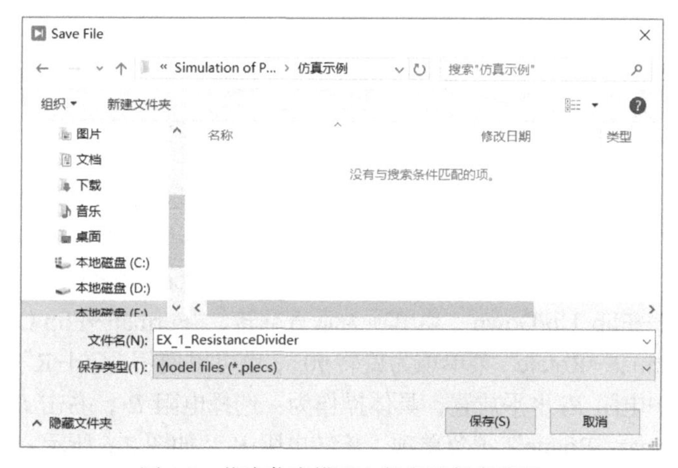

图 2-3　指定仿真模型文件名及保存路径

2.1.2　拖放元件并调整元件位置和方向

1. 拖放元件

在仿真模型编辑器窗口放置直流电压源 V_dc，具体操作方法是：选择 PLECS 库浏览器窗口“Electrical→Sources”元件库，找到 Voltage Source DC（直流电压源），选择该元件，然后直接拖放到仿真模型编辑窗口中，如图 2-4 所示。

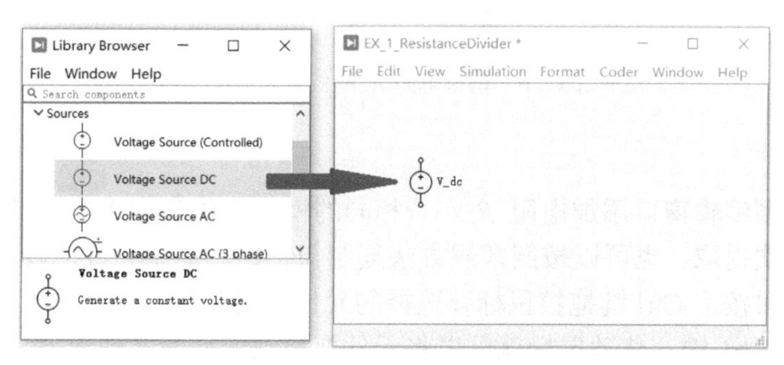

图 2-4　添加直流电压源模块

与添加直流电压源模块方法类似，在库浏览器窗口“Electrical→Passive Components”仿真元件库中找到 Resistor(电阻)模块，在仿真模型编辑窗口添加电阻 R_1，如图 2-5 所示。

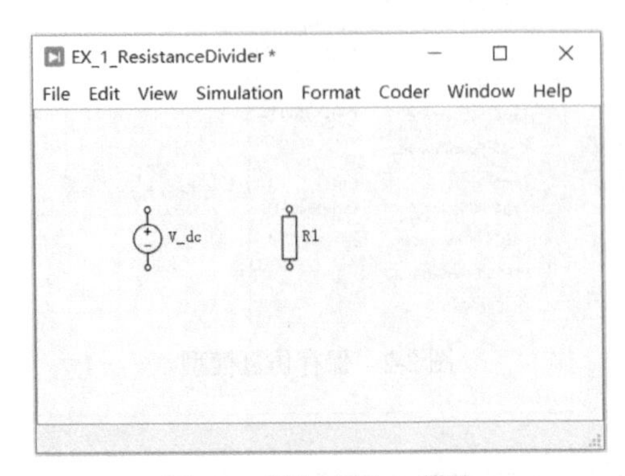

图 2-5　添加电阻 R_1 模块

2. 调整元件位置和方向

移动鼠标到待移动元件位置，按下鼠标左键并移动鼠标，便可以将元件拖放到需要的位置。在调整元件位置时，有时需要改变元件放置的方向以便于接线。选择要改变方向的元件，然后选择“Format→Flip Up/Down”、“Format→Flip Left/Right”或“Format→Rotate”菜单项，“Format→Flip Up/Down”菜单项为垂直翻转，“Format→Flip Left/Right”菜单项为水平翻转，“Format→Rotate”菜单项为旋转 90°，也可以使用“Ctrl+R”快捷键旋转 90°。例如，将图 2-5 中电阻 R_1 水平放置，具体操作为：选择电阻 R_1，右击 R_1，在弹出的快捷菜单中选择“Format→Rotate”子菜单项，旋转电阻 R_1，如图 2-6 所示。

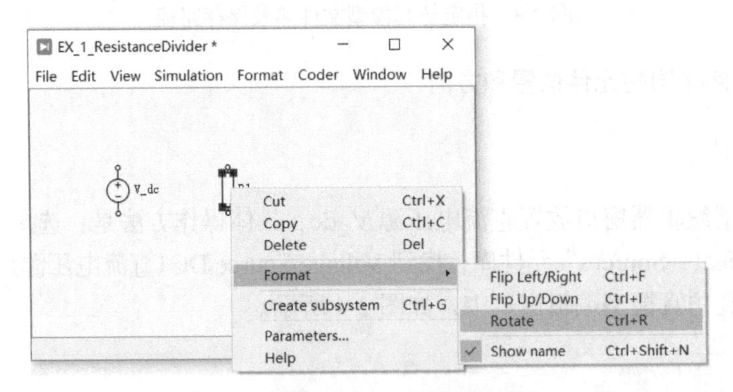

图 2-6　调整电阻 R_1 的位置和方向

3. 复制元件

在仿真模型编辑窗口添加电阻 R_2。若相同的模块在仿真中多次用到，可以按模块的提取方式多次提取，也可以按照常规方法复制与粘贴。复制元件的具体操作步骤为：选择元件的同时按下 Ctrl 键拖拉鼠标，选择的元件上会出现一个小“+”符号，继续按住鼠标左键和 Ctrl 键，移动鼠标就可以将元件拖拽到模型的其他地方复制出一个相同的元件，同时该元件名后会自动加“1”，因为在同一仿真模型中，不允许出现两个名字相同的元件。

2.1.3　连接仿真电路

元件两端电气端子为黑色小空心圆圈，连接模块非常简单，具体做法是移动鼠标到一个元件的电气端子上，会出现一个“+”字形光标，按住鼠标左键不放，一直拖拽到所要连接的另一个元件的连接点上，放开左键，连线就完成了。如果需要连接分支线，可在需要分支的地方按“Ctrl”键，然后按住鼠标左键便可拉出一根分支线。连接完成的仿真电路模型如图 2-7 所示。

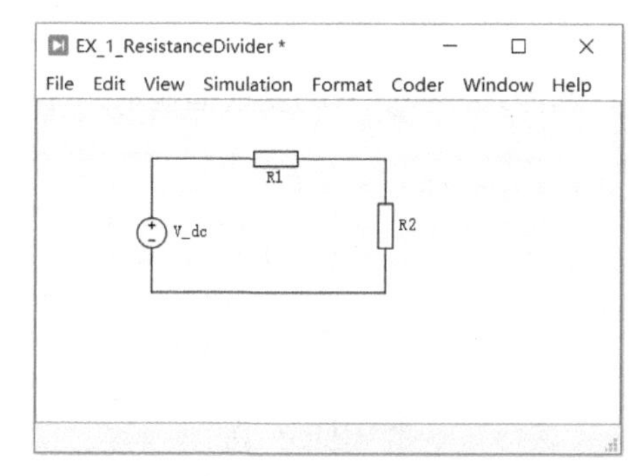

图 2-7　连接仿真电路

2.1.4　设置元件参数

设置元件参数是保证仿真准确和顺利的重要一步，有些参数由仿真任务规定，有些参数需要通过仿真确定。设置模块参数可以双击元件图标，弹出元件参数设置对话框，然后按参数设置对话框中的提示输入相应参数。

双击直流电压源模块，在模块参数对话框中修改模块参数“Voltage”为 10V，如图 2-8 所示。值得注意的是：PLECS 中模块参数不带单位。当选择输入文本框后面的复选框(如图 2-8 中方框所示)时，PLECS 将在仿真模型中显示该模块的参数值，如图 2-9 所示，显示 V_dc 的参数“V：10”。

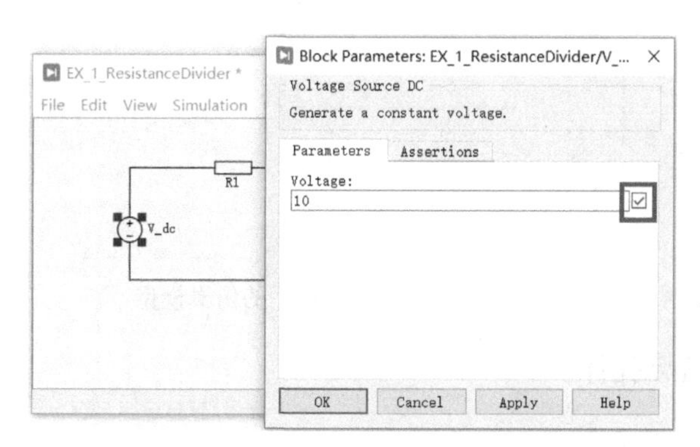

图 2-8　直流电压源模块参数修改窗口

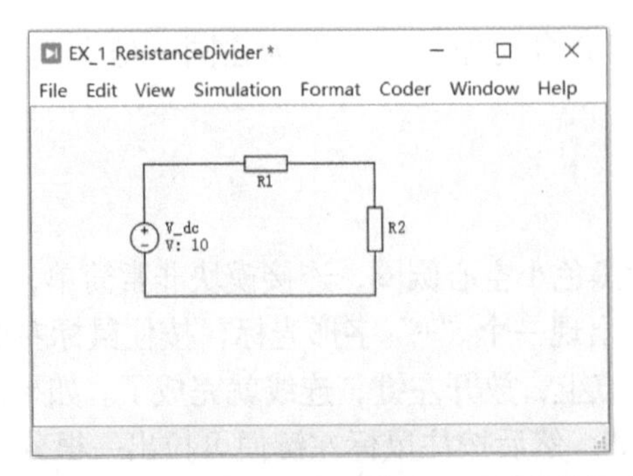

图 2-9　仿真模型中直流电压源模块显示其参数值(10V)

与直流电压源模块参数修改方法类似，双击电阻 R_1 和 R_2，修改电阻元件 R_1、R_2 参数，$R_1 = 1000\Omega$ 、$R_2 = 2200\Omega$ ，选择元件参数后的复选框显示元件参数，如图 2-10 所示。

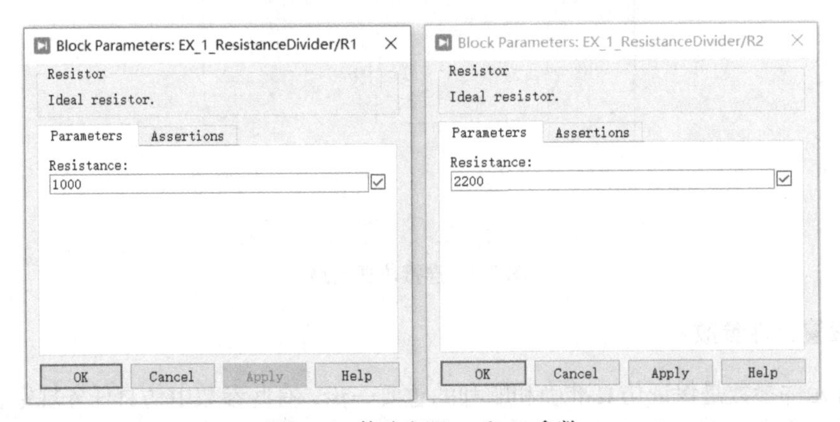

图 2-10　修改电阻 R_1 和 R_2 参数

设置元件参数后的仿真模型如图 2-11 所示。

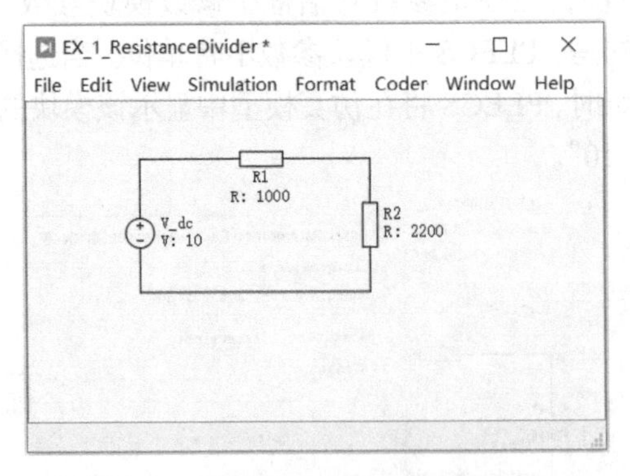

图 2-11　设置元件参数后的仿真模型

2.1.5　添加检测与显示元件

1. 添加电压表、电流表

为了测量电阻 R_2 两端的输出电压以及电源输出电流，在仿真模型中添加电压表、电流表。在库浏览器窗口“Electrical→Meters”元件库中找到 Voltmeter(电压表)和 Ammeter(电流表)，在仿真模型编辑窗口添加电压表、电流表并连接，具体操作如图 2-12 所示。

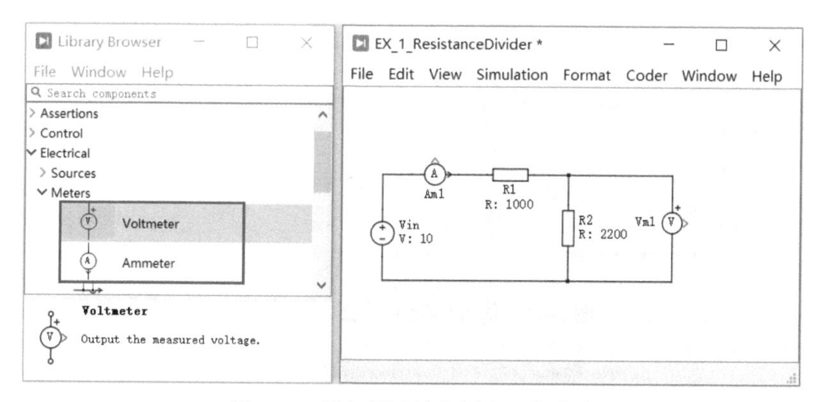

图 2-12　添加并连接电压表、电流表

2. 添加示波器

电压表、电流表输出信号必须连接到显示设备上才能观察信号波形。可用示波器进行观察。在库浏览器窗口 “System” 元件库中找到 Scope(示波器)，在仿真模型编辑窗口添加示波器并连接，具体操作如图 2-13 所示。

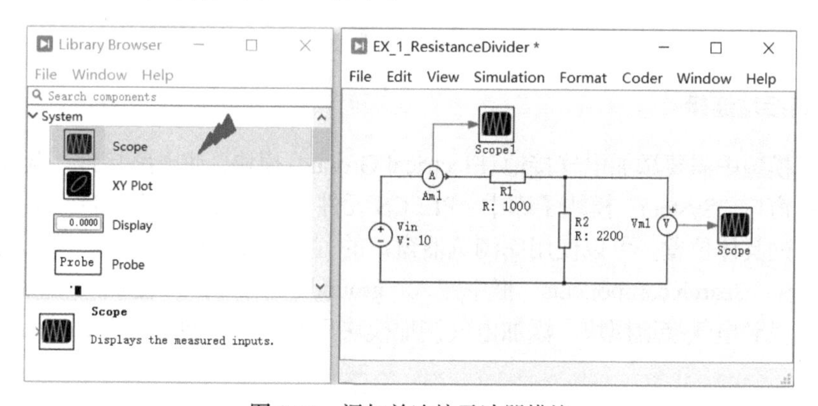

图 2-13　添加并连接示波器模块

3. 添加数字显示器

在库浏览器 “System” 子库中的 Display(显示器)可以直观地显示当前测量的数值。在仿真模型中添加数字显示器元件显示电阻 R_2 两端的电压值，如图 2-14 所示。

双击数字显示器，打开数字显示器参数设置对话框，如图 2-15 所示。数字显示器参数主要包括 Notation(计数方式)和 Precision(精度位数)，其中，计数方式有十进制和科学记数法两种，精度位数根据计数要求确定。本示例中设置为十进制计数方式，计数精度 4 位。

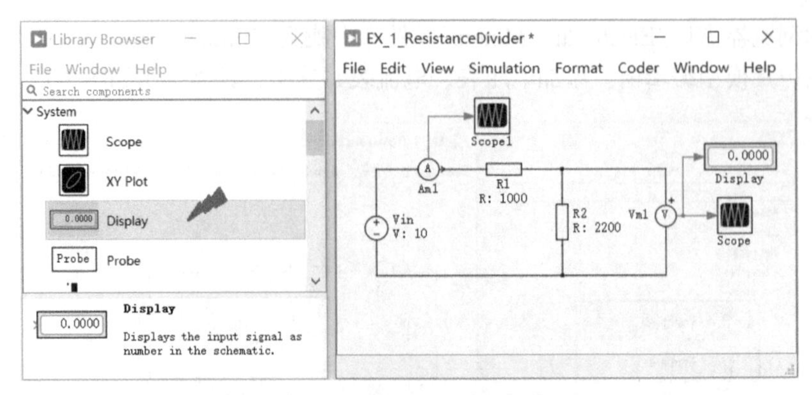

图 2-14　仿真模型中添加数字显示器

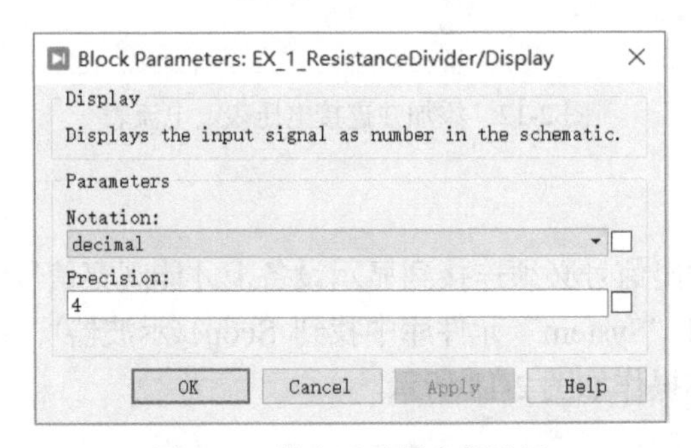

图 2-15　数字显示器参数设置

2.1.6　电路接地连接

在仿真模型中需要添加电气接地(Electrical Ground)模块，使电路接地。电气接地模块在库浏览器窗口“System”模块子库中。PLECS 元件库中包含数百个元件，很难记住每个元件在库中的具体位置。可以使用库浏览器窗口的“Search components”框来快速查找模块。例如，在“Search components”框中键入“ground”(见图 2-16 左侧)，然后按“Enter”键，可快速找到电气接地模块。添加电气接地模块后的仿真模型如图 2-16 所示。

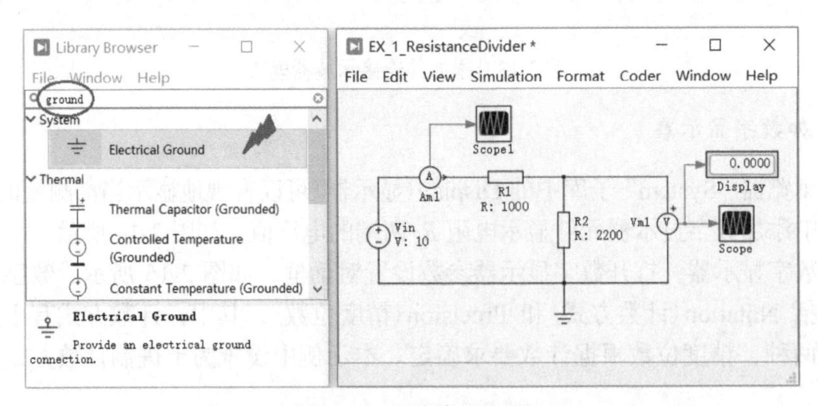

图 2-16　电路接地连接

2.1.7　修改、隐藏元件名称

1. 修改模块名称

PLECS 软件默认元件名称不利于对仿真模型的理解，双击模型中的元件名称并输入新名称，可以轻松为仿真模型中元件添加有意义的名称。以仿真模型中输入直流电压源 V_dc 为例，双击“V_dc”，文本“V_dc”进入编辑状态，如图 2-17 所示，修改“V_dc”为“Vin”，在仿真模型编辑窗口任意位置单击，直流电压源名称成功修改为“Vin”，如图 2-18 所示。

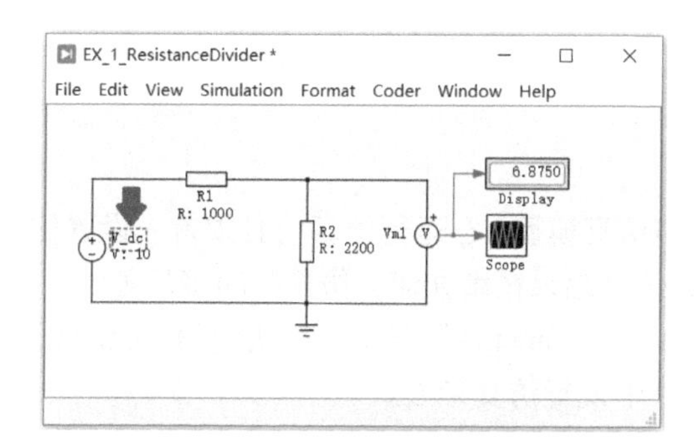

图 2-17　双击进入元件重命名编辑状态

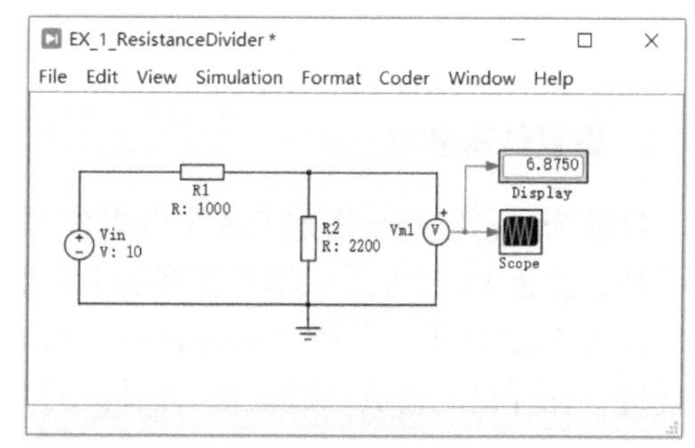

图 2-18　元件重命名后的仿真模型

显然，图 2-16 仿真模型中两个示波器模块名称不利于理解电路。双击仿真模型中示波器名称 Scope 和 Scope1，在编辑框中分别写入新名称 Output Voltage、Current，更改示波器的名称，更改后仿真模型如图 2-19 所示。

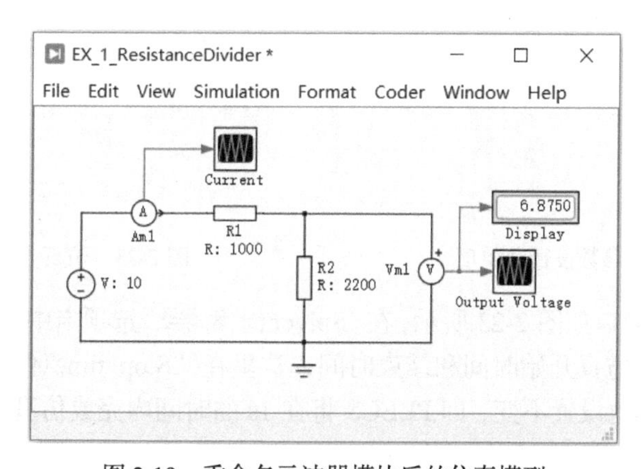

图 2-19　重命名示波器模块后的仿真模型

2. 隐藏元件名称

在 PLECS 仿真模型中可以不显示元件名称。要隐藏某个元件的名称，右击该元件，在弹出的菜单中取消选择“Show name(显示名称)”复选框，元件名称将被隐藏。以直流电压源模块 Vin 为例，具体操作如图 2-20 和图 2-21 所示。

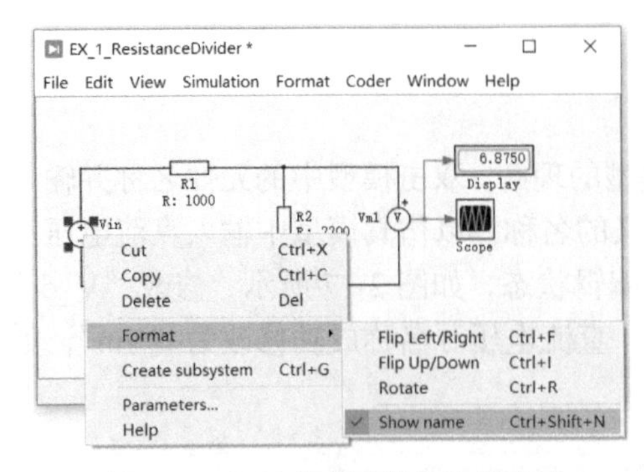

图 2-20　显示/隐藏元件名称菜单项

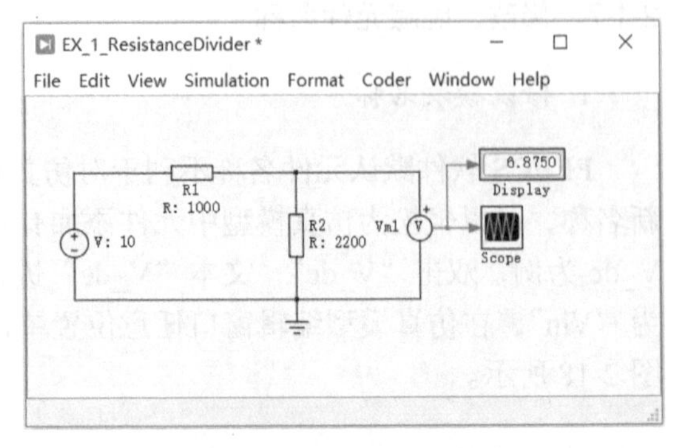

图 2-21　隐藏直流电压源名称 Vin

2.1.8　设置仿真参数

目前为止已经初步搭建完成了电阻分压电路仿真模型，在运行仿真前必须首先设置仿真参数，告诉 PLECS 采用哪种类型的求解器，仿真结果精度如何，仿真时间多长等。

如图 2-22 所示，选择“Simulation→Simulation parameters”菜单项，或使用“Ctrl+E”快捷键，在弹出的仿真参数设置对话框(图 2-23)中设置仿真参数。

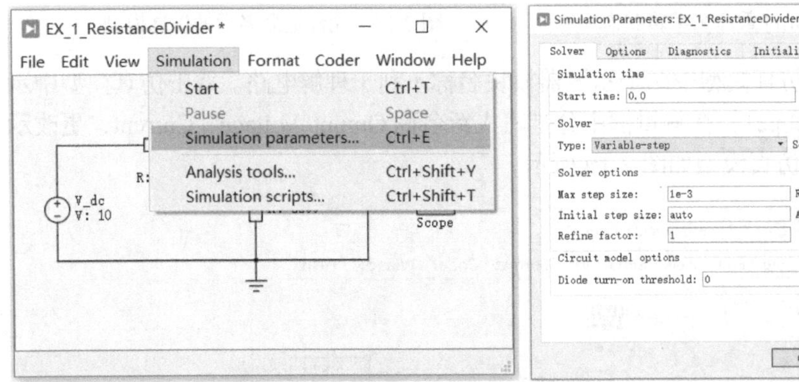

图 2-22　仿真参数设置菜单项

图 2-23　仿真参数设置窗口

仿真参数设置窗口如图 2-23 所示，在“Solver(求解器)”选项卡中，“Simulation time(仿真时间)”区域设置仿真开始时间和结束时间，这里在“Stop time(停止时间)”文本框中输入“1.0”，保留其他设置不变，即 PLECS 将在 1s 的时间内完成仿真。单击“OK”按钮，完成仿真参数设置。

2.1.9　仿真运行

选择电路仿真模型编辑器窗口“Simulation→Start”菜单项(图 2-22)或按键盘上的“Ctrl+T”键可启动仿真运行。仿真结束后双击 Current 和 Output Voltage 示波器，仿真结果如图 2-24 所示，R_2 两端电压为 6.8750V，电源输出电流为 3.125mA。

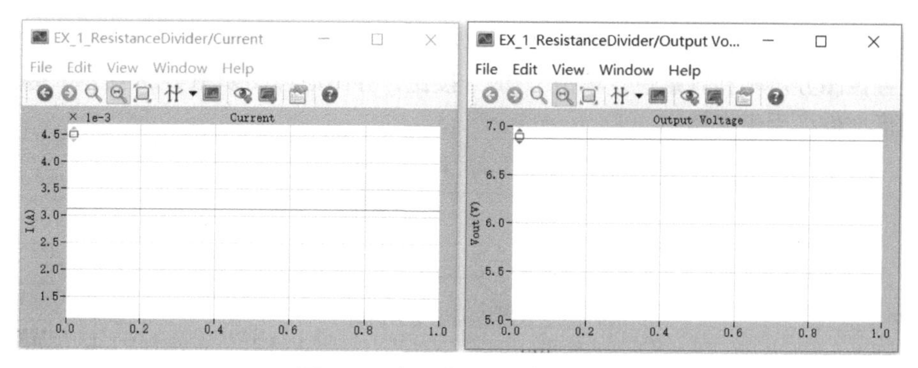

图 2-24　电阻分压电路仿真结果

2.1.10　原理图输出

选择仿真模型编辑窗口“File→Export schematic”菜单项(图 2-25)可以轻松导出仿真模型的原理图。

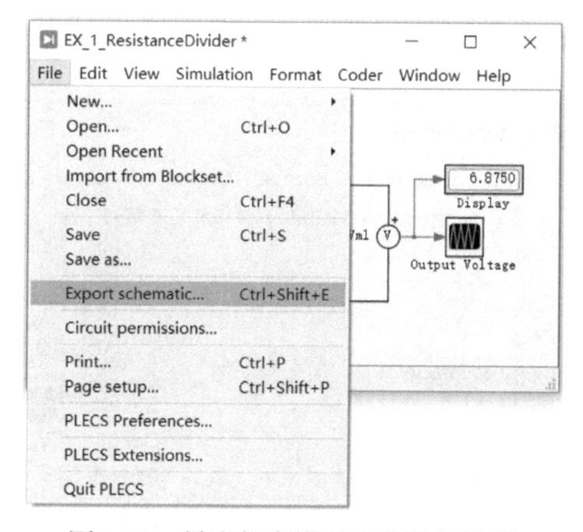

图 2-25　导出仿真模型原理图菜单项

选择“File→Export schematic”菜单项后，将弹出如图 2-26 所示对话框。正确选择导出原理图保存路径，输入文件名称，然后单击“保存”按钮。

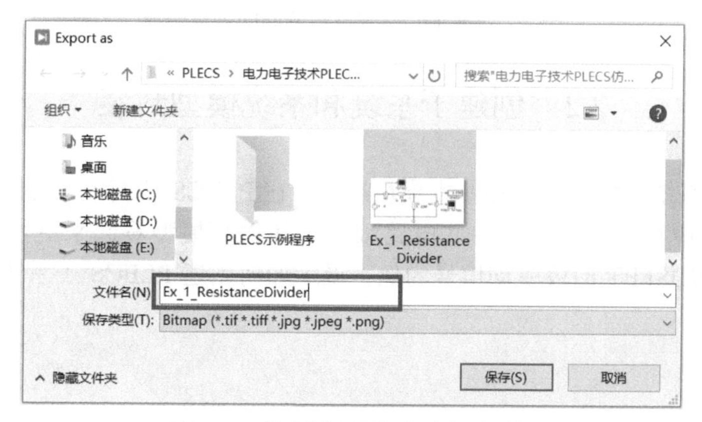

图 2-26　导出原理图保存路径对话框

单击“保存”按钮后，弹出如图 2-27 所示“位图属性(Bitmap Properties)”对话框，正确设置位图分辨率和背景色，单击“OK”按钮，导出原理图如图 2-28 所示，导出的原理图图形文件可用于文档中。

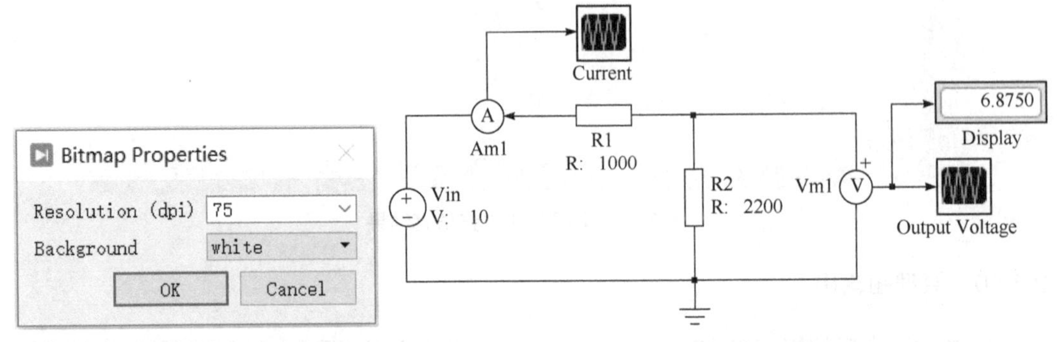

图 2-27　导出原理图位图属性窗口　　　　图 2-28　导出的原理图

同样，选择仿真模型窗口“Edit→Copy as image”菜单项，如图 2-29 所示，可以将仿真模型复制到 Windows 剪贴板，然后粘贴到图形或文字处理软件中。

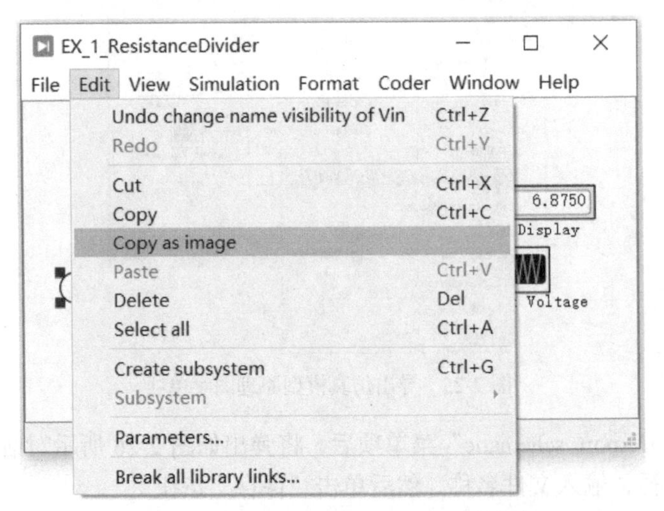

图 2-29　复制仿真模型到 Windows 剪贴板

2.2　创建子系统和系统模型封装

一个复杂系统的模型由许多基本模块组成，在 PLECS 仿真中，可以采用建立子系统技术将其集中在一起，隐藏一些电路细节，使仿真模型看起来更加简洁。下面以图 2-30 所示 MOSFET 门极驱动信号为例，展示如何创建 PLECS 子系统并进行系统模型封装。

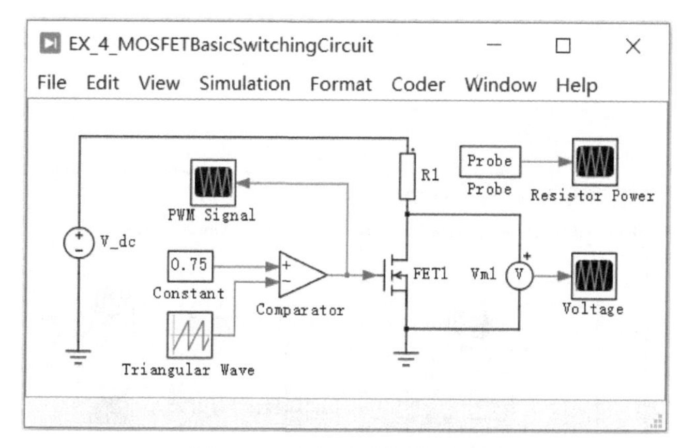

图 2-30　建立子系统模型示例

2.2.1　建立子系统

PLECS 库浏览器“System”元件库中 Subsystem(子系统)模块用于创建子系统，如图 2-31 所示。

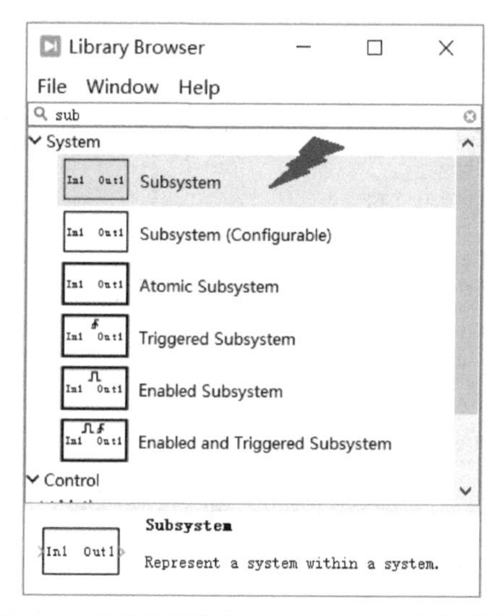

图 2-31　仿真元件库中 Subsystem(子系统)模块

在仿真模型编辑窗口空白处按下鼠标左键拖拽鼠标选择 MOSFET 门极驱动信号生成电路，如图 2-32 所示。

选择 PLECS 仿真模型编辑窗口“Edit→Cut”菜单项或使用“Ctrl+X”快捷键(图 2-33)，被选择的电路部分将在仿真模型中消失，转移到 Windows 剪贴板。

将库浏览器窗口中子系统模块拖放到 PLECS 仿真模型编辑窗口，双击放置的子系统模块名称，重命名为“PWM Generator”，如图 2-34 所示。

双击 PWM Generator 子系统模块查看子系统内部，PLECS 子系统模块内部默认为直接连接输入和输出端口。选择子系统内部所有端口和连线，然后按键盘上的“Delete”键删除子系统默认连接。选择 PLECS 仿真模型编辑窗口“Edit→Paste”菜单项，将 Windows 剪贴板中的内容(刚才剪切的 MOSFET 门极驱动信号生成电路)粘贴到子系统模块中，如图 2-35 所示。

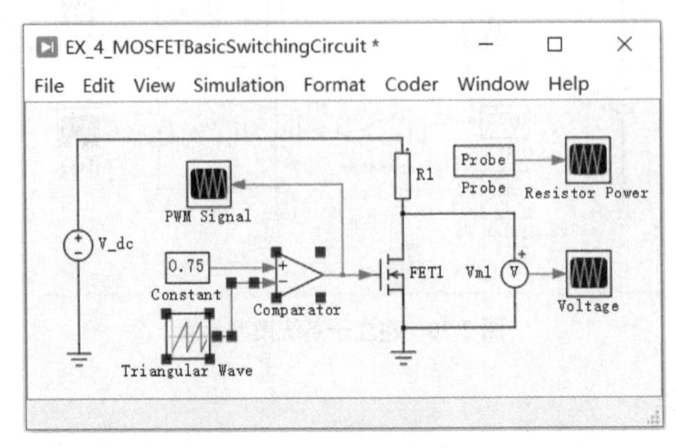

图 2-32　选择 MOSFET 门极驱动信号生成电路

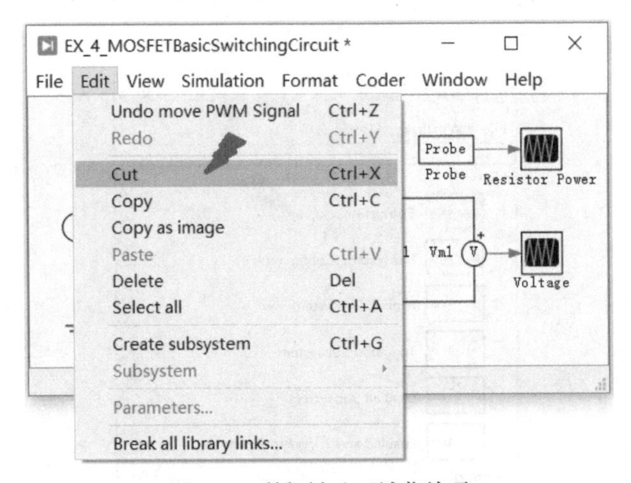

图 2-33　剪切被选区域菜单项

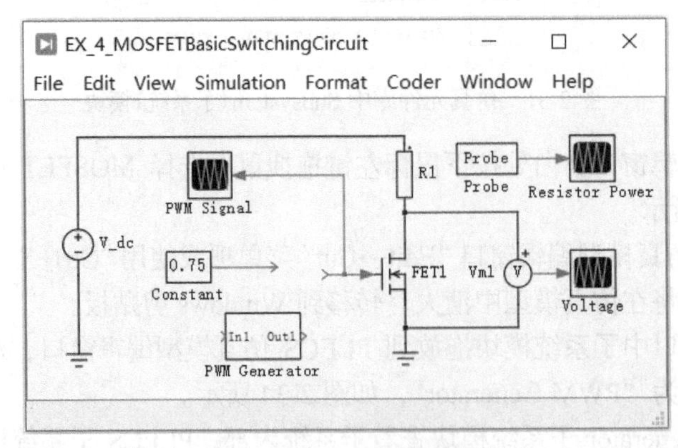

图 2-34　添加子系统模块

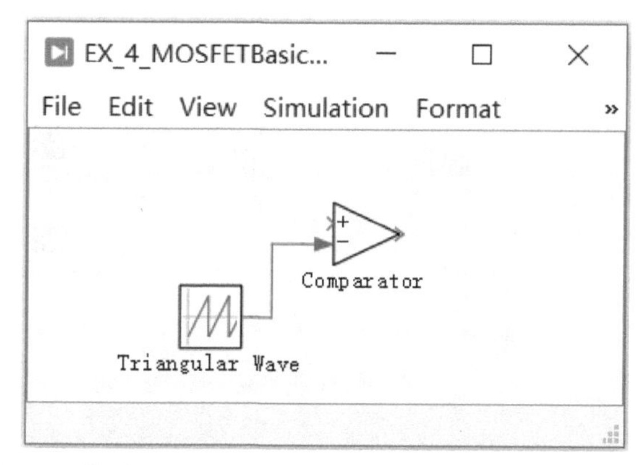

图 2-35　粘贴 MOSFET 门极驱动信号生成电路的子系统模块

将 PLECS 库浏览器“System”元件库中 Signal Input（信号输入）和 Signal Output（信号输出）模块添加到子系统模块内部，给子系统模块添加输入、输出端口，修改输入端口标签为“Desired Duty Ratio”、输出端口标签为“PWM”，如图 2-36 所示。

关闭子系统模块窗口返回主仿真模型窗口，连接子系统模块与仿真模型的其他部分之间的连线，带有 PWM Generator 子系统的仿真模型如图 2-37 所示。与图 2-30 所示仿真模型相比，图 2-37 所示的仿真模型更易于理解。建议在仿真建模中尽可能使用子系统模块，PLECS 中没有限制仿真建模中使用子系统模块的数量。

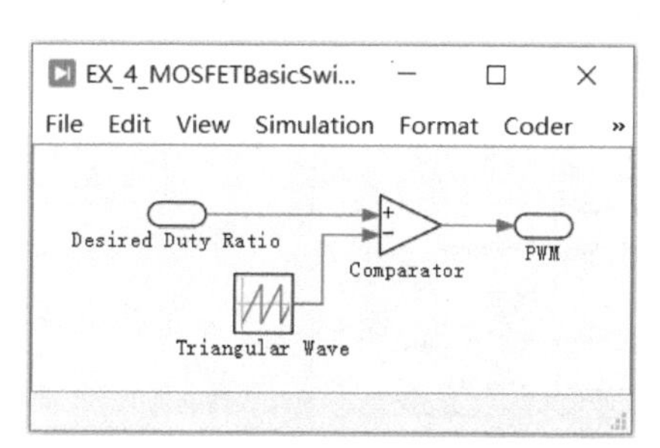

图 2-36　PWM Generator 子系统模块

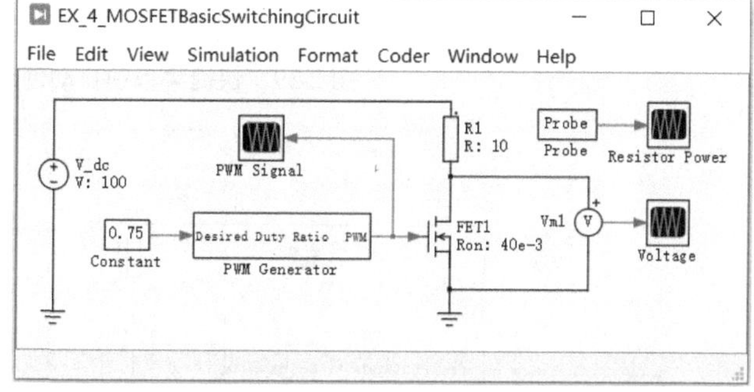

图 2-37　带有 PWM Generator 子系统的仿真模型

除了上面利用仿真模型库中子系统（Subsystem）模块创建子系统的方法外，还可以右击弹出的快捷菜单快速创建子系统，具体操作如下。

在图 2-30 选择的 MOSFET 门极驱动信号生成电路区域内任何地方右击，弹出如图 2-38 所示的快捷菜单。

选择“Create subsystem”快捷菜单项，MOSFET 门极驱动信号生成电路封装到 Sub 子系统，如图 2-39 所示。

移动子系统标签 Sub，并双击修改其标签为“PWM Generator”，双击 PWM Generator 子系统模块查看子系统内部，如图 2-40 所示，与利用仿真元件库中 Subsystem（子系统）元件创建的子系统一样。

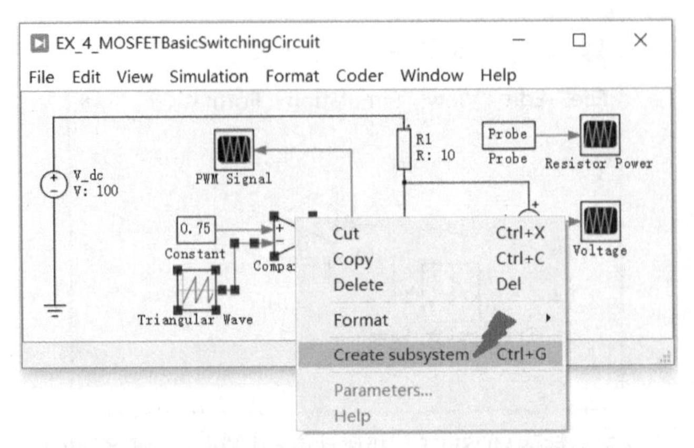

图 2-38　创建子系统(Create subsystem)快捷菜单项

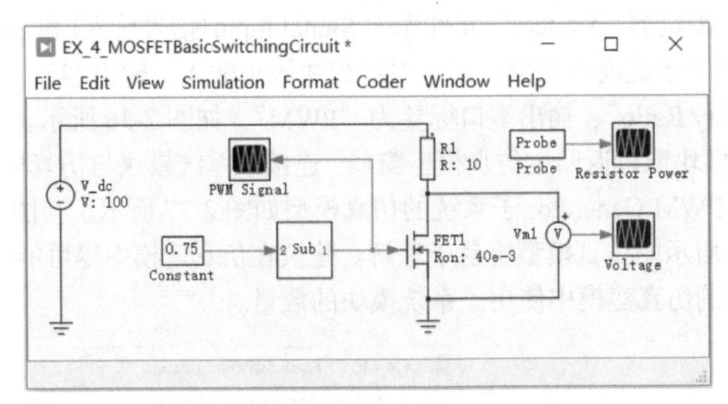

图 2-39　快捷菜单项自动创建的子系统

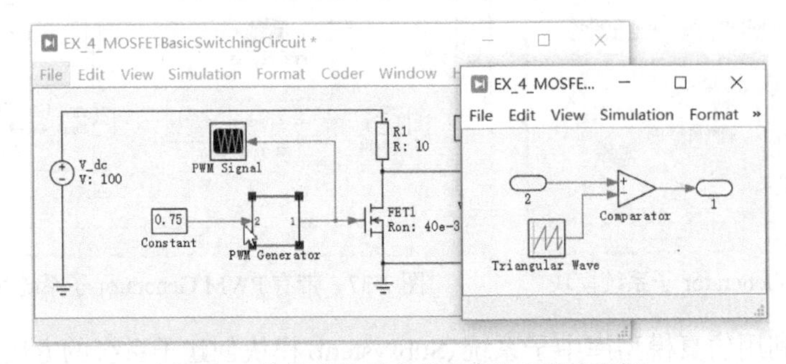

图 2-40　快捷菜单项自动创建的子系统内部

2.2.2　子系统封装

在图 2-37 所示的仿真模型编辑窗口选择“PWM Generator”元件，然后右击该元件，弹出快捷菜单，如图 2-41 所示。

选择“Subsystem→Create mask”菜单项，弹出如图 2-42 所示的子系统封装编辑器窗口。子系统封装编辑器窗口共有四个选项卡，分别是 Icon(图标)、Parameters(参数)、Probes(探针)、Documentation(文档说明)。

(1) Icon(图标)选项卡为封装的子系统设置特殊外观。“Drawing commands”下的空白框是关于图标外观的设计，可在图标上显示文本、图像、图形和传递函数，例如，本示例

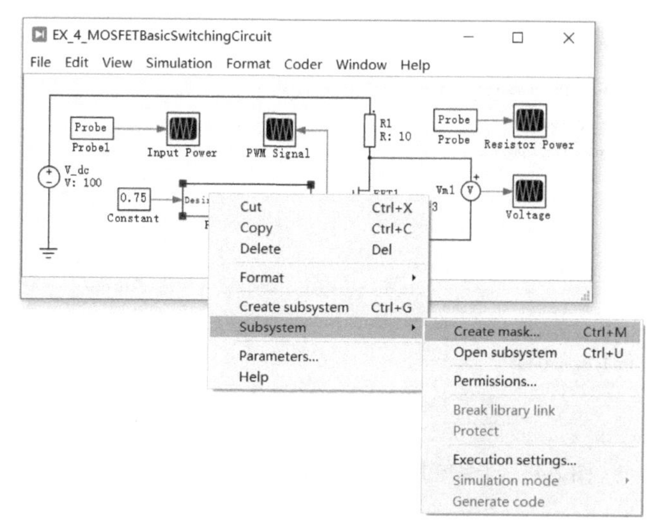

图 2-41　子系统封装菜单

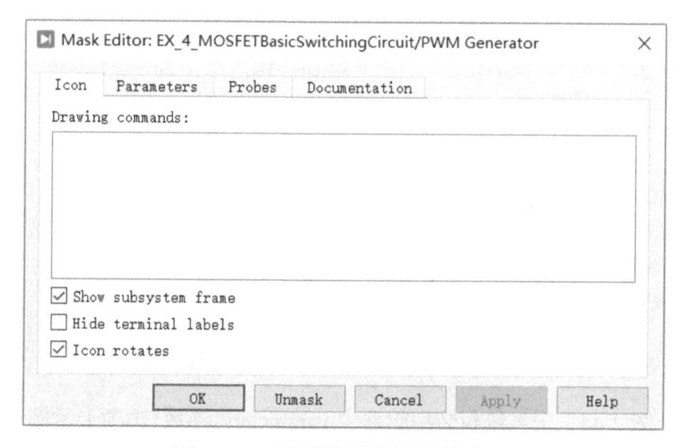

图 2-42　子系统封装编辑器窗口

中显示“disp(“PWM 驱动脉冲”)”。下方三个复选框是关于子系统外观的选择，“Show subsystem frame”用来确定图标边框是否显示，选择其前面的复选框则显示边框，否则隐藏边框；“Hide terminal labels”用来确定是否隐藏端子标签，选择其前面的复选框则隐藏端子标签，否则显示端子标签；“Icon rotates”用来确定图标是否旋转，选择其前面的复选框则图标随被封装子系统旋转而旋转，否则图标不随被封装子系统旋转而旋转，如图 2-43 所示。

(2) Parameters(参数)选项卡为封装的子系统进行参数设置。左侧的按钮、、、分别表示添加、删除、上移、下移右侧的子系统的封装参数。封装参数由一个提示符(Prompt)、一个变量名(Variable)和一个类型(Type)来区分，双击其下的编辑框可对参数进行编辑。“Prompt”用于设计输入提示，即对对应的变量(Variable)进行说明，提供用户识别参数用途的帮助信息，“Variable”指定被分配参数值的变量，如图 2-44 所示。

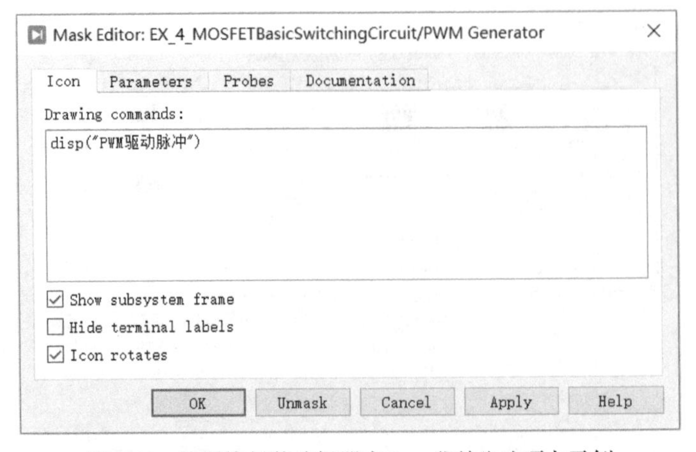

图 2-43　子系统封装编辑器中 Icon(图标)选项卡示例

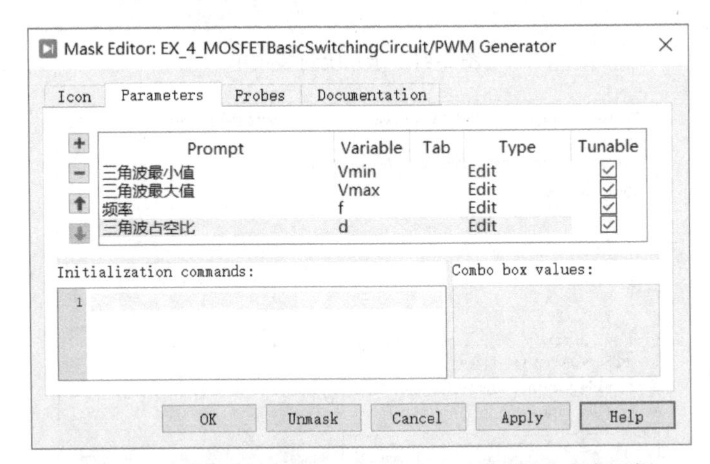

图 2-44　子系统封装编辑器中 Parameters(参数)选项卡示例

(3) Probes(探针)选项卡为封装的子系统定义提供给 PLECS 探头的探头信号。封装探头信号按其在封装信号列表中的显示顺序显示在探头编辑器中。可以使用信号列表左侧的四个按钮添加或删除信号或更改其顺序。如图 2-45 所示，这里保持默认值。

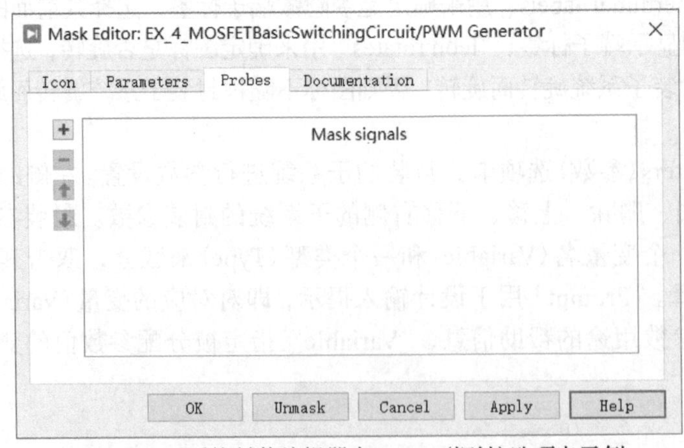

图 2-45　子系统封装编辑器中 Probes(探针)选项卡示例

(4) Documentation（文档说明）选项卡为封装的子系统进行说明，如图 2-46 所示。

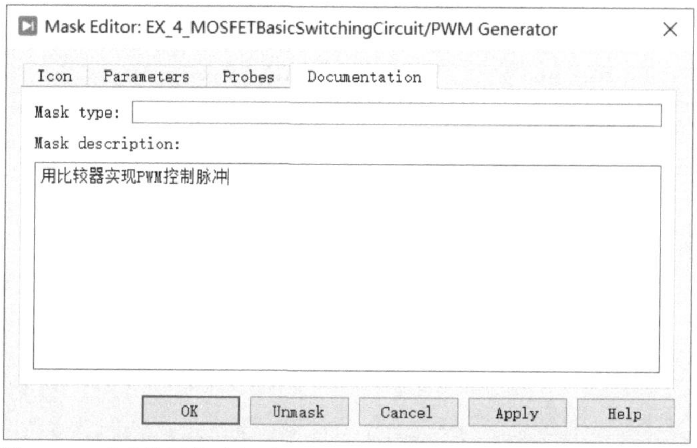

图 2-46　子系统封装编辑器中 Documentation（文档说明）选项卡示例

至此已完成子系统封装。双击封装后的子系统，将显示子系统参数对话框，如图 2-47 所示。在封装子系统参数对话框进行参数设置时，被封装的各参数就传递到子系统各模块中。

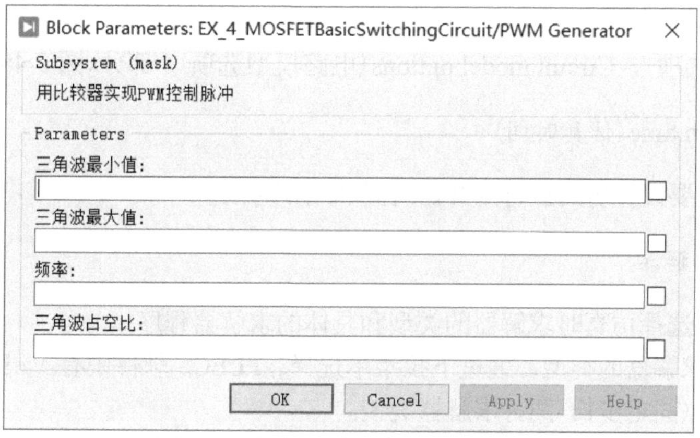

图 2-47　封装子系统参数对话框示例

2.3　仿真参数设置

仿真参数设置关系到仿真正常运行以及仿真运行结果，选择电路仿真模型编辑窗口“Simulation→Simulation Parameters”子菜单项或使用“Ctrl+E”快捷键进入仿真参数设置对话框，如图 2-48 所示。

仿真参数设置对话框包含 Solver（求解器）、Options（选项）、Diagnostics（诊断）、Initialization（初始化）4 个选项卡，其中，求解器选项卡中的设置对仿真运行以及仿真结果影响较大。

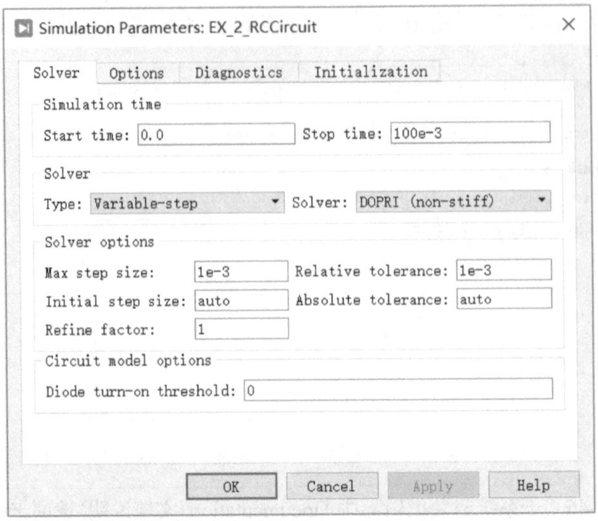

图 2-48　仿真参数设置对话框

2.3.1　Solve（求解器）参数设置

求解器选项卡参数设置包括 Simulation time（仿真时间）、Solver（求解器）、Solver options（求解器选项）、Circuit model options（电路模型选项）4 部分（图 2-48）。

1. Simulation time（仿真时间）

仿真时间主要设置仿真运行的开始时间和结束时间。

2. Solver（求解器）

求解器主要选择仿真时求解器的类型和具体的求解器程序。

（1）Type：求解器的类型。通过下拉菜单选择，PLECS 软件中有 Variable-step（可变步长）和 Fixed-step（固定步长）两种求解器类型。

（2）Solver：求解器。选择具体的求解器程序。

求解器类型选择固定步长时，求解器程序为 Discrete（离散）求解器程序，求解器以固定时间增量步进执行仿真。选择该求解器，物理模型将离散化为线性状态方程，使用前向欧拉方法更新所有其他连续状态变量，仿真步骤之间的事件和不连续性采用线性插值处理。

求解器类型选择可变步长时，求解器程序有 DOPPI（non-stiff）和 RADAU（stiff）两种。其中，DOPPI（non-stiff）是五阶精度显式龙格-库塔法可变步长求解器，对于非刚性系统非常有效，PLECS 软件默认选择 DOPPI（non-stiff）求解器程序。RADAU（stiff）是五阶精度全隐式三级龙格-库塔法可变步长求解器，用于刚性系统。可以粗略地定义刚性系统具有几个数量级差异的时间常数，这样的系统迫使非刚性求解器选择过小的时间步长，如果 DOPPI（non-stiff）求解器检测到系统中存在刚性，则将终止仿真，并建议切换到 RADAU（stiff）求解器。

可变步长求解器与固定步长求解器在求解器选项和电路模型选项设置上有很大差别。

3. Solver options（求解器选项）

1）可变步长求解器选项

Max step size：最大步长。最大步长指定了求解器可以采取的最大时间增量，不应选择太小。

Initial step size：初始步长。其默认设置为 auto，求解器根据初始状态导数选择步长。

Relative tolerance：相对容差。定义各个状态变量局部误差范围或误差，按下式计算。

$$\mathrm{err}_i \leqslant \mathrm{rtol}\left|x_i\right| + \mathrm{atol}_i$$

如果所有误差计算值都小于限制值，则求解程序将增加后续步骤的步长。如果任何误差计算值都大于限制值，则求解器将丢弃当前步骤，并以较小的步长重复该步骤。

Absolute tolerance：绝对容差。其默认设置为 auto，求解器根据到仿真当前时刻为止遇到的最大绝对误差，分别更新每个状态变量的绝对容差。

Refine factor：细化因子。细化因子是生成附加输出点使示波器输出波形获得更平滑结果的一种有效方法。对于每个完成的积分步，求解器采用高阶多项式计算出 $r-1$ 个中间步值对连续的两个状态进行插值。在计算成本上，这比减小最大步长更有效。

2）固定步长求解器选项

固定步长求解器选项仅有 Fixed step size（固定步长），如图 2-49 所示，固定步长指定求解器的固定时间增量，以及用于物理模型状态空间离散化的采样时间。

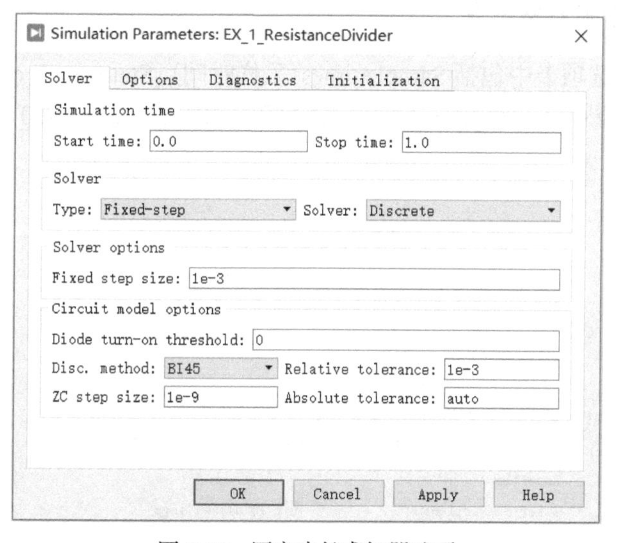

图 2-49 固定步长求解器选项

4. Circuit model options（电路模型选项）

1）可变步长求解器电路模型选项

可变步长求解器电路模型选项仅包括 Diode turn-on threshold（二极管导通阈值），该参数默认值为 0。二极管导通阈值控制电路中换流器件（如二极管、晶闸管、GTO 等）的导通，当二极管两端电压大于正向电压和阈值电压之和时，二极管开始导通。类似条件也适用于其他自然换相器件。

对于大多数应用，二极管导通阈值可以设为 0，但在某些情况下，需要将该参数设为一个小的正值，以防自然换相器件反弹。例如，在包含许多互连开关的大型刚性系统中，开关重复接收打开命令和关闭命令的情况可能会出现在随后的仿真步骤中，甚至出在同一个仿真步骤中。

值得注意的是，二极管导通阈值不等于器件导通时的压降，开启阈值仅延迟器件开启的瞬间。器件两端的压降仅由器件参数中规定的正向电压或导通电阻决定。

2）固定步长求解器电路模型选项

固定步长求解器电路模型选项除包括 Diode turn-on threshold（二极管导通阈值）外，还包括 Disc. method、ZC step size、Relative tolerance、Absolute tolerance 等选项，其中，二极管导通阈值的含义和设置与可变步长求解器中的相同。

（1）Disc. method：离散方法。该参数决定用于离散电磁模型状态空间方程的算法，包括 BI45 和 Tustin 两种算法。

（2）ZC step size：过零时的步长。其默认值为 1e–9。当检测到漏采样事件（通常是电流过零或电压过零）时，开关管理器使用该参数，用于控制跨事件时步长的相对大小。

（3）Relative tolerance：相对容差。其默认值为 1e–3。

（4）Absolute tolerance：绝对容差。其默认值为 auto。

2.3.2 Options（选项）参数设置

仿真参数选项选项卡中包括 Sample times（采样时间）、State-space calculation（状态空间计算）、Assertions（断言）、Algebraic loops（代数环）等内容，如图 2-50 所示。

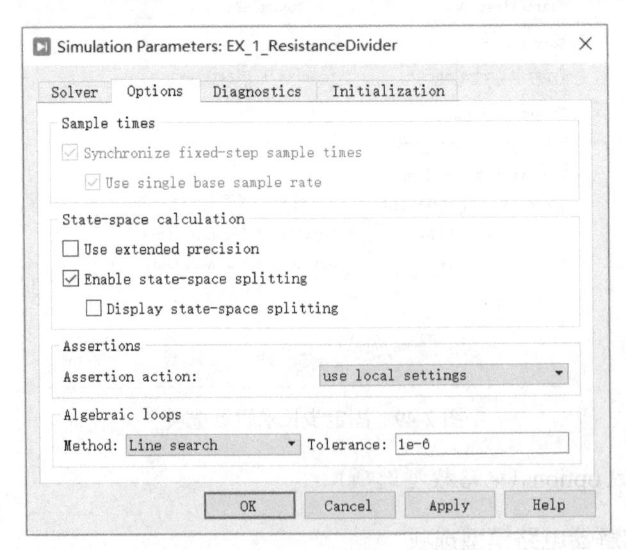

图 2-50　Options（选项）选项卡

1. Sample times（采样时间）

采样时间只针对变步长求解器时可以设置，对于固定步长求解器，系统为默认选择且不可编辑。

（1）Synchronize fixed-step sample times：同步固定步长采样时间。选择该复选框，PLECS 软件尝试为指定离散采样时间的信号模块查找公共基本采样速率。

（2）Use single base sample rate：使用单基采样速率。选择该复选框，PLECS 软件尝试对指定离散采样时间的所有信号模块使用单一公共基采样速率。

2. State-space calculation（状态空间计算）

状态空间计算设置状态空间计算时是否使用扩展精度及是否启用状态空间拆分。

（1）Use extended precision：使用扩展精度。选择该复选框，PLECS 软件将使用更高精度的算法进行状态空间矩阵内部计算作为一个物理模型。如果 PLECS 报告系统矩阵接近于不可逆，请选择此选项。

（2）Enable state-space splitting：启用状态空间拆分。选择该复选框，PLECS 软件尝试将物理域的状态空间模型拆分成可以单独计算和更新的娇小的单元模型。这样可以大大减小运行时的计算工作量，对于实时仿真特别有利。

（3）Display state-space splitting：显示状态空间拆分。选择该复选框，PLECS 软件将使用诊断消息，在拆分后突出显示组成各个状态空间模型的元件。

3. Assertions（断言）

设置覆盖断言失败时执行的操作，PLECS 软件提供 use local settings（使用本地设置）、ignore（忽略）、warning（警告）、warning/pause（警告/暂停）、error（报错）5 种操作，默认为 use local settings（使用本地设置），使用每个单独断言中指定的操作，设置为 ignore 的断言总是被忽略。

请注意，在分析和模拟脚本期间，断言可能会被禁用。

4. Algebraic loops（代数环）

代数环参数设置主要选择非线性方程求解器采用的方法及容差。

（1）Method：方法。该参数主要选择非线性方程求解器所采用的方法，PLECS 软件中可选择的有 Line search（线性搜索）和 trust region（可信域）两种方法。

（2）Tolerance：容差。求解器迭代更新信号模块输出，直到从一次迭代到下一次迭代的最大相对变化和循环方程的最大相对误差都小于该值。

2.3.3　Diagnostics（诊断）参数设置

设置求解器为可变步长时，仿真参数选项卡中包含常规和开关损耗计算两项内容，如图 2-51 所示。

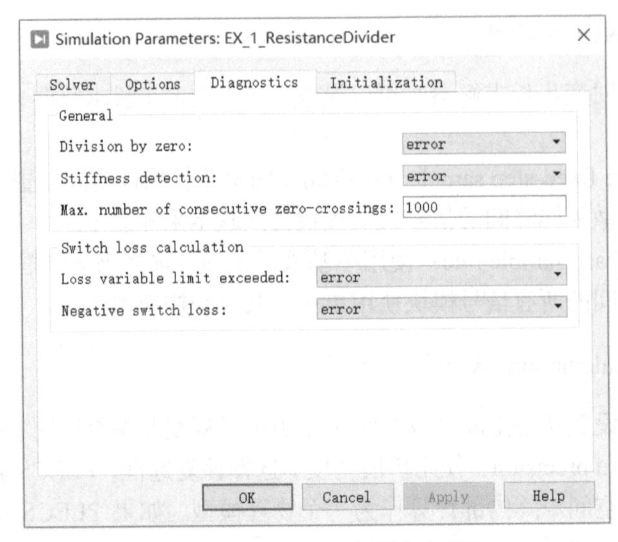

图 2-51　Diagnostics(诊断)选项卡

1. General(常规)

(1) Division by zero：除以 0。确定如果 PLECS 软件在乘积模块或函数模块被 0 除的结果为 nan(非数字)。使用这些值作为其他信号模块的输入可能会导致意外的模型行为，处理这种意外可以选择 ignore(忽略)、warning(警告)或 error(报错)。在新建模型中默认为 error。

(2) Stiffness detection：刚性检测。该参数仅适用于非刚性、可变步长 DOPRI 求解器。DOPRI 求解器包含一种算法，用于检测模型在仿真过程中何时变得刚性。用非刚性求解器不能有效地求解刚性模型，因为需要不断地在相对较小的值处调整步长以防止求解出的数值变得不稳定。如果 DOPRI 求解器检测到模型中的刚性，它将根据此参数设置提出警告或错误的消息，建议改用刚性的 RADAU 求解器。

(3) Max. number of consecutive zero-crossings：最大连续过零次数。该参数仅适用于可变步长求解器。对于包含不连续性(也称为“过零点”)的模型，可变步长求解器将减小步长，以便在不连续性发生时精确地计算出仿真步长。如果在辅助顺序步骤中出现许多不连续性，则由于求解器被迫将步长减小到一个过小的值，仿真可能会出现表面上的停顿而实际没有停止的现象。

2. Switch loss calculation(开关损耗计算)

(1) Loss variable limit exceeded：损耗变量超出限制。该参数指定在 PLECS 停止仿真并显示相关部件错误消息之前，连续仿真步骤中不连续性损耗变量数值的上限。

(2) Negative switch loss：负开关损耗。PLECS 可以发出错误或警告消息，也可以默认继续。在警告和继续两种情况下，注入热模型的损耗削减为零。

2.3.4　Initialization（初始化）参数设置

仿真参数初始化选项卡中包含 System state（系统状态）和 Model initialization commands（模型初始化命令）两项内容，如图 2-52 所示。

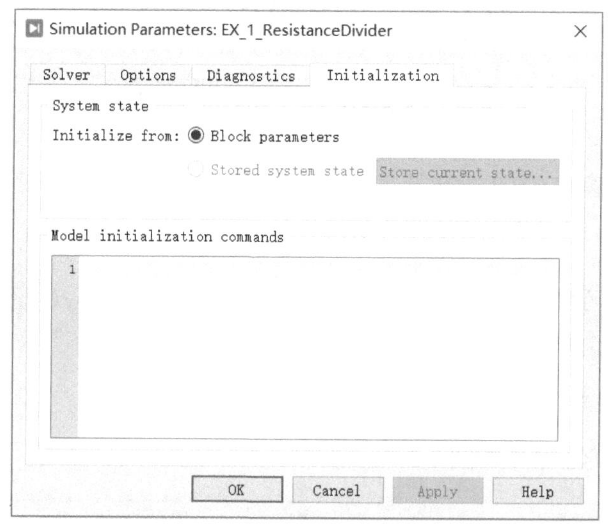

图 2-52　Initialization（初始化）选项卡

1. System state（系统状态）

系统状态参数控制仿真开始时如何初始化系统状态。系统状态包括所有物理存储元件（如电感、电容和热电容）的值、所有电气开关元件（如理想开关、二极管等）的导通状态、控制框图中所有连续和离散状态变量（如积分器、传递函数和延迟）的值。

（1）Block parameters：模块参数。选择该选项时，状态变量将使用在各个模块参数中指定的值进行初始化。

（2）Stored system state：存储的系统状态。选择该选项时，从先前存储的系统状态全局初始化状态变量，忽略各个信号模块参数中指定的初始值。如果未存储任何状态，则禁用该选项。

（3）Store current state：系统状态存储。在瞬态仿真运行或分析后按下此按钮将存储最终系统状态，以及时间戳和可选注释。当用户保存模型时，这些信息将存储在模型文件中，以便在以后的会话中使用。

2. Model initialization commands（模型初始化命令）

仿真启动时执行模型初始化命令，以便填充基本工作空间。设置元件参数时可以使用基本工作空间中的变量。

第 3 章　PLECS 示波器

3.1　PLECS 示波器简介

PLECS 示波器窗口(图 3-1)包括菜单栏、工具条以及显示区 3 个区域。

3.1.1　菜单栏

PLECS 示波器的菜单栏包括 File(文件)、Edit(编辑)、View(视图)、Window(窗口)和 Help(帮助)共 5 个菜单。

1. File(文件)菜单

文件菜单包含的子菜单如图 3-2 所示。

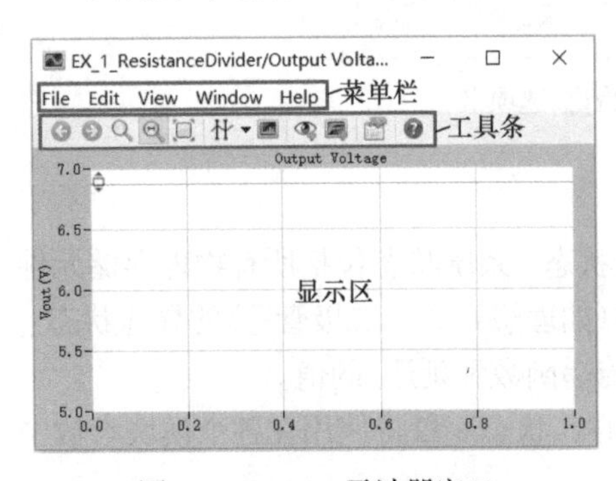

图 3-1　PLECS 示波器窗口

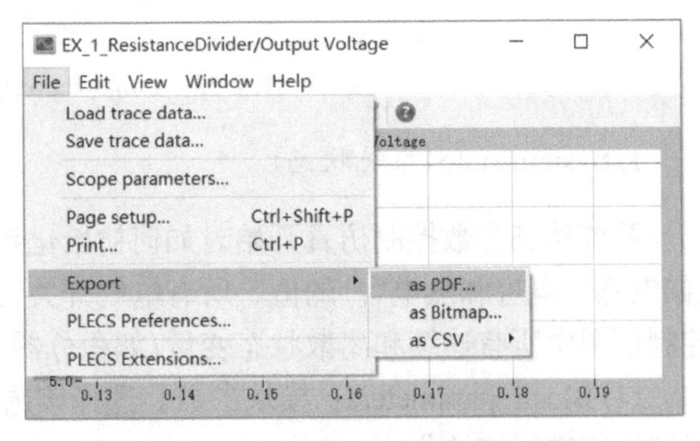

图 3-2　示波器窗口 File(文件)菜单

(1) “Load trace data” 子菜单项为加载波形数据。
(2) “Save trace data” 子菜单项为保存波形数据。
(3) “Scope parameters” 子菜单项为示波器参数设置。
(4) “Page setup” 子菜单项为波形页面设置。
(5) “Print” 子菜单项为波形打印。
(6) “Export” 子菜单项为波形输出，可以输出 PDF、Bitmap、CSV 三种格式。
(7) “PLECS Preferences” 子菜单项为 PLECS 的配置。
(8) “PLECS Extensions” 子菜单项为 PLECS 的扩展功能。

2. Edit(编辑)菜单

编辑菜单仅包含 “Copy” 一个子菜单项，如图 3-3 所示，该菜单项的功能与示波器窗口文件菜单中 “Export→as Bitmap” 功能相同，复制波形 Bitmap 格式到剪贴板。

3. View(视图)菜单

视图菜单包含的子菜单如图 3-4 所示。

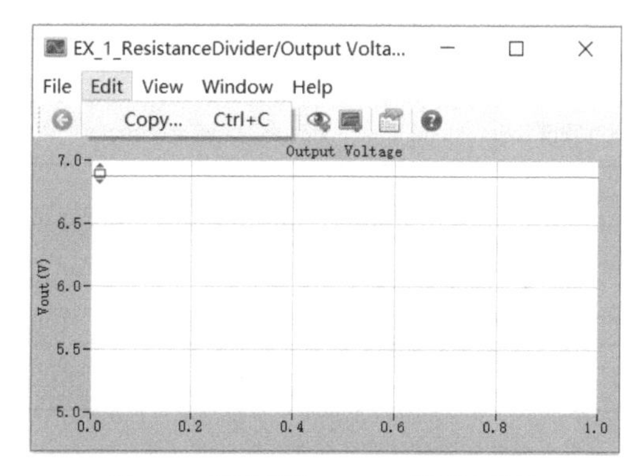

图 3-3　示波器窗口 Edit(编辑)菜单

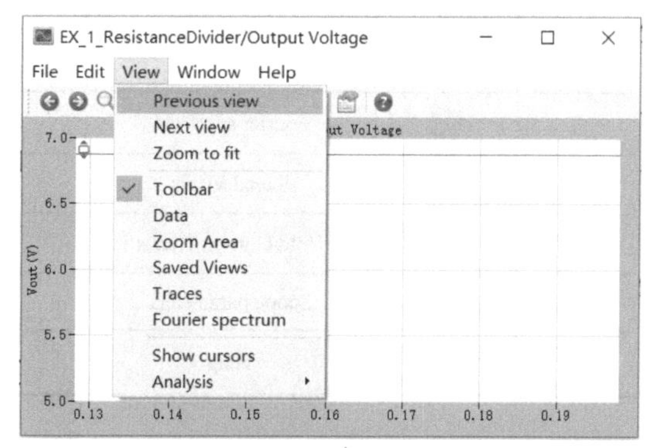

图 3-4　PLECS 示波器窗口 View(视图)菜单

(1) “Previous view”子菜单为显示前一视图。

(2) “Next view”子菜单为显示下一视图。

(3) “Zoom to fit”子菜单为将整个波形缩放到窗口。

(4) “Toolbar”子菜单为启用/禁用工具条。

(5) “Data”子菜单为启用/禁用数据窗口。

(6) “Zoom Area”子菜单为启用/禁用缩放窗口。

(7) “Saved Views”子菜单为启用/禁用保存视图窗口。

(8) “Traces”子菜单为启用/禁用轨迹对比窗口。

(9) “Fourier spectrum”子菜单为启用/禁用傅里叶频谱分析。

(10) “Show cursors”子菜单为启用/禁用游标。

(11) “Analysis”子菜单为启用/禁用分析。启用游标时，提供常用数据测量分析，包括 Delta(时间变化量)、Min(最小值)、Max(最大值)、Abs Max(峰峰值)、Mean(平均值)、RMS(有效值)、THD(总谐波畸变率)等。

3.1.2　工具条

PLECS 示波器窗口工具条按钮的功能与 View(视图)菜单中子菜单的功能基本相同，工具条按钮图标及其功能如表 3-1 所示。

表 3-1　工具条按钮图标及其功能

序号	图标	名称	功能	对应子菜单
1		Previous view	前一视图	View→Previous view
2		Next view	后一视图	View→Next view
3		Free Zoom	自由缩放	—
4		Constrained Zoom	约束缩放	—
5		Zoom to fit	缩放到窗口大小	View→Zoom to fit

续表

序号	图标	名称	功能	对应子菜单
6		Cursors	显示游标	View→Show cursors
7		—	数据分析	View→Analysis
8		Fourier spectrum	傅里叶频谱分析	View→Fourier spectrum
9		Saved Views	保存视图	View→Saved Views
10		Hold Current Traces	保留当前波形曲线	—
11		Scope parameters	示波器参数设置	File→Scope parameters
12		Help	帮助	Help

3.1.3 显示区

仿真结果以波形的形式显示在示波器窗口的显示区，在显示区单击鼠标右键出现快捷菜单，如图 3-5 所示。

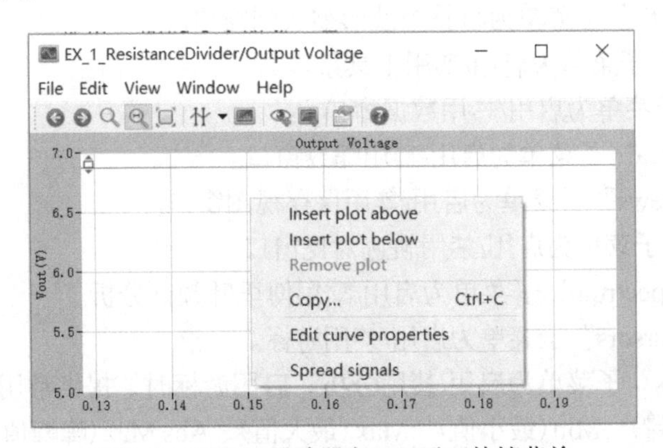

图 3-5 PLECS 示波器窗口显示区快捷菜单

（1）“Insert plot above”子菜单项为在上方插入一个波形绘图。

（2）“Insert plot below”子菜单项为在下方插入一个波形绘图。

（3）“Remove plot”子菜单项为删除波形绘图。

（4）“Copy”子菜单为复制波形。

（5）“Edit curve properties”子菜单项为编辑波形曲线属性。

（6）“Spread signals”子菜单项为拆分波形，即将显示在一起的多路波形分开显示。

3.2 PLECS 示波器基本操作

新建图 3-6 所示 RC 电路仿真模型。

3.2.1　添加波形曲线名称及坐标轴标签

以图 3-6 中“Voltage”示波器为例，选择该示波器窗口“File→Scope parameters”菜单项(图 3-7)或单击工具栏按钮，弹出如图 3-8 所示 Scope Parameters(示波器参数)设置对话框。

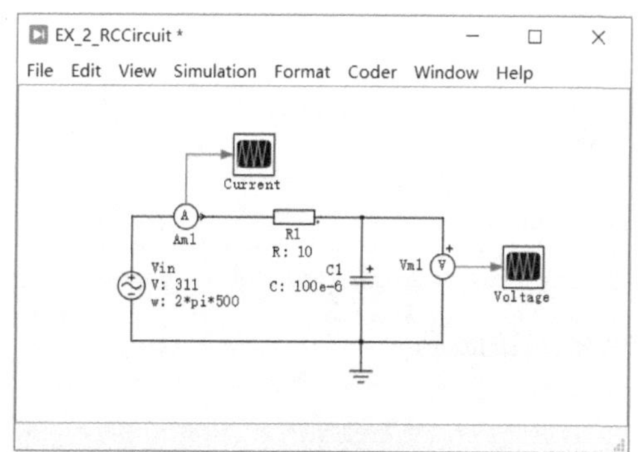

图 3-6　RC 仿真电路

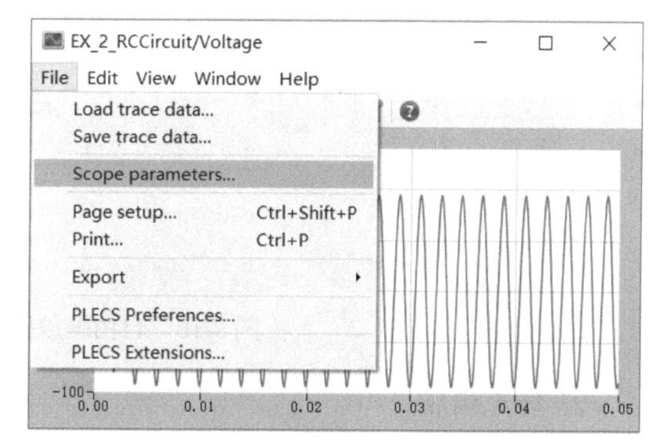

图 3-7　示波器窗口波形参数设置菜单项

选择“Plot 1”选项卡，在“Title(标题)”和“Axis lable(轴标签)”对应的编辑框中分别输入波形曲线名称和轴标签，如本示例中“Out put Voltage”和“Vout(V)”，单击“OK(确定)”按钮，波形曲线名称和轴标签将显示在示波器窗口，如图 3-9 所示。

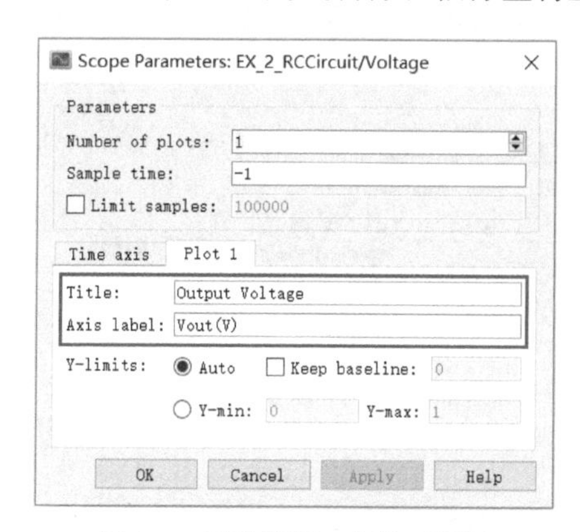

图 3-8　示波器窗口参数对话框

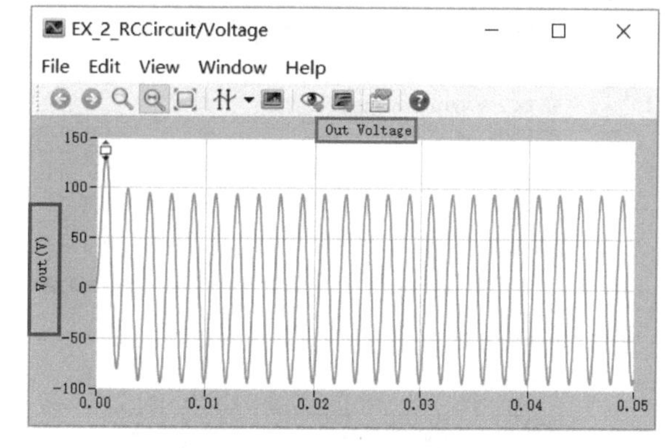

图 3-9　示波器显示标题和轴标签

3.2.2　波形缩放及切换显示

波形缩放操作包括自由缩放、约束缩放和缩放到窗口大小等操作。仿真波形缩放操作过程中，PLECS 依次记录波形的缩放操作过程，方便实现波形切换显示。

1. 自由缩放

选择“View→Free Zoom”菜单项或单击工具条上的按钮，对波形的部分区域进行放大。将鼠标指针移到需要缩放波形区域的左上角，光标呈“+”字形且该波形显示区变暗，按住鼠标左键并拖动鼠标，鼠标拖动过的区域变亮，拖动鼠标至缩放区域的右下角，释放鼠标左键，则被拖亮的区域放大到整个波形显示区。如图 3-10 所示，放大显示仿真时间为 0.02～0.04s、幅值为 0～120V 的波形。

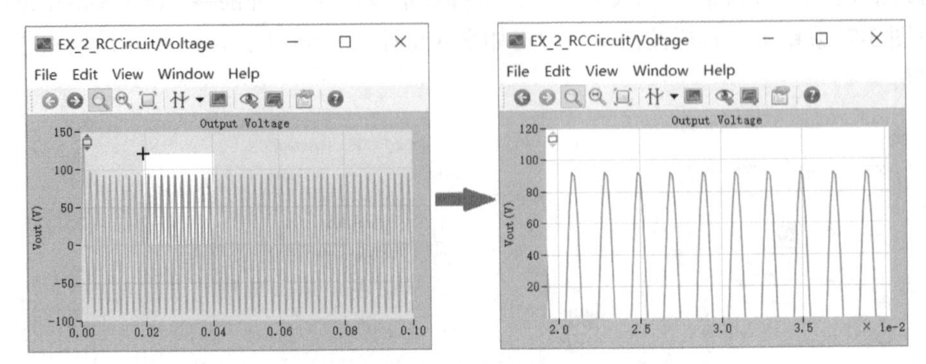

图 3-10　自由缩放操作及缩放后的波形

2. 约束缩放

与自由缩放不同，约束缩放只能对波形进行 *X* 轴或 *Y* 轴其中一个方向上的缩放。选择“View→Constrained Zoom”菜单项或单击工具条上的按钮，对波形的水平或垂直方向某一区域进行放大，鼠标操作过程与自由缩放类似。

如图 3-11 所示，假如要查看 0.02～0.04s 曲线的详细信息，将鼠标移至波形显示区 0.02s 附近并按住鼠标左键，将鼠标向右拖向 0.04s 位置，到达 0.04s 附近后松开鼠标左键，0.02～0.04s 的波形曲线沿 *X* 方向放大到波形显示区。

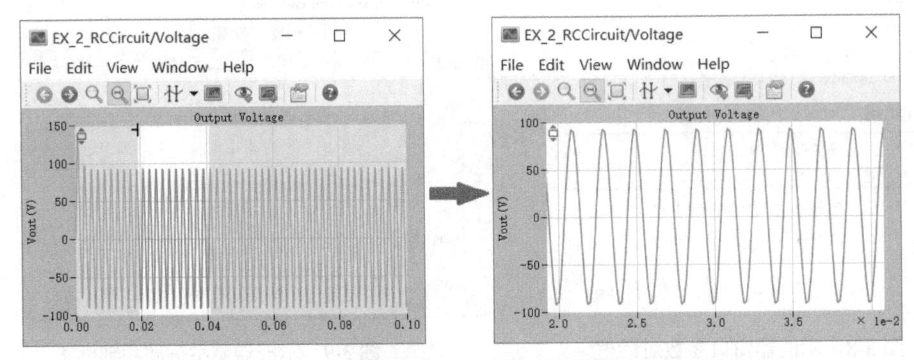

图 3-11　约束缩放操作及缩放后的波形(水平)

与水平缩放使用方法类似，也可以用约束缩放来做垂直缩放。假如要查看图 3-11 所示 0～100V 曲线的详细信息，在 0V 附近按住鼠标左键，并将鼠标向上拖向 100V，到达 100V 附近后松开鼠标按钮，则放大显示刚选定的区域，如图 3-12 所示。

约束缩放很难实现波形显示区间的精确控制，为实现波形显示的精确控制，PLECS 示波器提供手工设置坐标轴显示区间的功能。将鼠标移至水平轴(*X* 轴)或垂直轴(*Y* 轴)附近区域，并双击，在弹出的 *X* 轴或 *Y* 轴缩放对话框中直接输入示波器相应轴显示的区间下限和上限。如图 3-13 所示，设置 *X* 轴显示区间为 0.02～0.03s，*Y* 轴的显示区间为 0～100V。完成设置后示波器的显示如图 3-14 所示。

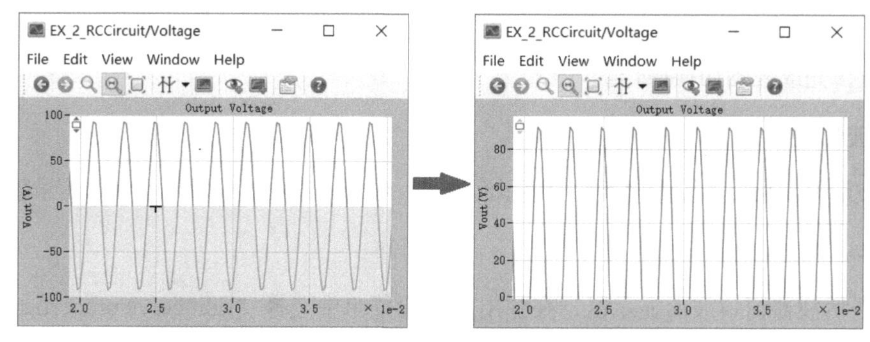

图 3-12 约束缩放操作及缩放后的波形(垂直)

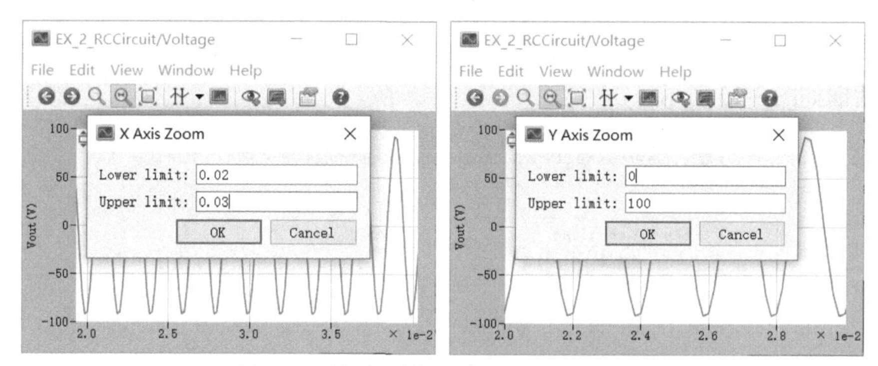

图 3-13 设置 *X* 轴、*Y* 轴显示范围对话框

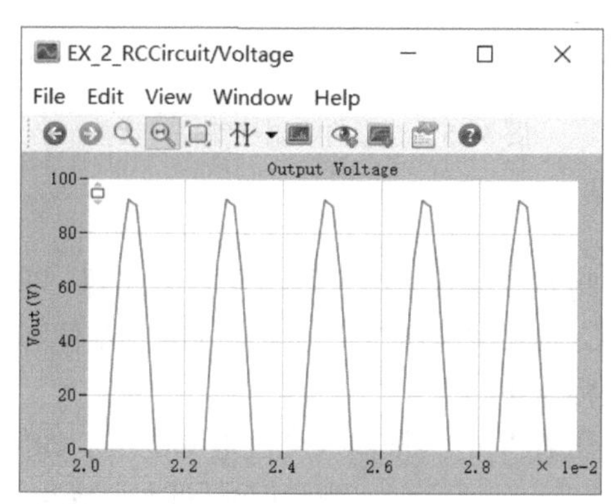

图 3-14 波形显示区间的精确控制示例

3. 缩放到窗口大小

自由缩放和约束缩放是对波形进行放大，而缩放到窗口大小是将放大的波形缩小到波形显示区。选择“View→Zoom to fit”菜单项或单击工具条上的按钮，将放大后的波形缩小到示波器显示区。

4. 切换显示

PLECS 示波器依次记录波形的缩放操作过程，如果对当前操作或波形不满意，可以通过视图切换返回本次操作之前或之后的波形图。

选择“View→Previous view”菜单项、“View→Next view”菜单项或单击工具条上的或按钮，完成视图切换操作。

3.2.3　波形显示

与波形显示相关的操作包括波形显示区管理、波形曲线属性编辑以及波形信号管理等。

1. 编辑波形显示属性

右击示波器窗口波形显示区，在弹出的快捷菜单中选择“Edit curve properties(编辑曲线属性)”菜单项(图 3-5)，将弹出曲线属性编辑对话框，双击曲线属性编辑对话框中 Color(颜色)、Style(线型)和 Width(线宽)的相应区域，可以修改相应波形曲线的颜色、线型、线宽等。以图 3-8 为例，修改波形曲线的颜色为红色，线宽为 1.2，修改后的曲线属性编辑对话框如图 3-15 所示。

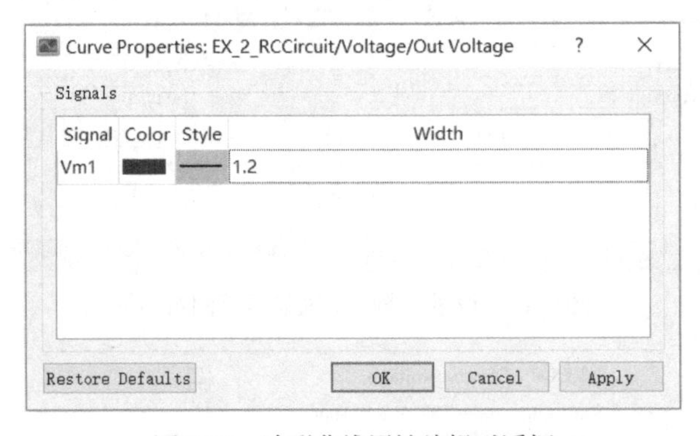

图 3-15　波形曲线属性编辑对话框

2. 多波形同轴显示

为便于分析研究，常将两个或两个以上的波形绘制在同一坐标系中。如图 3-6 所示的 RC 仿真电路，研究电容 C_1 两端的电压与交流电源 Vin 的幅值和相位关系时，需要将这两个电压波形绘制在同一坐标系中。

在仿真模型中添加电压表 Vm_2 测量输入交流电源电压。如何将电压表 Vm_1 和 Vm_2 的测量信号同时送 Voltage 示波器显示？这里用到 Signal Multiplexer(信号混合器)。

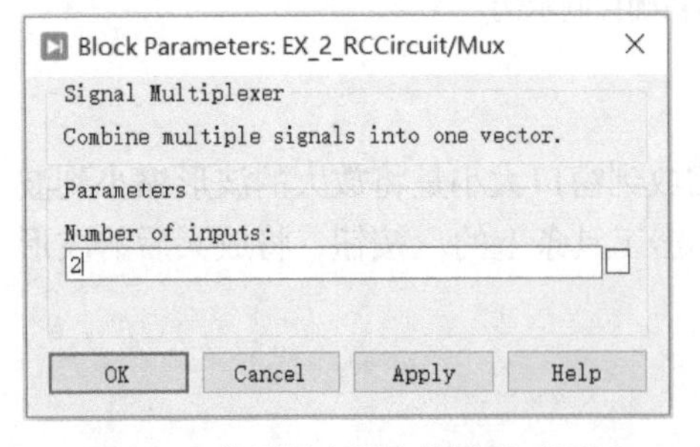

图 3-16　信号混合器参数设置对话框

PLECS 软件中信号混合器默认为 3 个输入，双击进入信号混合器参数设置对话框，将“Number of inputs(输入数量)”修改为所需的数量，本示例中为 2，如图 3-16 所示。

删除电压表 Vm_1 与 Voltage 示波器模块之间的连线。将电压表 Vm_1、Vm_2 的输出信号分别连接到信号混合器的输入端，将信号混合器的输出连接到 Voltage 示波器模块，修改后的仿真模型如图 3-17 所示。

运行仿真后双击 Voltage 示波器，如图 3-18 所示，Vm_1、Vm_2 两个波形显示在同一坐标系中。

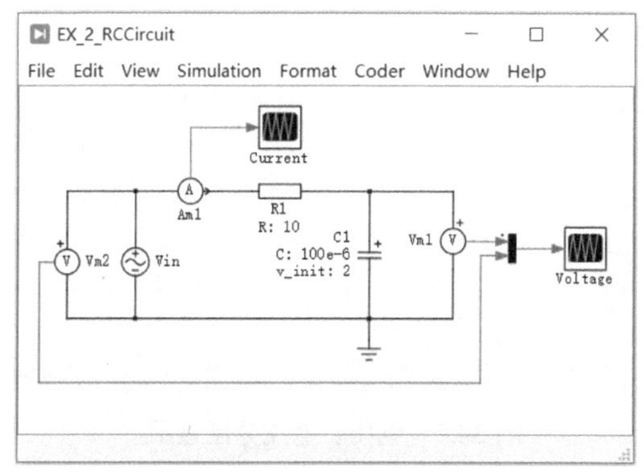

图 3-17　添加输入电压测量的 RC 仿真模型

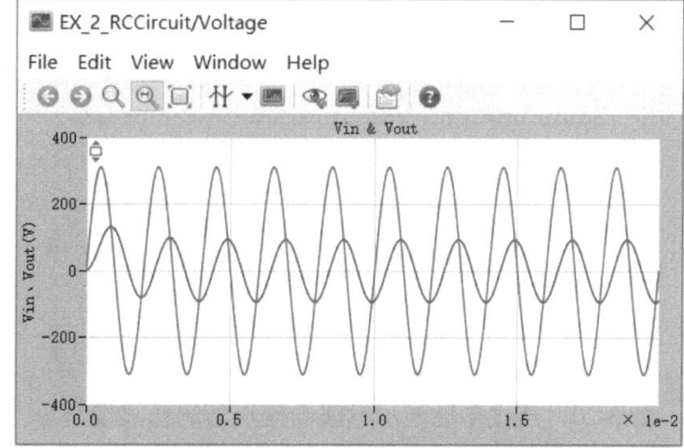

图 3-18　输入、输出电压波形

3. 多波形分区显示

示波器功能非常强大，可以将多个波形显示在同一坐标系，也可以将多个不同波形分区显示在同一示波器中。仍以图 3-6 所示电路为例，在同一示波器分区显示电流表 Am_1 和电压表 Vm_1 的波形。

在仿真模型中添加新的示波器，PLECS 软件默认示波器仅有一个显示区，在示波器中增加或删除显示区有两种方法。

(1) 右击示波器的显示区，在弹出的快捷菜单中选择“Insert plot above”菜单项，在当前波形显示区上方增加波形显示区，选择“Insert plot below”菜单项，在当前波形显示区下方增加波形显示区。

(2) 选择“File→Scope parameter 10”菜单项或者单击工具栏按钮，在弹出的示波器参数编辑对话框中“Number of plots (绘图数)”后的编辑框中输入示波器的分区数，本示例中显示电流和电压两个波形，输入“2”，即将示波器的绘图数量增加到 2，修改后的 Scope 示波器参数编辑对话框如图 3-19 所示。

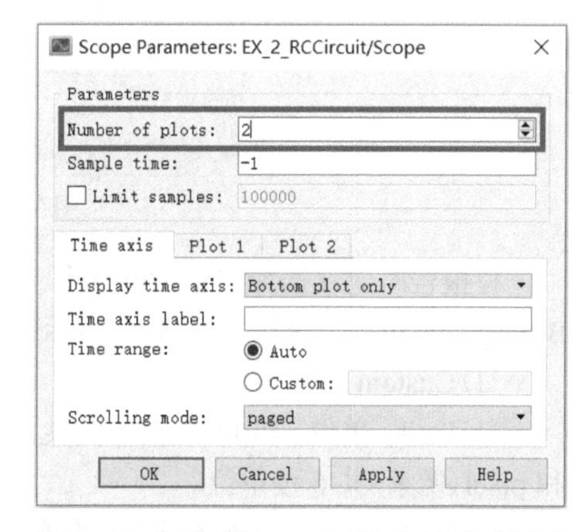

图 3-19　修改后的 Scope 示波器参数对话框

示波器 Scope 现在有 2 个输入，将电流表 Am_1 和电压表 Vm_1 的输出分别连接到示波器 Scope 的两个输入端，如图 3-20 所示。

运行仿真后双击示波器 Scope，如图 3-21 所示，上面显示区显示的是电流表 Am_1 的波形，下面显示区显示的是电压表 Vm_1 的波形。

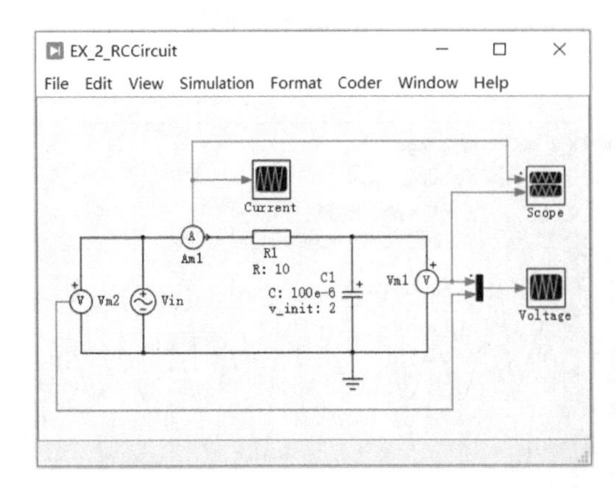

图 3-20　连接多轴显示示波器模块后的仿真模型

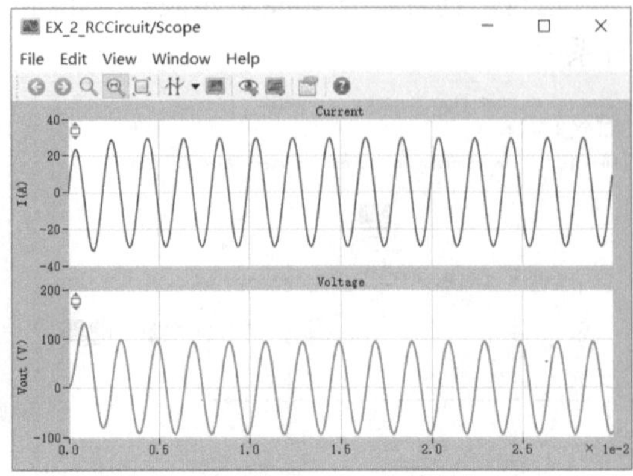

图 3-21　电压、电流分区显示

3.2.4　波形输出

波形输出有选择“File→Export”菜单项和“Edit→Copy”菜单项两种方法。

1. 波形文件输出

选择“File→Export→as PDF/as Bitmap/as CSV”菜单项，如图 3-22 所示，可以输出PDF、Bitmap、CSV 三种不同格式的波形文件。

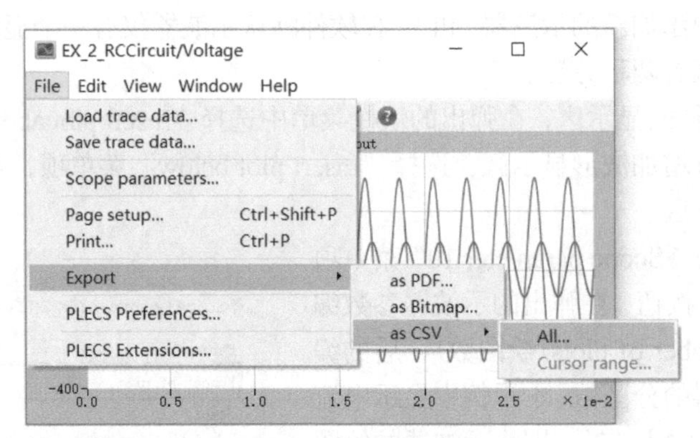

图 3-22　波形输出菜单

写报告时建议选择“as Bitmap”菜单，生成一个.bmp 文件。选择“File→Export→as Bitmap”菜单项，弹出如图 3-23 所示的窗口。

1) Custom size（自定义大小）

(1) Unit：单位。PLECS 软件提供 mm（毫米）、cm（厘米）、inches（英寸）、points（点数）和 pixel（像素）共 6 种单位。

(2) Width：宽度。输入输出图像的宽度。

(3) Height：高度。输入输出图像的高度。

2) Appearance（表现形式）

(1) Line style：线型。PLECS 软件提供 As in scope（示波器显示所见）、Color（彩色）、

Grayscale(带灰度级)、Black and white(黑白色)和 Black and white,dashed(黑白色与虚线)共 5 种类型。

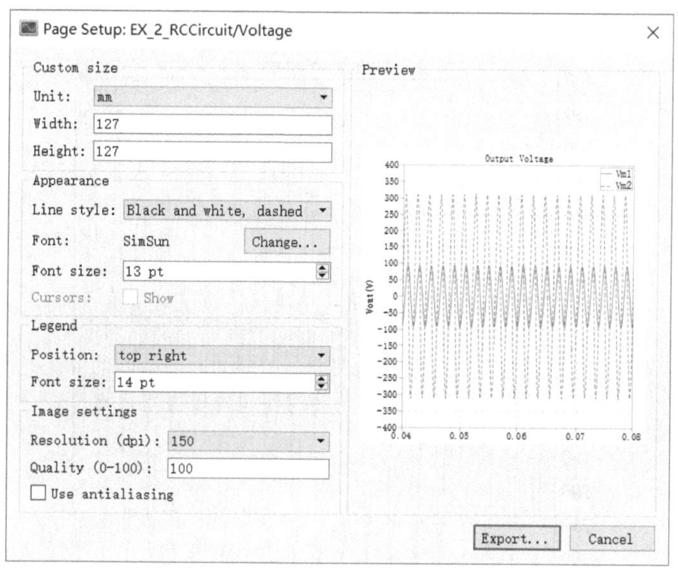

图 3-23　波形输出页面设置窗口

(2) Font：字体。单击“Change”按钮，在弹出的字体选择对话框中选择。

(3) Font size：字号。通过输入框中的上下三角按钮设置。

(4) Cursors：游标显示。选择“Show”前复选框，显示游标。

3) Legend(图例)

(1) Position：位置。设置图例位置，PLECS 软件提供 None(无)、top left(左上角)、top right(右上角)、bottom left(左下角)、bottom right(右下角)、top middle (顶部中间)、bottom middle (底部中间)共 7 种选项。

(2) Font size：字号。设置图例字号，通过输入框中的上下三角按钮设置。

4) Image settings(图像设置)

设置生成的图像质量。

(1) Resolution (dpi)：打印分辨率(每英寸打印点的个数)。PLECS 软件提供 72、150、300 和 600 共 4 种选项，一般选择 72，即分辨率为 72dpi。

(2) Quality (0-100)：质量。在编辑框中输入 0～100 的数值，通常输入 80，即质量为 80；

(3) Use antialiasing：图形保真。选择复选框设置。

当然可以提高生成图像的分辨率，但生成的文件会更大。例如，当图像设置为“Resolution (dpi)：72”和“Quality (0-100)：80”时，生成文件大约 8KB；当图像设置为“Resolution (dpi)：600”和“Quality (0-100)：80”时，生成文件大约 152KB。

5) Preview(预览)

该区域显示输出波形图预览。

输出图 3-20 所示仿真模型中 Voltage 示波器的波形，线型选择 Black and white,

dashed(黑白色与虚线)，波形输出其他参数设置如图 3-23 所示。

按图 3-23 完成参数设置后单击“Export”按钮，弹出波形输出对话框，输入波形输出文件名，然后单击“保存”按钮，完成波形输出，示例中输出波形图如图 3-24 所示。

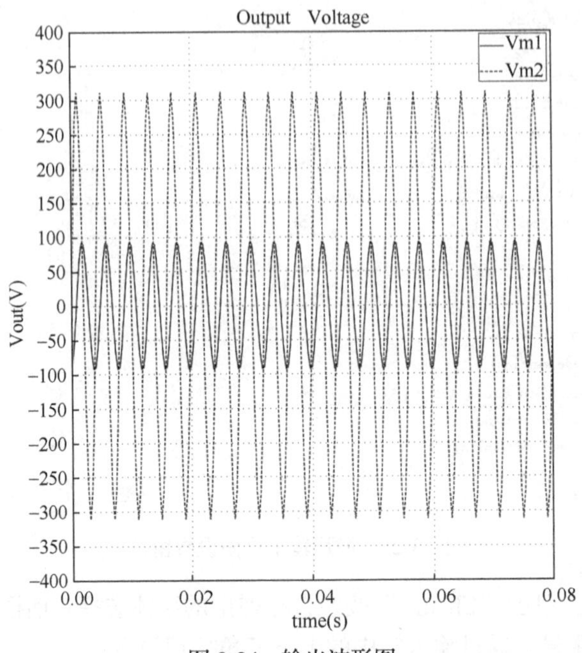

图 3-24　输出波形图

2. 复制波形到剪贴板

如果想在图形软件中编辑获得的波形，可以将波形显示窗口显示的波形复制到 Windows 剪贴板中。选择“Edit→Copy”菜单项或使用“Ctrl+C”快捷键，弹出类似图 3-23 所示页面设置窗口，进行设置后单击“Copy to Clipboard(复制到剪贴板)”按钮，将波形复制到剪贴板。注意，该方法仅能输出 Bitmap 格式。

3.3　示波器数值测量分析

PLECS 示波器除了波形显示功能外，还具有非常强大的数值测量分析功能。

3.3.1　数据区基本操作

1. 显示/关闭数据区

默认状态下，示波器的数据区是不显示的。选择示波器窗口“View→Data”菜单项的复选框，如图 3-25 所示，示波器窗口波形显示区的下方将出现数据区。

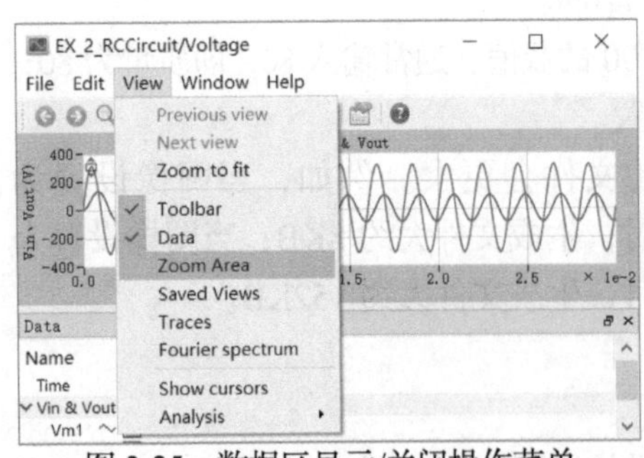

图 3-25　数据区显示/关闭操作菜单

2. 数据区移动

在数据区标题栏按住鼠标左键进行拖动并释放，可将数据区放在示波器窗口的左侧或右侧，也可将数据区移出示波器窗口，成为独立窗口，如图 3-26 所示。

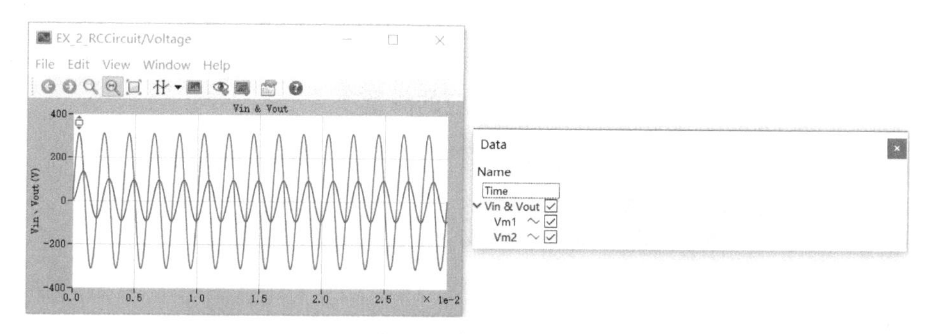

图 3-26　数据区移动

3. 数据区添加数据

选择示波器窗口“View→Data”菜单项的复选框只是显示数据区，数据区中并没有数据，选择示波器窗口“View→Data”菜单项的同时选择“View→Show cursors”菜单项或单击工具栏中（游标）按钮，将显示数据区并在数据区中添加数据，如图 3-27 所示。

图 3-27 中波形显示区出现的两条黑色垂线就是游标，游标与波形交点突出显示，在水平坐标轴出现 I 和 II，分别表示 Cursor1（游标 1）和 Cursor2（游标 2）。数据区增加了 Cursor1 和 Cursor2 两列数据项，数据区的“Time（时间）”栏中显示了游标所在位置的时刻，曲线 Vm1 和 Vm2 栏中显示两个游标所处时刻的数值，即瞬时值。

游标在显示区可以任意移动。将鼠标指针移至游标处，当出现双箭头鼠标标识时，按住鼠标左键可移动游标。游标移动时，数据区该游标对应数据也随之变化。按住鼠标左键拖动游标到指定时刻，然后释放鼠标左键，可以定位游标位置。拖动鼠标定位很难满足精确定位的要求，双击数据区游标下的“Time（时间）”栏，该数据区域变为可编辑状态，输入游标定位时刻数据，单击其他区域，游标直接移至定位处。例如，按图 3-28 所示操作，将图 3-27 所示 Cursor1 精确定位到 0.012s。

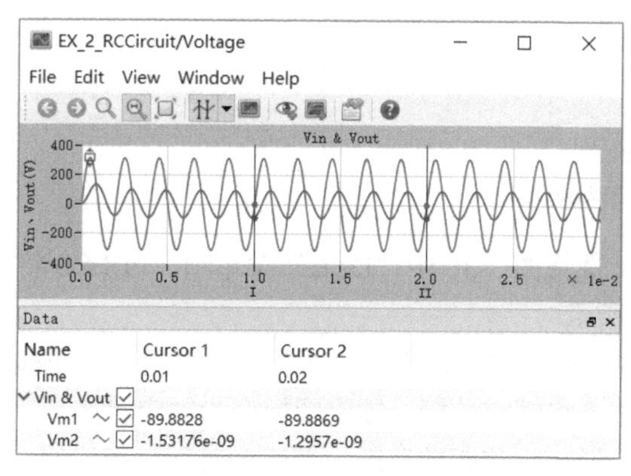

图 3-27　数据区显示

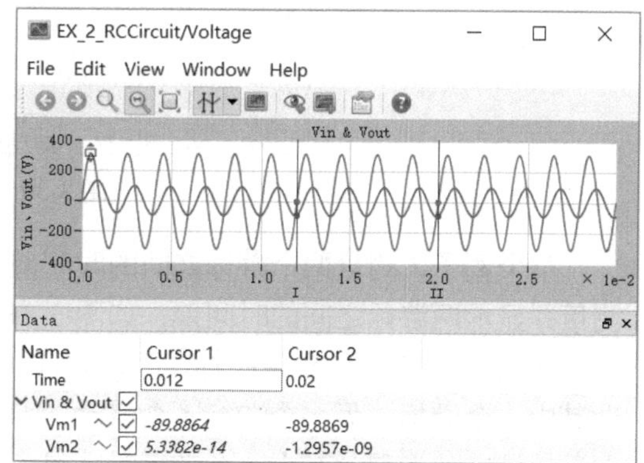

图 3-28　游标精确定位

3.3.2 数值测量

使用游标可以测量两个游标之间的时间差(time difference)以及两个游标之间捕捉到的波形的最小值(Min)、最大值(Max)、峰峰值(peak-to-peak value)、平均值(Mean)、有效值(RMS)、总谐波畸变率(THD)等。选择示波器窗口“View→Analysis”菜单项中的相应测量项(图 3-29)或单击工具条中按钮旁的小三角，在弹出的游标菜单中选择相应测量项，如图 3-30 所示，这时数据区将出现相应的测量项。

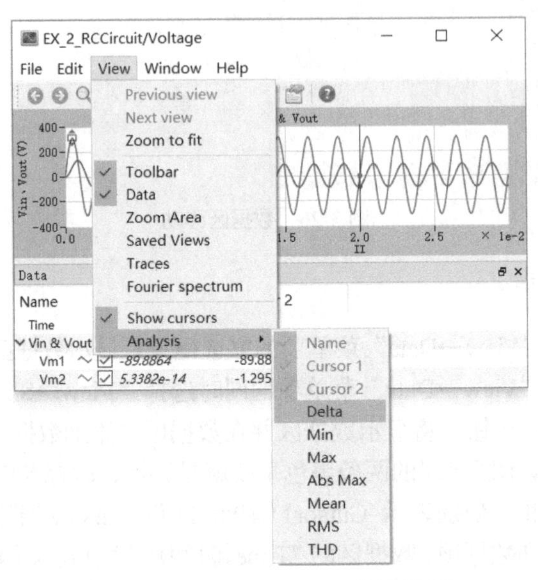

图 3-29 “View→Analysis”菜单项

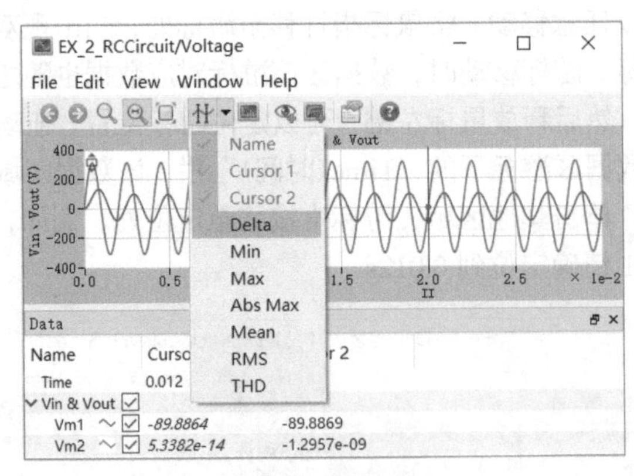

图 3-30 游标菜单

举个例子，测量两个游标之间的时间差，选择图 3-30 中“Delta”菜单项，PLECS 将测量并显示两游标之间的时间差，如图 3-31 所示。

注意图 3-31 中的锁定图标。此时为打开状态，意味着两个游标可以单独移动，即移动其中一个游标，另一个游标不会移动。双击将锁定游标，锁定图标变为锁定状态。在游标锁定状态移动其中一个游标时，另一个游标也将跟着移动，即两个游标是相依的，两个游标之间的时间差是恒定的，图 3-31 中两个游标之间的时间差为 0.008s。

另外，双击“Delta”数据项的时间值，该数据区域变为可输入状态，例如，输入 0.01，在其他区域单击，游标即被锁定，同时，Cursor1 的位置没有改变，Cursor2 向右移至与 Cursor1 的位置相差 0.01 的新位置，即 0.022 处，如图 3-32 所示。

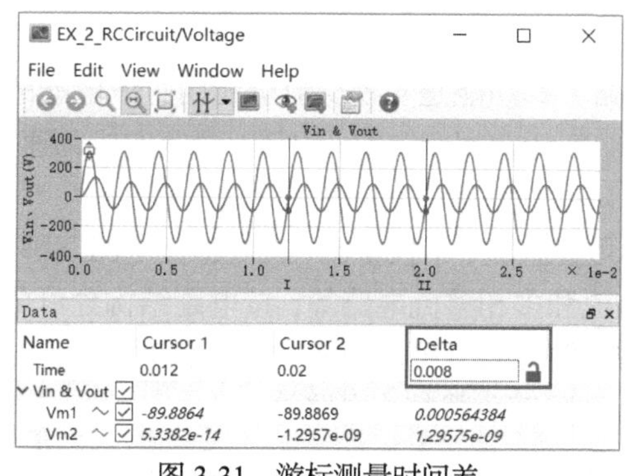

图 3-31　游标测量时间差

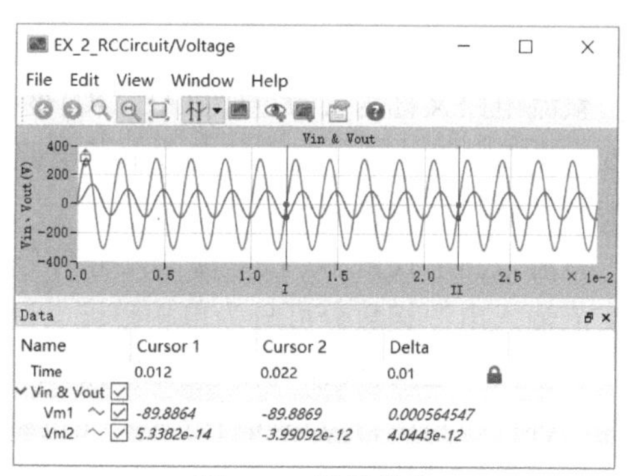

图 3-32　游标锁定

3.3.3　数据分析

PLECS 示波器提供了傅里叶频谱分析，选择示波器窗口“View→Fourier spectrum”菜单项，或单击工具条中按钮，将弹出傅里叶频谱分析窗口。如图 3-33 所示，傅里叶频谱分析图 3-6 所示 RC 电路输入、输出电压的频率为 500Hz，与实际输入一致。

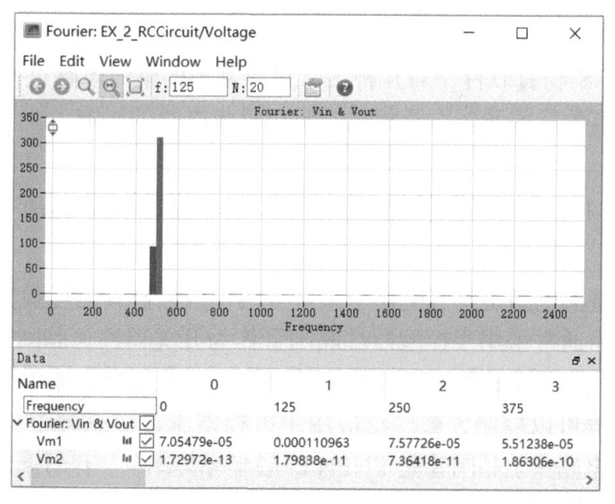

图 3-33　傅里叶频谱分析窗口

傅里叶频谱分析窗口与示波器窗口类似，也分为菜单栏、工具条、频谱显示区和数据区 4 个区域。傅里叶频谱分析窗口工具条上有设置基波频率和谐波次数的输入框，在其中输入相应数值进行傅里叶分析。

傅里叶频谱分析的操作与波形数据操作类似。

第 4 章　整流电路仿真实验

整流电路又称为交流-直流(AC-DC)变换电路，其功能是实现交流电能向直流电能的转变。整流电路是较早应用的电力电子电路之一，广泛应用于电解、电镀、直流电机调速、新能源发电技术等领域。

整流电路形式繁多。按整流器件分可分为不可控整流、半控整流、全控整流电路三种；按交流输入电源相数分可分为单相整流、三相整流和多相整流电路等；按电路结构分可分为半波整流、全波整流和桥式整流电路三种；按控制方式分可分为相控整流和 PWM 整流电路两种；按负载特点不同可分为阻性负载整流和阻感负载整流电路等。

通过控制晶闸管触发相位来控制输出直流电压的电路称为相控整流电路。相控整流电路通常由交流电源、变压器、主电路、触发控制电路、滤波器和负载组成。变压器的作用是实现交流输入电压与直流输出电压间的匹配，以及交流电网与整流电路之间的电隔离，变压器设置与否视具体情况而定。主电路多由硅整流二极管和晶闸管组成。触发控制电路包括功率器件的触发、驱动电路和控制电路等。负载是各种工业设备，在研究和分析整流电路的工作原理时，负载可以等效为电阻负载、电感负载、反电势负载等。滤波器接在主电路与负载之间，用于滤除脉动直流电压中的交流成分。经过整流电路之后的电压已经不是交流电压，而是一种含有直流电压和交流电压的混合电压，习惯上称为单向脉动直流电压。

本章利用 PLECS 仿真软件，对几种最常见最基本的整流电路进行仿真实验。分析研究其工作原理、基本数量关系，以及负载性质对整流电路的影响。

4.1　单相半波可控整流电路仿真实验

单相半波可控整流电路是整流电路中最基本的，是分析其他复杂整流电路的基础。单相半波可控整流电路通常采用半控型器件晶闸管作为开关器件。晶闸管(Thyristor)是晶体闸流管的简称，也称作可控硅整流器，是一种大功率开关型半导体器件，工作电压高、电流大，且其工作过程可以控制，被广泛应用于可控整流、交流调压、无触点电子开关、逆变及变频等电子电路中。晶闸管是 PNPN 四层半导体结构，有阳极 A、阴极 K 和门极 G 三个极，其电气图形符号如图 4-1 所示。

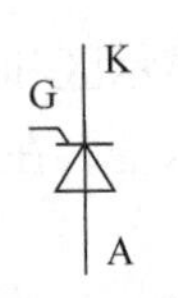

图 4-1　晶闸管的电气图形符号

晶闸管的工作条件为：阳极与阴极之间加正向电压，阳极为正、阴极为负；门极与阴极之间加一定幅值的正向电压，门极为正、阴极为负，同时形成一定的门极电流。另外，晶闸管一旦导通，门极将失去控制能力，不论门极触发电流是否还存在，晶闸管都保持导通。

单相半波可控整流电路是整流电路的基础，如图 4-2 所示，变压器 T 起变换电压和隔离的作用，u_1、u_2 分别表示变压器一次和二次侧电压瞬时值，二次电压为 50Hz 的正弦波，其有效值为U_2，R 为电阻性负载，u_d 为负载电压，i_d 为负载电流，u_{VT} 为晶闸管阳极与阴极间电压。根据负载不同，单相半波可控整流电路可分为三种，分别为带电阻负载、带阻感负载和带续流二极管阻感负载，带不同性质负载时工作情况不同。

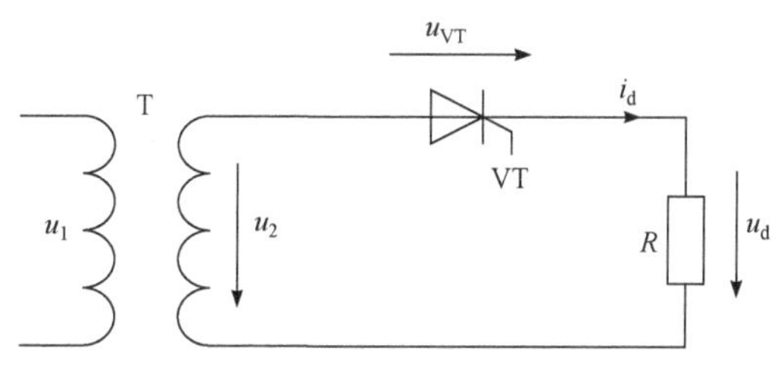

图 4-2　单相半波可控整流电路

在 PLECS 中分别建立单相半波可控整流带电阻负载、阻感负载及阻感负载加整流二极管的电路仿真模型，仿真分析交流电源$u_2 = 311\sin(2\pi \times 50t)$，触发延迟角$\alpha$=30°、60°、90°、120° 时单相半波可控整流电路输入电源电压u_2、晶闸管门极触发脉冲u_g、负载电压u_d、负载电流i_d、晶闸管两端电压u_{VT} 波形之间的关系，了解单相半波可控整流电路在电阻负载和阻感负载及阻感负载加整流二极管时的工作情况，理解单相半波可控整流电路的工作原理，研究触发角大小与负载电压波形间的关系，了解续流二极管的作用。

4.1.1　电阻负载建模仿真

1. 仿真模型

(1) 打开 PLECS 电路仿真模型编辑窗口，新建仿真文件并保存为 1PhaseHalfwaveThy Rectifier-R.plecs。

(2) 在“Electrical→Power Semiconductors”元件库中找到 Thyristor(晶闸管)(图 4-3)，在“Electrical→Sources”元件库中找到 Voltage Source AC(交流电压源)，在“Electrical→Passive Components”元件库中找到 Resistor(电阻)，在“Control→Sources”元件库中找到 Pulse Generator(脉冲发生器)(图 4-4)，在“System”元件库中找到 Scope(示波器)。将这些模块复制到 PLECS 仿真窗口。

(3) 交流电压源参数设置。交流电源$u_2 = 311\sin(2\pi \times 50t)$。双击仿真模型中交流电压源 V_ac 模块，在模块参数设置对话框中 Amplitude(电压幅度)编辑框中输入“311”，即 311V。在 Frequency(频率)编辑框中输入“2*pi*50”，即 50Hz，具体如图 4-5 所示。

(4) 脉冲发生器参数设置。脉冲发生器产生一个频率、幅值等参数可调的脉冲信号。双击新拖入的脉冲发生器模块，在其参数设置对话框(图 4-6)中 High-state output(高态)编辑框中输入“1”；Low-state output(低态)编辑框中输入“0”；Frequency(频率)编辑框中输入“50”，与输入交流电源频率一致；Duty cycle(占空比)编辑框中输入“0.05”，即脉宽 1ms。触发角α通过 Phase delay(相位延迟)参数设置，即触发脉冲相对于波形初始相位的延迟时间。

相位延迟时间t与触发角α的关系为

$$t = T \times \frac{\alpha}{360} = \frac{\alpha}{360f}$$

其中，T 和 f 分别为交流电压源的周期和频率。该仿真示例中交流电源的频率为 50Hz，初始角为 0°，当触发角 $\alpha = 0°$ 时，在相位延迟编辑框中输入“0”；当触发角 α=30° 时，在相位延迟编辑框中输入“30/50/360”，如图 4-6 中方框所示。

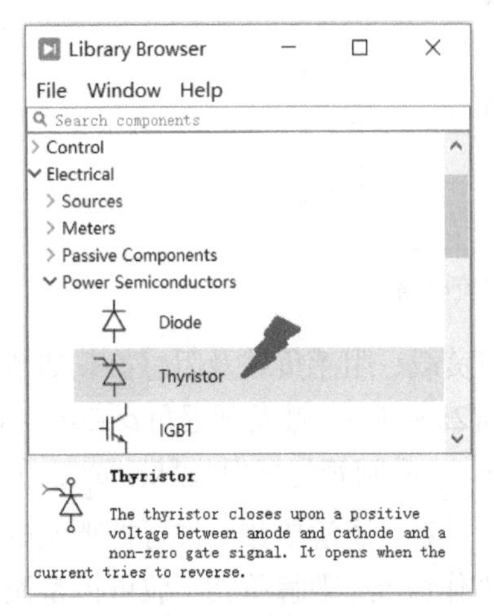

图 4-3　仿真模型库中晶闸管(Thyristor)模块

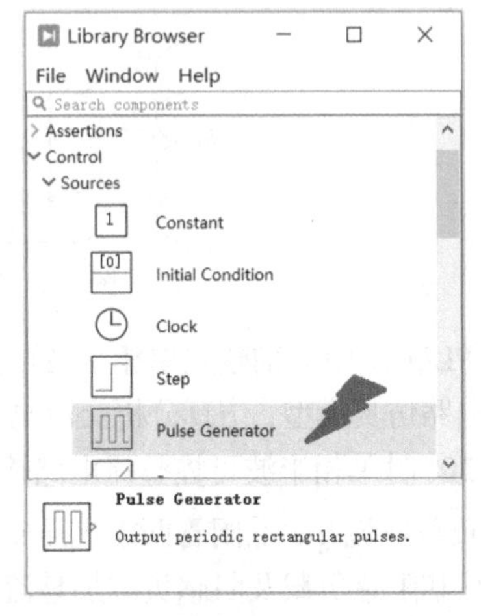

图 4-4　仿真模型库中脉冲发生器(Pulse Generator)模块

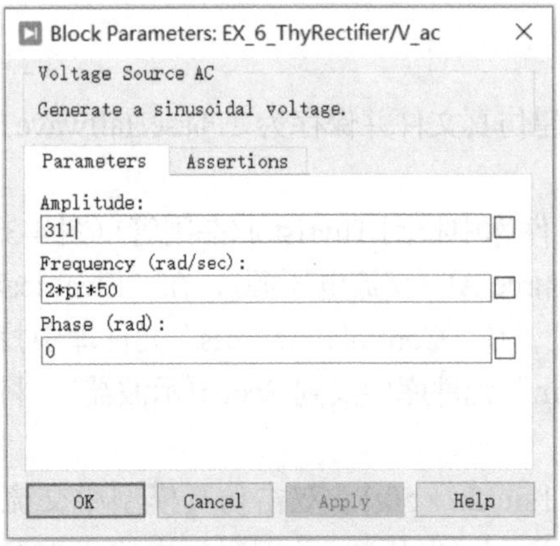

图 4-5　交流电压源 V_ac 模块参数设置

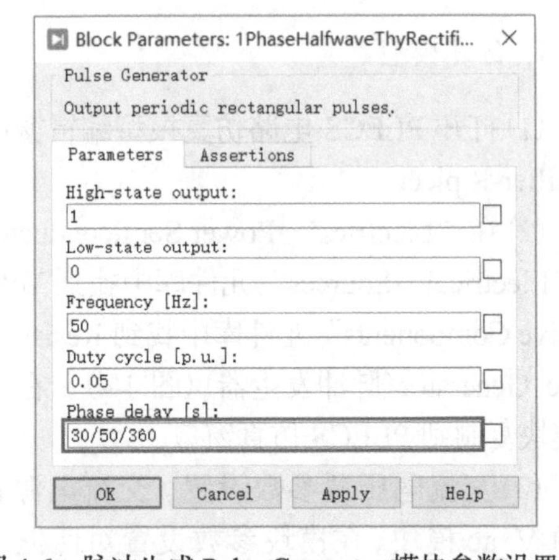

图 4-6　脉冲生成 Pulse Generator 模块参数设置

(5) 连接仿真窗口中各模块构成电阻负载单相半波可控整流电路仿真模型，如图 4-7 所示。

2. 仿真结果

修改负载电阻参数为 $R = 10\Omega$，晶闸管的触发角 $\alpha = 30°$，即修改脉冲发生器模块的 Phase delay (相位延迟) 参数如图 4-6 方框中所示。

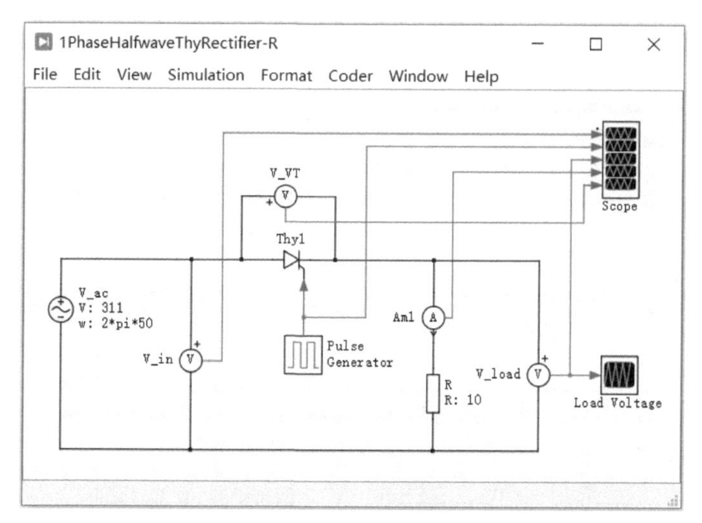

图 4-7　电阻负载单相半波可控整流电路仿真模型

选择“Simulation→Simulation Parameters”菜单项，设置仿真在 0.1s 内完成，仿真最大步长为1μs，仿真最大步长越小，波形平滑性越好，但仿真时间越长。其他仿真参数采用默认值，如图 4-8 所示。单击“OK”按钮，完成仿真参数设置。

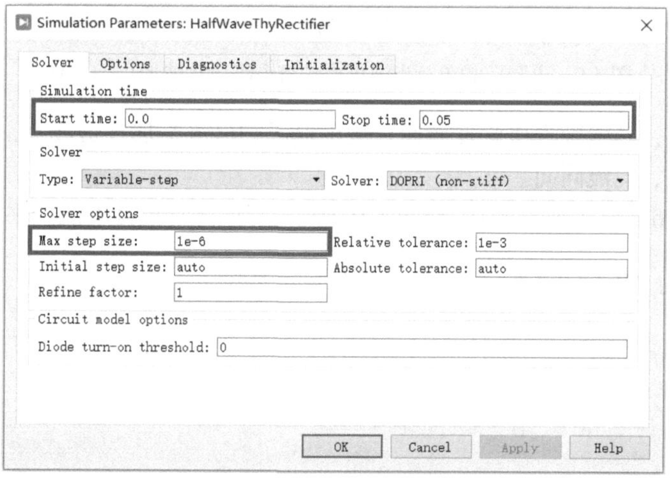

图 4-8　仿真参数设置

选择“Simulation→Start”菜单项或使用“Ctrl+T”快捷键运行仿真，仿真结束后双击 Scope 示波器模块，仿真结果如图 4-9 所示，波形从上到下分别为 Source voltage（电源电压）、Gate pulse（触发脉冲）、Load voltage（负载电压）、Load current（负载电流）和 VT voltage（晶闸管电压）。

从仿真结果来看，在电源电压正半周（0～π），晶闸管承受正向电压，在 $\omega t=\alpha=30°$ 时触发晶闸管，晶闸管开始导通，形成负载电流，负载上有电压和电流输出；当 $\omega t=\pi$ 时，电源电压自然过零，晶闸管电流小于维持电流而关断，负载电流为零，晶闸管的导通角 $\theta=150°$；在电源电压负半周（π～2π），晶闸管承受反向电压而处于关断状态，负载上没

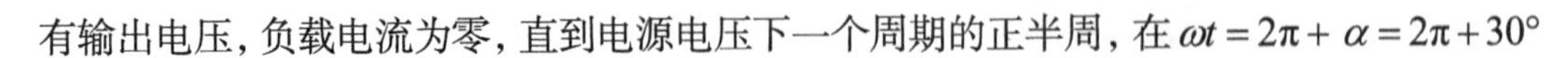

有输出电压，负载电流为零，直到电源电压下一个周期的正半周，在 $\omega t = 2\pi + \alpha = 2\pi + 30°$

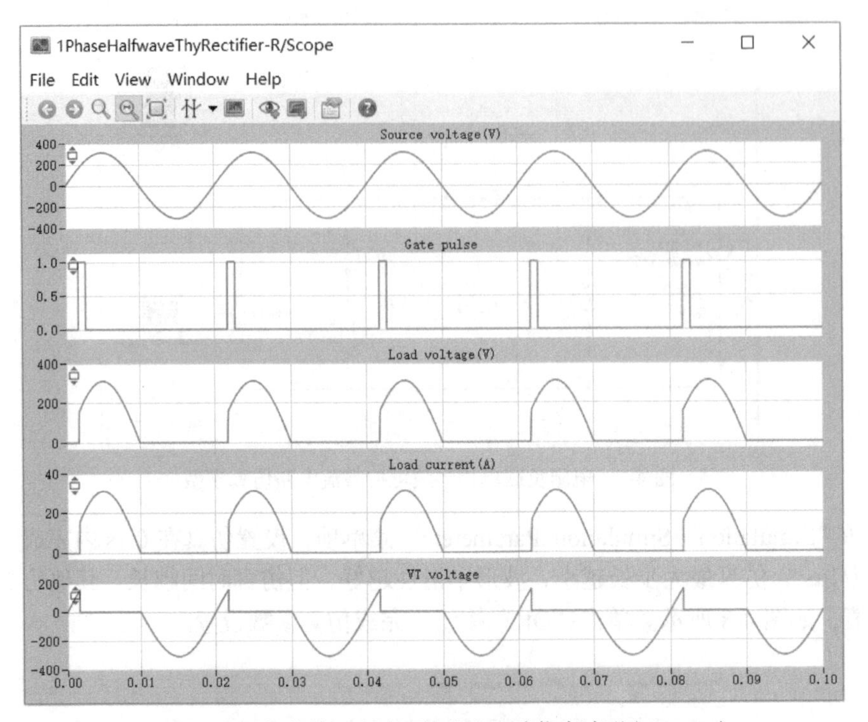

图 4-9　电阻负载单相半波可控整流电路仿真波形（$\alpha = 30°$）

处又触发晶闸管，晶闸管再次触发导通，输出电压和电流又加在负载上，如此不断重复。电阻负载上电压、电流同向。

双击 Load Voltage 示波器模块，如图 4-10 所示，游标测量负载电压的平均值为 92.363V，与理论计算值 $U_{\rm d} = 0.45U_2 \dfrac{1+\cos\alpha}{2}$=92.368V 基本一致。

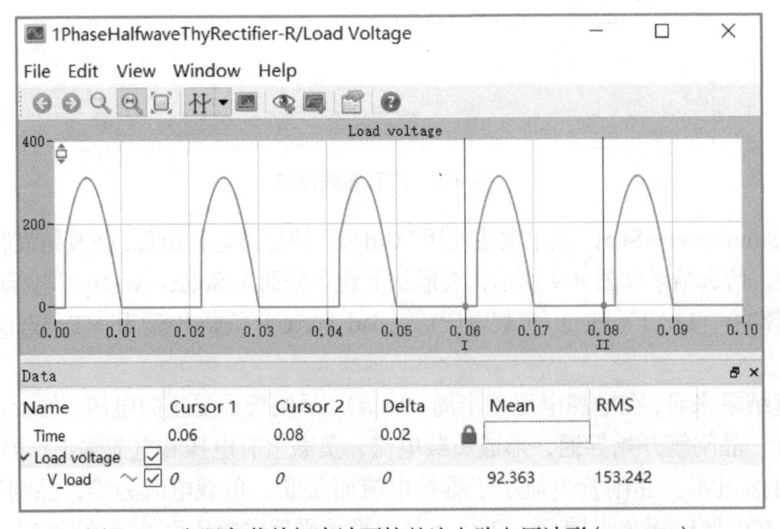

图 4-10　电阻负载单相半波可控整流电路电压波形（$\alpha = 30°$）

依次设置触发角 α 为 30°、60°、90°、120°、150°，即依次修改图 4-6 方框中的“30”为相应角度的数值。运行仿真，选择 Scope 示波器窗口“View→Traces”菜单项，或单击工具栏中按钮，保存当前波形曲线，观察各触发角时的波形，仿真结果输出波形如图 4-11 所示。

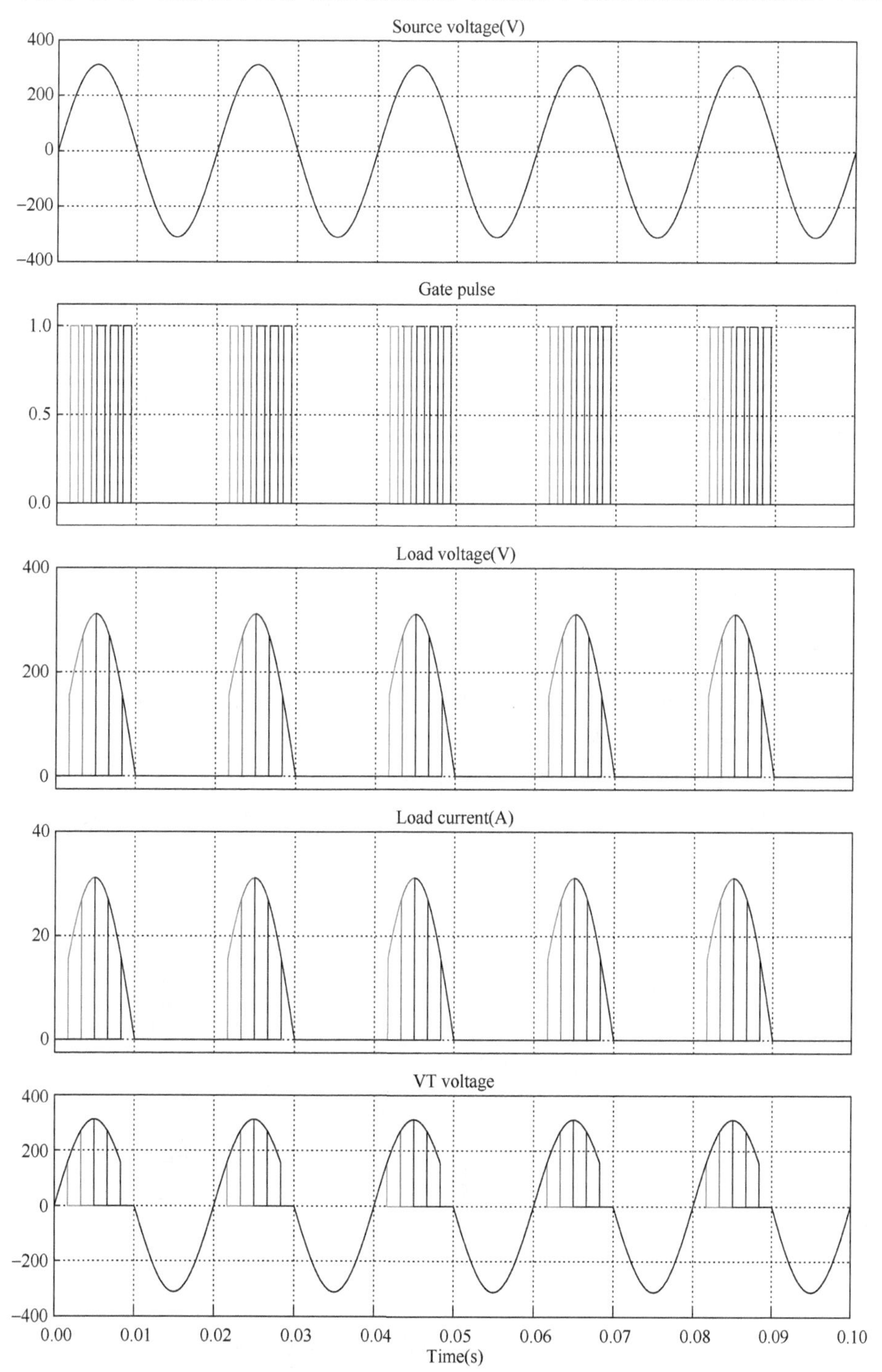

图 4-11　各触发角时电阻负载单相半波可控整流电路仿真波形

电源电压不变时，随着触发角 α 增大，负载上直流输出电压平均值减小，输出电流平均值也减小。电阻负载单相半波可控整流电路移相范围为 0°~180°。

(1) 测量电阻负载单相半波可控整流电路负载电压平均值 U_d，记录于表 4-1，并与理论计算值进行比较。

表 4-1　电阻负载单相半波可控整流电路负载电压记录表

触发角 α	30°	60°	90°	120°	150°
电源电压有效值 U_2					
负载电压 U_d（测量值）					
负载电压 U_d（理论值）					

(2) 根据仿真结果分析电阻负载单相半波可控整流电路的工作情况。

(3) 改变仿真模型中各模块的参数和仿真参数，如改变负载参数、观察波形的变化、分析波形变化的原因。

4.1.2　阻感负载建模仿真

生产实践中最常见的负载既有电阻也有电感，当负载中的感抗远远大于电阻时称为阻感负载，属于阻感负载的有电机的励磁线圈、负载串联电抗器等。

1. 仿真模型

阻感负载单相半波可控整流电路建模中使用的大部分模块的提取路径、作用与参数设置已在电阻负载单相半波可控整流电路建模仿真中详细介绍过。参考图 4-7 所示电阻负载单相半波可控整流电路仿真模型，用一个电感和一个电阻的串联形式表示阻感负载，阻感负载单相半波可控整流电路仿真模型如图 4-12 所示，其中电阻 $R=10\Omega$，电感 $L=20\text{mH}$。

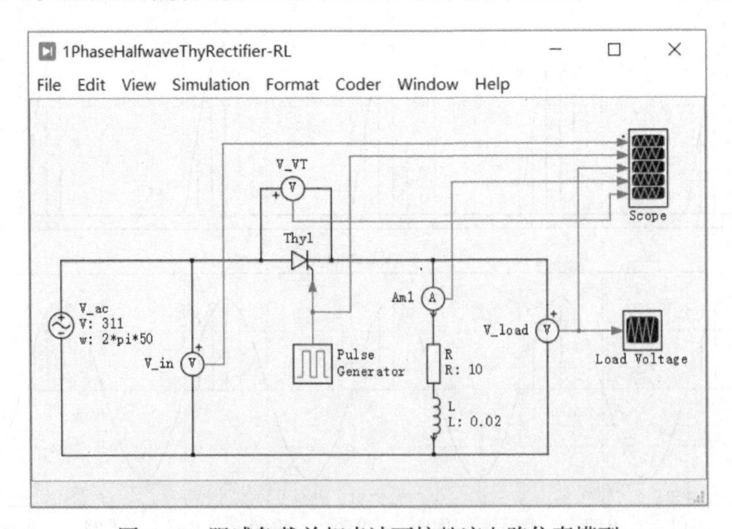

图 4-12　阻感负载单相半波可控整流电路仿真模型

2. 仿真结果

修改负载电阻参数为 $R=10\Omega$， $L=20\text{mH}$ ，晶闸管的触发角 $\alpha=30°$ ，即修改脉冲发生器模块的 Phase delay(相位延迟)参数。选择“Simulation→Simulation parameters”菜单项，设置仿真在 0.1s 内完成，仿真最大步长为 $1\mu\text{s}$ ，其他仿真参数采用默认值。选择“Simulation→Start”菜单项或使用“Ctrl+T”快捷键运行仿真，仿真结束后双击 Scope 示波器模块，仿真结果如图 4-13 所示，波形从上到下分别为电源电压、触发脉冲、负载电压、负载电流和晶闸管电压。

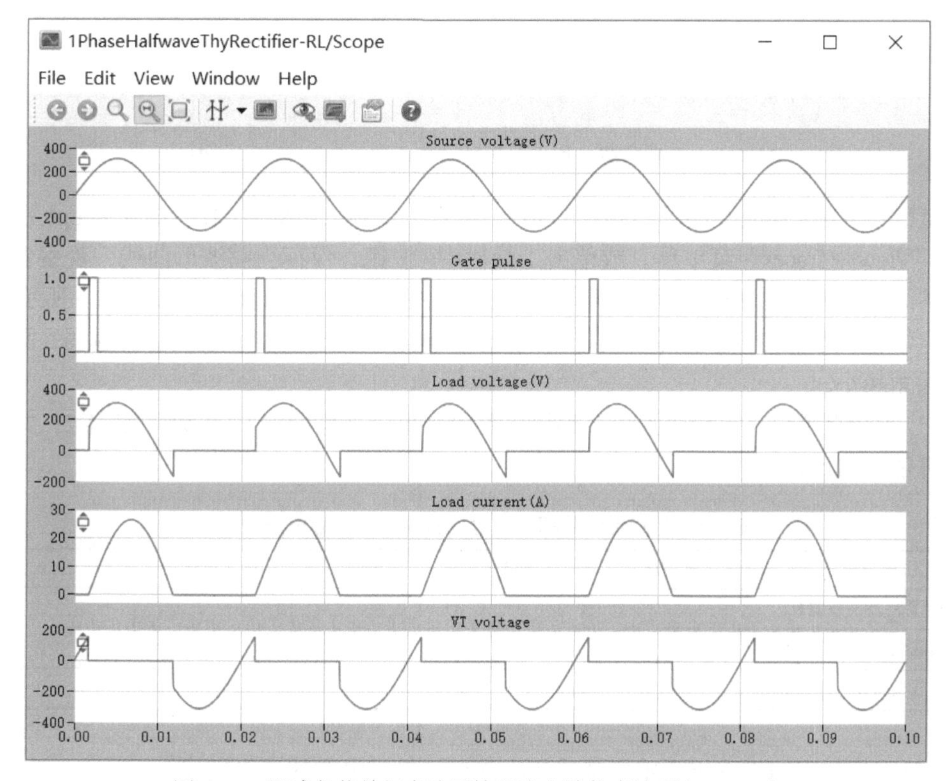

图 4-13　阻感负载单相半波可控整流电路仿真波形（$\alpha=30°$）

从仿真结果来看，在电源电压正半周（0～π），晶闸管承受正向电压，在 $\omega t=\alpha=30°$ 时触发晶闸管，晶闸管开始导通，电源电压加到了负载上，由于电感的存在，负载电流从零按指数规律逐渐上升；当 $\omega t=\pi$ 时，电源电压自然过零，但由于电感电压的存在，晶闸管阳极、阴极间的电压仍大于零，晶闸管继续导通，直到电感储能全部释放完后，晶闸管在电源反向电压作用下截止；直到电源电压的下一个周期的正半周，在 $\omega t=2\pi+\alpha=2\pi+30°$ 处又触发晶闸管，晶闸管再次触发导通，如此不断重复。

双击 Load Voltage 示波器模块，如图 4-14 所示，游标测量负载电压的平均值为 84.7705V。对比电阻负载和阻感负载单相半波整流电路仿真结果，负载电感 L 使得晶闸管导通时间加长，当电源电压自然过零时，阻感负载单相半波整流电路中晶闸管并没有关断，输出电压出现了负的部分，从而使输出电压平均值减小。

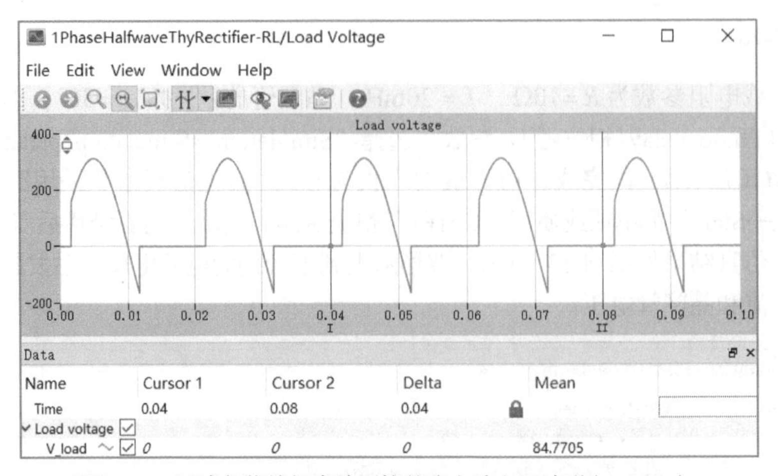

图 4-14　阻感负载单相半波可控整流电路电压波形（$\alpha=30°$）

依次设置触发角α为30°、60°、90°、120°、150°，运行仿真，选择 Scope 示波器窗口“View→Traces”菜单项，或单击工具栏中按钮，保存当前波形曲线，观察各触发角时的波形。不同触发角时阻感负载单相半波可控整流电路的仿真波形如图 4-15 所示。

电源电压不变时，随着触发角α增大，负载电感L储能越少，续流能力越弱，晶闸管的导通角越小。

(1) 测量阻感负载单相半波可控整流电路负载电压平均值U_d，记录于表 4-2，并与理论计算值进行比较。

表 4-2　阻感负载单相半波可控整流电路负载电压记录表

触发角α	30°	60°	90°	120°	150°
电源电压有效值U_2					
负载电压U_d（测量值）					
负载电压U_d（理论值）					

(2) 根据仿真结果分析阻感负载单相半波可控整流电路的工作情况。

(3) 改变仿真模型中各模块的参数和仿真参数，如增大或减小负载电感量，观察波形的变化，分析波形变化的原因。

4.1.3　阻感负载加续流二极管建模仿真

1. 仿真模型

感性负载在实际应用中存在一定问题，当负载阻抗角φ或晶闸管触发角α不同时，晶闸管的导通角也不同。若负载阻抗角φ固定，晶闸管触发角α越大，在正弦波正半周电感储能越少，维持导电的能力越弱；若晶闸管触发角α固定，负载阻抗角φ越大，则电感储能越多，在正弦波负半周维持晶闸管导通的时间越接近晶闸管在正弦波正半周导通的时间。输出电压中负的部分越接近正的部分，平均值越接近零，输出直流电流平均值也就越小。

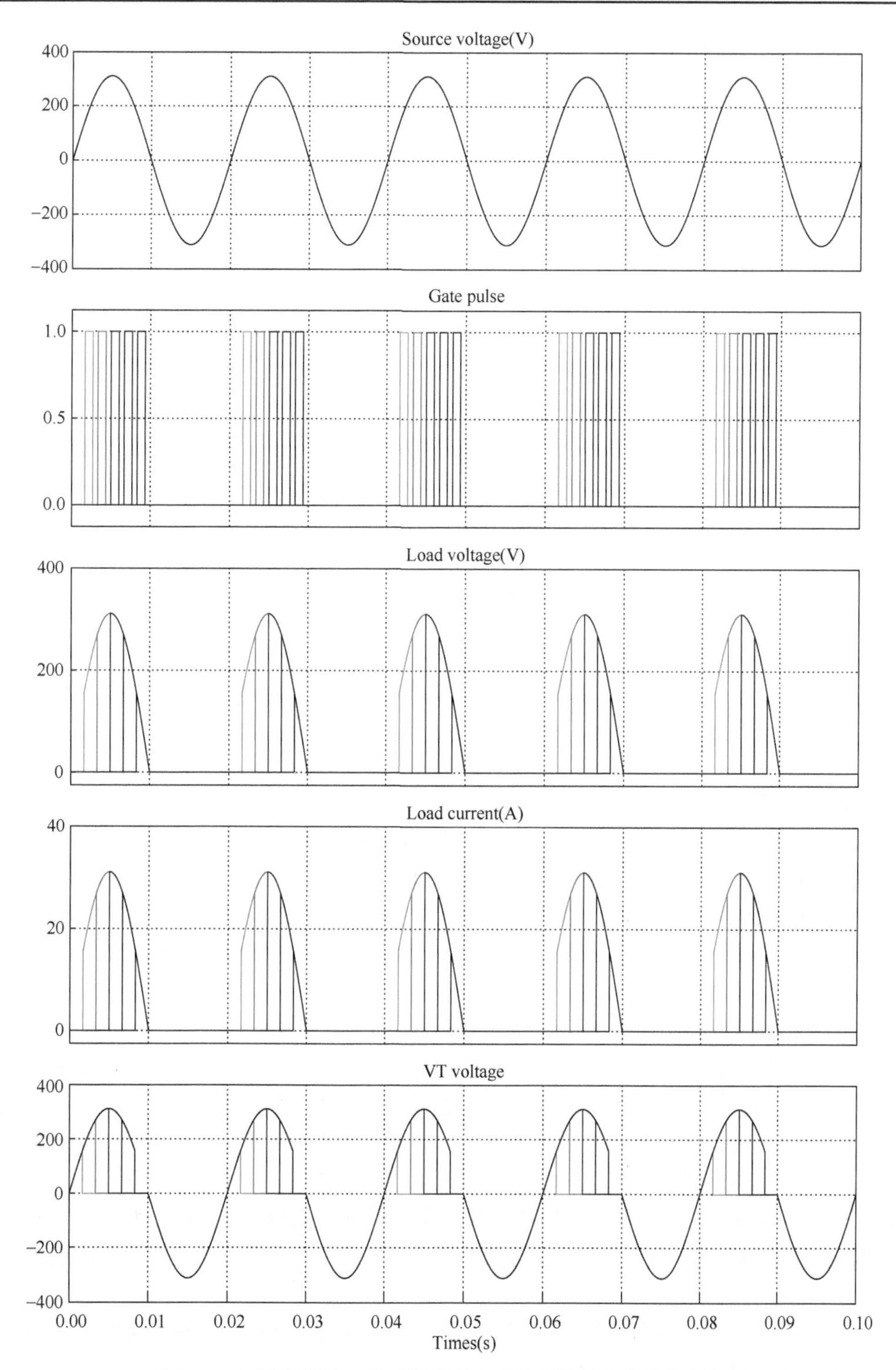

图 4-15　不同触发角时阻感负载单相半波可控整流电路仿真波形

为了有效解决以上问题，在负载两端并联续流二极管去掉输出电压负向波形。与没有续流二极管时的情况相比，正半周时二者工作情况完全一致，但与电阻负载时相比，输出电流波形有明显的变化。若电感足够大，输出电流波形近似一条水平线。带续流二极管的阻感负载单相半波可控整流电路仿真模型如图 4-16 所示，二极管(Diode)模块在库浏览器窗口“Electrical→Power Semiconductors”元件库中。二极管参数采用系统默认值，其他参数与阻感负载时一致。

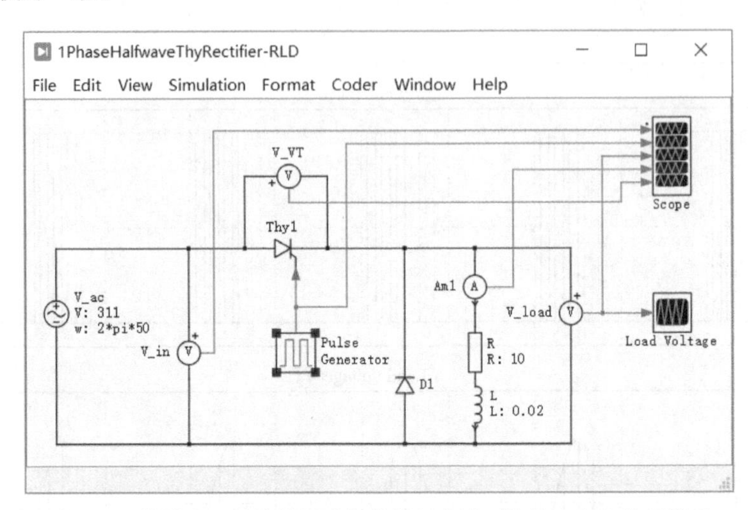

图 4-16　带续流二极管的阻感负载单相半波可控整流电路仿真模型

2. 仿真结果

修改负载参数为 $R=10\Omega$，$L=20\text{mH}$，晶闸管的触发角 $\alpha=30°$，即修改脉冲发生器模块的 Phase delay(相位延迟)参数。选择“Simulation→Simulation parameters”菜单项，设置仿真在 0.1s 内完成，仿真最大步长为 $1\mu\text{s}$，其他仿真参数采用默认值。选择“Simulation→Start”菜单项或使用“Ctrl+T”快捷键运行仿真，仿真结束后双击 Scope 示波器模块，仿真结果如图 4-17 所示，波形从上到下分别为电源电压、触发脉冲、负载电压、负载电流和晶闸管电压。

从仿真结果来看，在电源电压正半周(0～π)，晶闸管承受正向电压，在 $\omega t=\alpha=30°$ 时触发晶闸管，晶闸管开始导通，形成负载电流，负载上有电压和电流输出，在此期间续流二极管承受反向电压而关断；在电源电压负半周(π～2π)，电感和感应电压使续流二极管受正向电压而导通，此时电源电压小于 0，电源通过续流二极管使晶闸管承受反向阳极电压而关断，负载两端输出电压仅为续流二极管的管压降；在 $\omega t=2\pi+\alpha=2\pi+30°$ 处又触发晶闸管，晶闸管再次触发导通，输出电压和电流又加在负载上，如此不断重复。阻感负载加续流二极管后，输出电压波形与电阻负载波形相同，续流二极管起到了提高输出电压的作用。

双击 Load Voltage 示波器模块，如图 4-18 所示，游标测量负载电压的平均值为 92.363V，与电阻负载时一致。

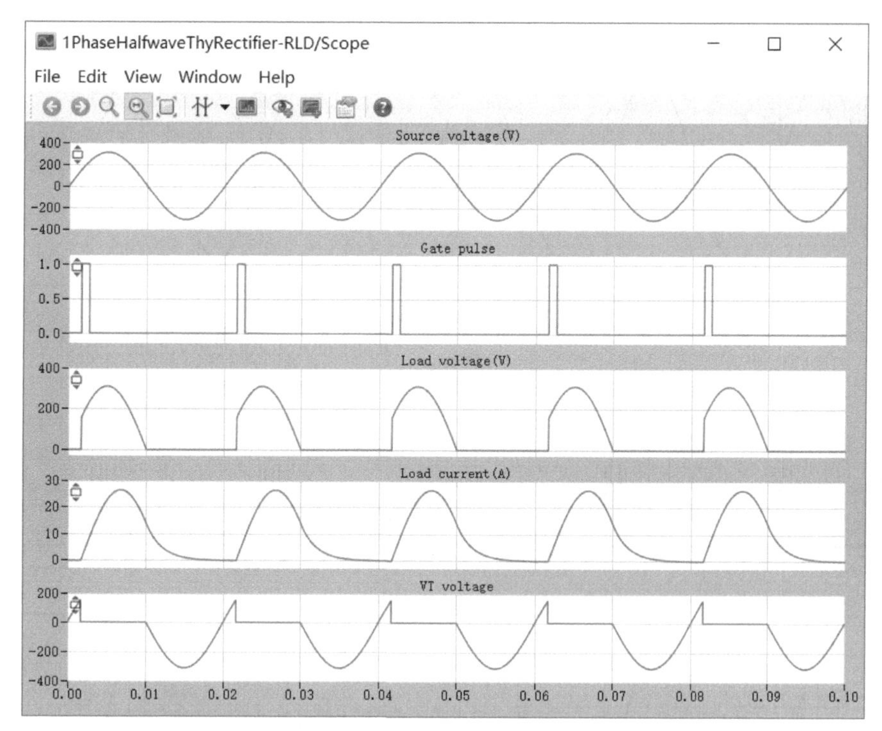

图 4-17　带续流二极管的阻感负载单相半波可控整流电路仿真波形（$\alpha=30°$）

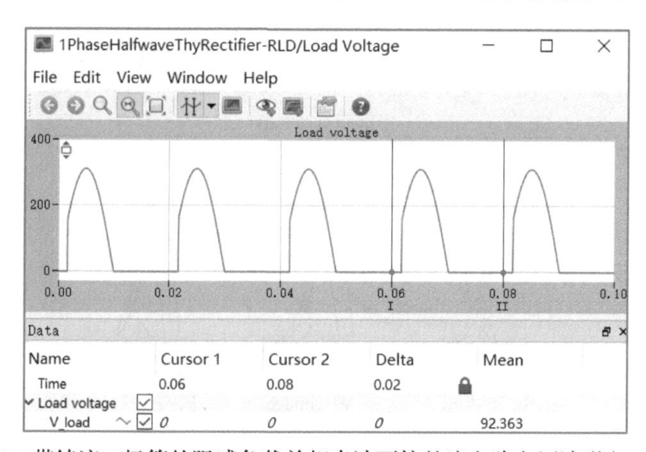

图 4-18　带续流二极管的阻感负载单相半波可控整流电路电压波形（$\alpha=30°$）

按图 4-8 所示参数设置仿真参数，依次设置触发角 α 为 30°、60°、90°、120°、150°。运行仿真，选择 Scope 示波器窗口“View→Traces”菜单项，或单击工具栏中按钮，保存当前波形曲线，观察各触发角时的波形。不同触发角时带续流二极管的阻感负载单相半波可控整流电路的仿真结果输出波形如图 4-19 所示。

阻感负载加续流二极管后，输出电压波形与电阻负载波形相同，续流二极管起到了提高输出电压的作用。负载电感越大，负载电流越平直。随着触发角 α 增大，负载上直流输出电压平均值减小，输出电流平均值也减小。带续流二极管的阻感负载单相半波可控整流电路触发角 α 和导通角 θ 满足 $\alpha+\theta=180°$。

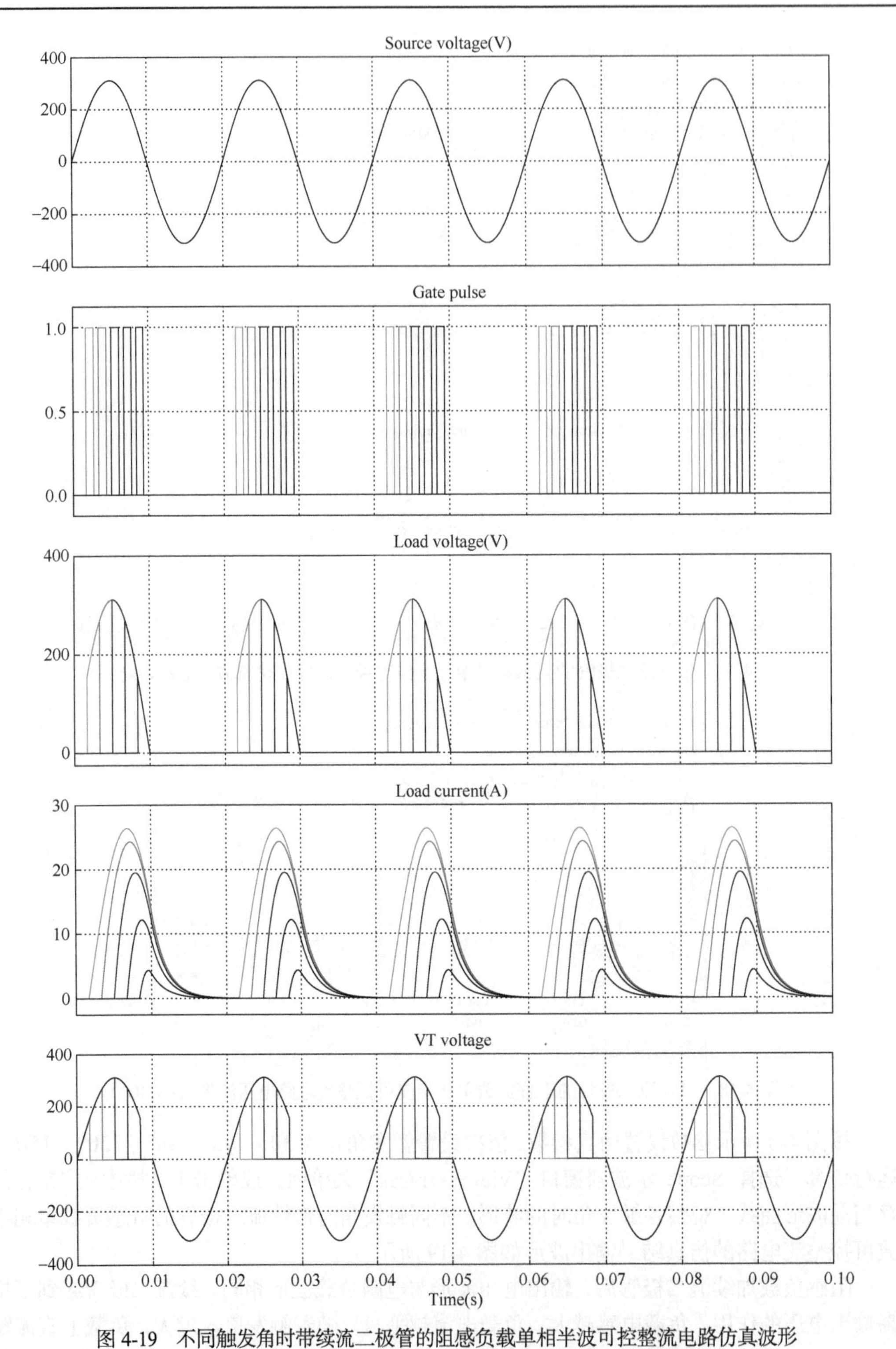

图 4-19　不同触发角时带续流二极管的阻感负载单相半波可控整流电路仿真波形

(1)测量带续流二极管的阻感负载单相半波可控整流电路负载电压平均值 U_{d} ，记录于表 4-3，并与理论计算值进行比较。

表 4-3　带续流二极管的阻感负载单相半波可控整流电路负载电压记录表

触发角 α	30°	60°	90°	120°	150°
电源电压有效值 U_2					
负载电压 U_d（测量值）					
负载电压 U_d（理论值）					

(2)根据仿真结果分析阻感负载加续流二极管单相半波可控整流电路的工作情况。

(3)改变仿真模型中各模块的参数和仿真参数，如增大或减小负载电感量，观察波形的变化，分析波形变化的原因。

4.2　单相桥式全控整流电路仿真实验

单相桥式全控整流电路是单相整流电路中应用最多的一种，其电路拓扑如图 4-20 所示，由交流电源、晶闸管、触发电路以及负载组成，变压器 T 起变换电压和隔离的作用。u_1、u_2 分别表示变压器一次侧和二次侧电压瞬时值，二次侧电压为 50Hz 的正弦波，其有效值为 U_2，R 为电阻性负载，u_d 为负载电压，i_d 为负载电流，u_{VT} 为晶闸管阳极与阴极间电压。由于晶闸管的单向半控导电性，在负载上可以得到方向不变的直流电。全控整流电路共用了四只晶闸管，两只晶闸管接成共阴极，两只晶闸管接成共阳极，其特点是晶闸管必须成对导通以构成回路。由于在交流电源的正、负半周都有整流输出的电流流过负载，故称其为全波整流。在一个周期内整流电压波形脉动两次，正、负两半周电流方向相反且波形对称。单相桥式全控整流电路负载电压的大小可以通过晶闸管导通角控制。与单相半波可控整流电路一样，带不同性质负载时，单相桥式全控整流电路工作情况不同。

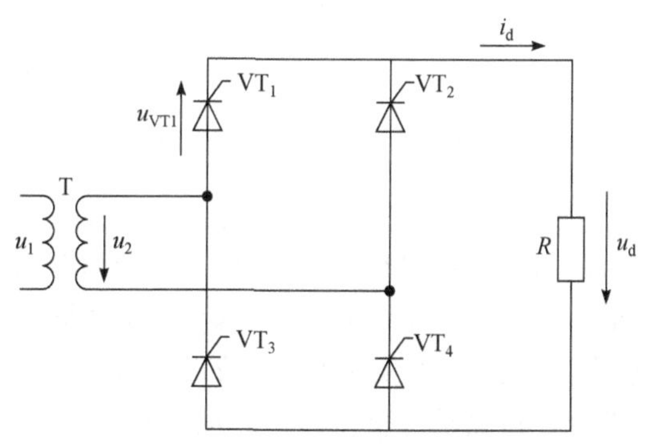

图 4-20　单相桥式全控整流电路

在 PLECS 中分别建立单相桥式全控整流带电阻负载、阻感负载及阻感负载加整流二极管的电路仿真模型，仿真分析交流电源 $u_2 = 311\sin(2\pi\times 50t)$，触发延迟角 α=30°、60°、90°、120° 时单相半波可控整流电路输入电源电压 u_2、晶闸管门极触发脉冲 u_g、负载电压u_d、负载电流i_d、晶闸管两端电压u_{VT}波形之间的关系，掌握单相桥式全控整流电路在电阻负载、阻感负载及阻感负载加续流二极管时的工作情况，理解触发角大小与负载电压波形间的关系，了解续流二极管的作用。

4.2.1 电阻负载建模仿真

1. 仿真模型

(1) 打开 PLECS 电路仿真模型编辑窗口，新建仿真文件并保存为 1PhaseBridgeThy Rectifier-R.plecs。

(2) 在"Electrical→Power Semiconductors"元件库中找到 Thyristor(晶闸管)模块，在"Electrical→Sources"元件库中找到 Voltage Source AC(交流电压源)模块，在"Electrical→Passive Components"元件库中找到 Resistor(电阻)模块，在"Electrical→Meters"元件库中找到 Ammeter(电流表)模块和 Voltmeter(电压表)模块，在"System"元件库中找到 Scope(示波器)模块，将这些模块复制到 PLECS 仿真窗口。

(3) 双击仿真模型窗口中的模块设置模块参数，其中交流电压源 V_ac 的电压幅度(Amplitude)设置为311V，频率(Frequency)设置为50Hz，即100π rad/s，相位为0°。负载电阻为10Ω。按图 4-21 所示连接各模块，完成主电路仿真建模。

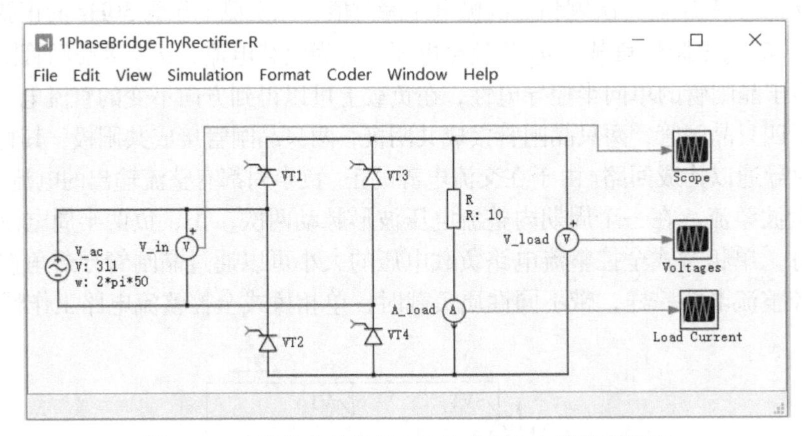

图 4-21 电阻负载单相桥式全控整流主电路仿真模型

(4) 晶闸管触发电路建模。单相桥式全控整流电路中晶闸管 VT_1 和 VT_4 的触发角必须相同，晶闸管 VT_2 和 VT_3 的触发角也必须相同，且它们之间相差180°。PLECS 库浏览器窗口的"Control→Modulators"元件库中包含大量的调制器模块，这里选用 2-Pulse Generator(双脉冲发生器)模块(图 4-22)实现晶闸管的触发电路。

双脉冲发生器模块产生 H 桥晶闸管整流器的触发脉冲，其输入为 enable(逻辑使能)、phi(斜坡信号 φ)和 alpha(触发延迟角 α)。斜坡信号 φ 由 Gain(增益)模块和 Clock(时钟)模块产生，Clock 模块在库浏览器的"Control→Sources"子库中，输出当前仿真时间。如果晶闸管触发脉冲的频率为 50Hz，那么增益模块的增益应为100π，即斜坡信号$\varphi = 2\pi ft = 100\pi t$。晶闸管的触发角$\alpha$由常数模块"alpha"设定，如果 alpha $= \dfrac{\pi}{6}$，则晶闸管的触发延迟角为$\frac{\pi}{6}\text{rad}=30°$。

(5)使用探针模块测量输入电源的电压、电流和晶闸管 VT_1 的电压、电流。探针模块探测基于所拖进元件的可测量信号，可方便实现多个元件内部信号检测，同时简化电路模型的设计界面。探针模块具体操作过程如下。

在“System”元件库中找到 Probe(探针)模块(图 4-23)，将其复制到 PLECS 仿真模型编辑窗口。

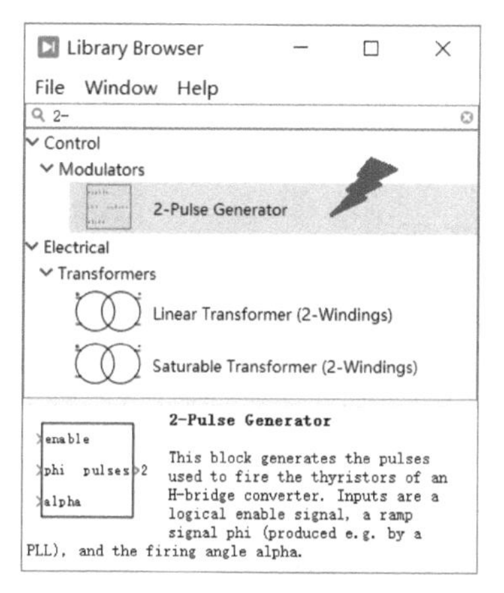

图 4-22　仿真模型库中双脉冲发生器(2-Pulse Generator)模块

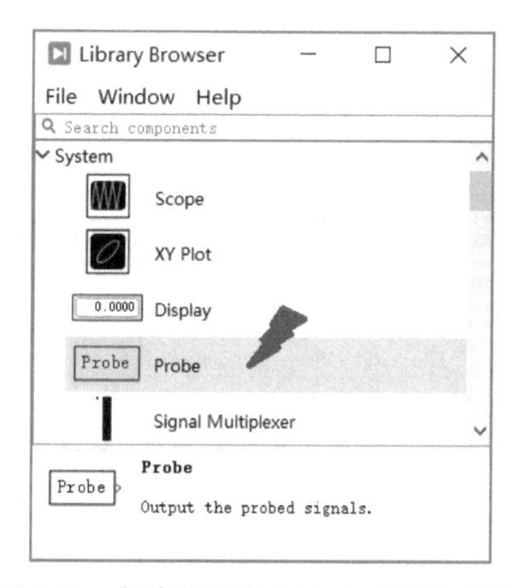

图 4-23　仿真模型库中 Probe(探针)模块

双击 PLECS 仿真模型编辑窗口新添加的 Probe(探针)模块，打开探针模块编辑器。选择仿真模型中输入电源 V_ac 并将其拖拽进入探针模块编辑器窗口的 Probed components (探测元件)区，松开鼠标左键，探针模块编辑器窗口如图 4-24 所示，输入电源共有电压、电流、功率三个可探测的信号，选择 Source voltage(电源电压)、Source current(电源电流)前的复选框，单击“Close”按钮，完成探针模块设置。

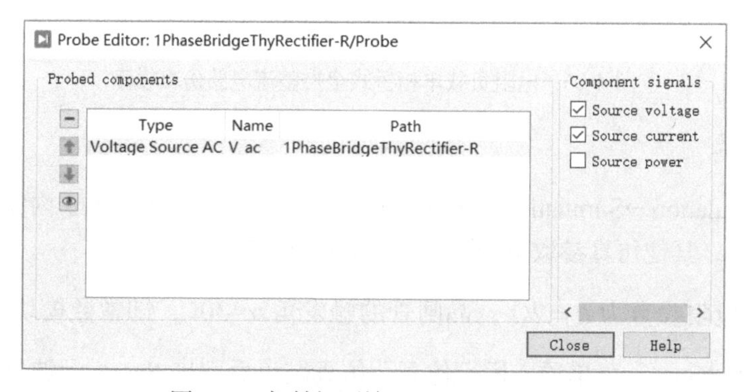

图 4-24　探针探测输入电源电压和电流

执行同样操作过程，将晶闸管 VT_1 拖进探针模块编辑器窗口的 Probed components(探测元件)区，晶闸管共有 7 个内部信号可被探测，本例中选择 Thyristor voltage(电源电压)、Thyristor current(电源电流)前的复选框，探测晶闸管 VT_1 的电压和电流，如图 4-25 所示。

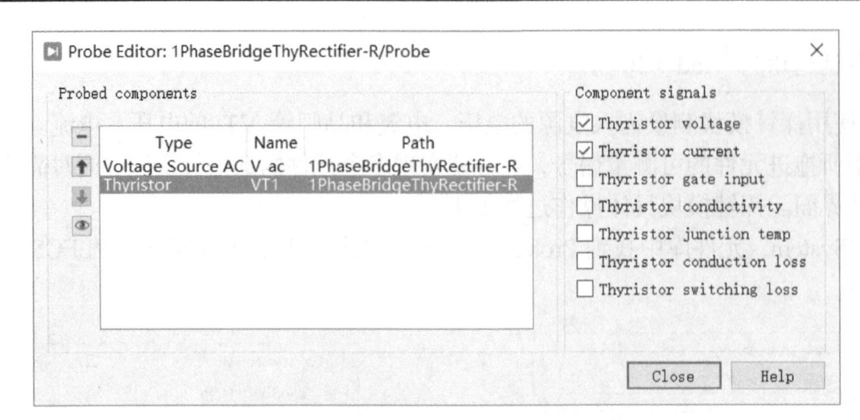

图 4-25　探针探测晶闸管 VT_1 的电压和电流

电阻负载单相桥式全控整流电路仿真模型如图 4-26 所示。

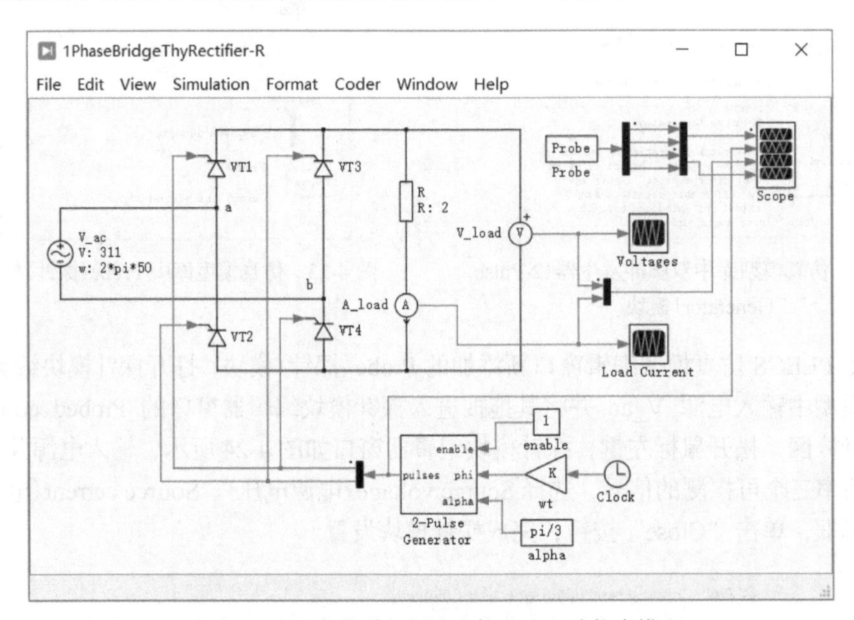

图 4-26　电阻负载单相桥式全控整流电路仿真模型

2. 仿真结果

选择“Simulation→Simulation parameters”菜单项，设置在100ms内完成仿真，仿真最大步长为1μs，其他仿真参数采用默认值，如图 4-27 所示。

修改负载电阻参数为 $R=2\Omega$，晶闸管的触发角 α=30°，即常数模块 alpha $=\dfrac{\pi}{6}$。选择“Simulation→Start”菜单项，运行仿真，仿真结束后双击 Scope 示波器观察波形，仿真结果输出波形如图 4-28 所示，从上到下分别为电源电压和电流、触发脉冲、负载电压和电流、晶闸管 VT_1 的电压和电流的仿真波形。

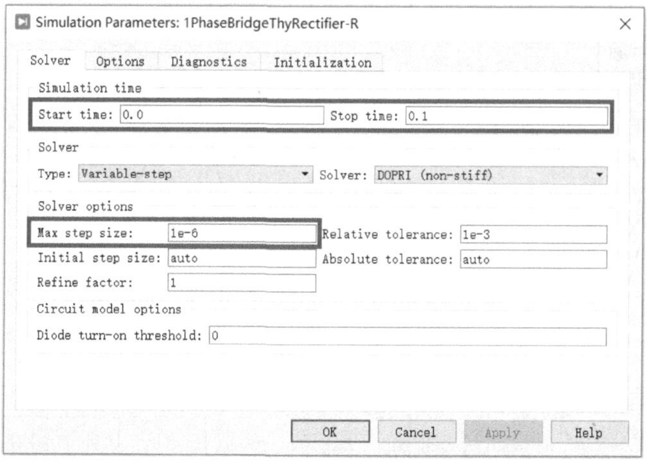

Simulation Parameters: 1PhaseBridgeThyRectifier-R

Solver　Options　Diagnostics　Initialization

Simulation time

Start time: 0.0　Stop time: 0.1

Solver

Type: Variable-step　Solver: DOPRI (non-stiff)

Solver options

Max step size: 1e-6　Relative tolerance: 1e-3

Initial step size: auto　Absolute tolerance: auto

Refine factor: 1

Circuit model options

Diode turn-on threshold: 0

OK　Cancel　Apply　Help

图 4-27　仿真参数设置

从仿真结果来看，前两个周期电路工作处于过渡状态，第三个周期开始，电路工作基本稳定。电路稳定工作状态下，触发角α=30°，在电源电压正半周的0°～30°区间，晶闸管 VT_1、VT_4承受正向电压，但无触发脉冲，晶闸管 VT_2、VT_3承受反向电压，四个晶闸管都不导通。在电源电压正半周$\alpha=30°$～π，晶闸管 VT_1、VT_4承受正向电压，晶闸管 VT_2、VT_3承受反向电压，在$\omega t=\alpha=30°$时刻，触发晶闸管 VT_1、VT_4，晶闸管 VT_1、VT_4开始导通，形成负载电流，负载上有电压和电流输出，输出电压为u_2；当$\omega t=\pi$时刻，电源电压自然过零，晶闸管 VT_1、VT_4电流小于维持电流而关断，负载电流为零；在电源电压负半周的π～$\pi+\alpha=\pi+30°$区间，晶闸管 VT_2、VT_3承受正向电压，但无触发脉冲，晶闸管 VT_1、VT_4承受反向电压；在电源电压负半周$\pi+\alpha=\pi+30°$～2π区间，晶闸管 VT_2、VT_3承受正向电压，晶闸管 VT_1、VT_4承受反向电压，在$\omega t=\pi+\alpha=\pi+30°$时刻触发晶闸管 VT_2、VT_3，晶闸管 VT_2、VT_3开始导通，形成负载电流，负载上有电压和电流输出，输出电压为$-u_2$，晶闸管 VT_2、VT_3一直导通到$\omega t=2\pi$；到电源电压的下一个周期的正半周，在$\omega t=2\pi+\alpha=2\pi+30°$处又触发晶闸管 VT_1、VT_4，晶闸管 VT_1、VT_4再次触发导通，输出电压和电流又加在负载上，如此不断重复。电阻负载上电压、电流波形相似，只是幅值不同。

双击 Load Voltage 示波器模块，如图 4-29 所示，游标测量负载电压的平均值为 184.726V，与理论计算值$U_d=0.9U_2\dfrac{1+\cos\alpha}{2}$=184.726V 一致。

依次设置触发角α为0°、30°、60°、90°、120°、150°，即依次修改图 4-26 中常数模块 alpha 为 0、$\dfrac{\pi}{6}$、$\dfrac{\pi}{3}$、$\dfrac{\pi}{2}$、$\dfrac{2\pi}{3}$、$\dfrac{5\pi}{6}$。运行仿真，选择 Scope 示波器窗口“View→Traces”菜单项，或单击工具栏中按钮，保存当前波形曲线，观察各触发角时的仿真波形。各触发角时电阻负载单相桥式全控整流电路仿真结果输出波形如图 4-30 所示，图例说明参见图 4-28。

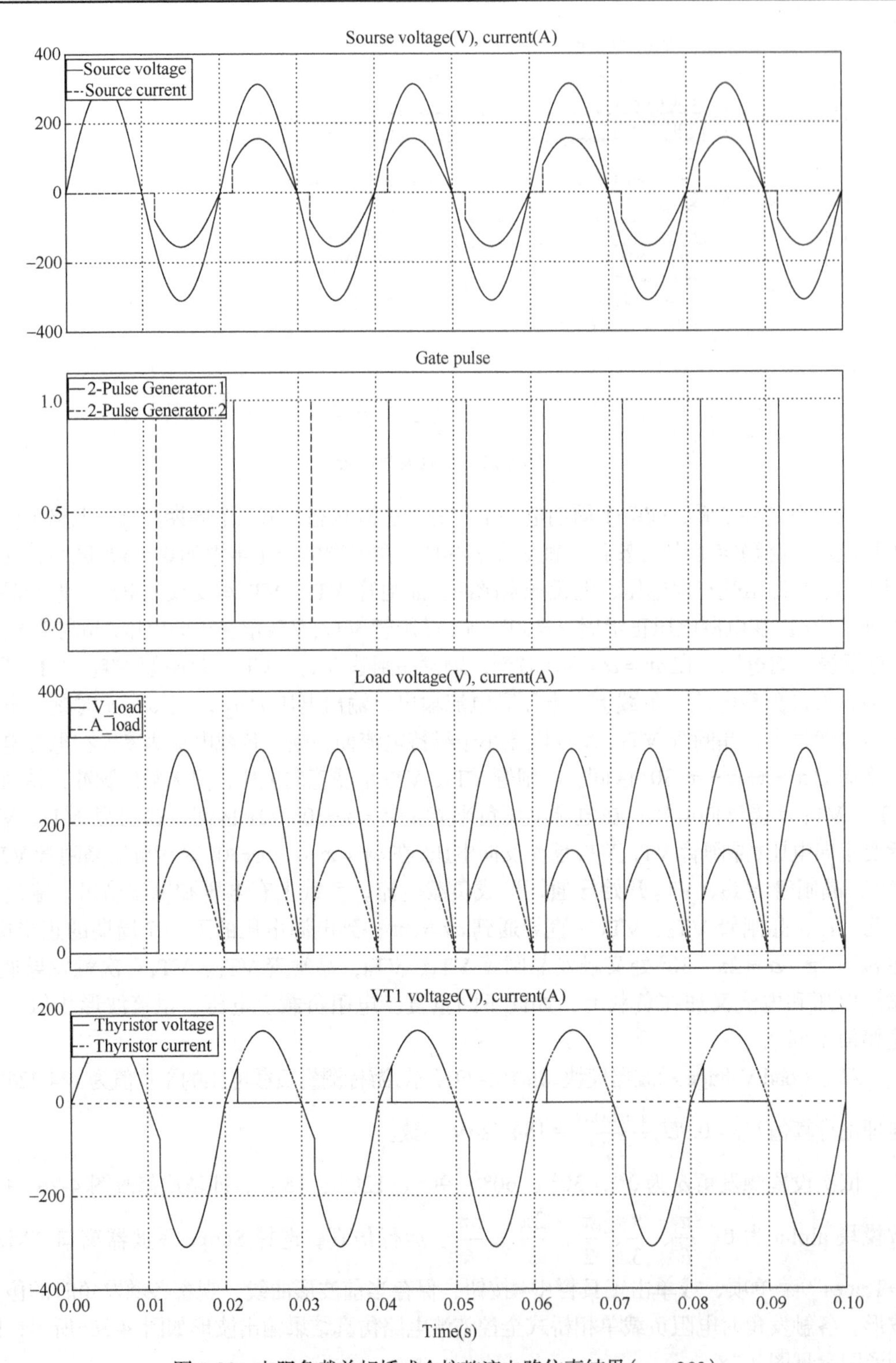

图 4-28　电阻负载单相桥式全控整流电路仿真结果（$\alpha = 30°$）

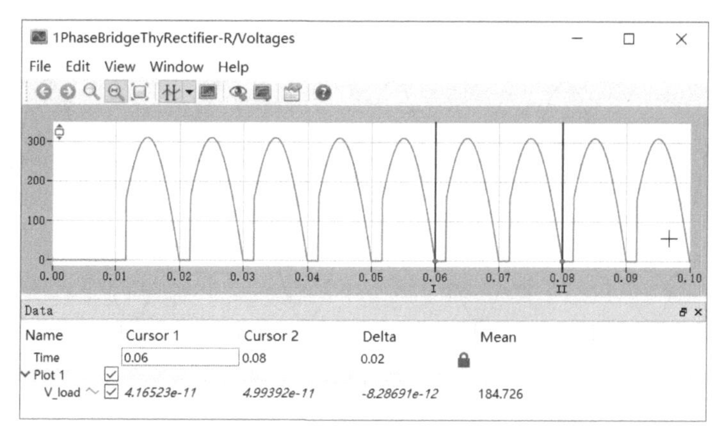

图 4-29　电阻负载单相桥式全控整流电路电压波形（$\alpha = 30°$）

电源电压不变时，随着触发角α增大，负载上直流输出电压平均值减小，输出电流平均值也减小。电阻负载单相桥式全控整流电路中晶闸管的移相范围为0°～180°。

(1)测量电阻负载单相半波可控整流电路负载电压平均值U_d，记录于表 4-4，并与理论计算值进行比较。

表 4-4　电阻负载单相桥式全控整流电路负载电压记录表

触发角 α	0°	30°	60°	90°	120°	150°
电源电压有效值 U_2						
负载电压 U_d（测量值）						
负载电压 U_d（理论值）						

(2)根据仿真结果分析电阻负载单相桥式全控整流电路的工作情况。

(3)改变仿真模型中各模块的参数和仿真参数，如改变负载参数，观察波形的变化，分析波形变化的原因。

4.2.2　阻感负载建模仿真

1. 仿真模型

阻感负载单相桥式全控整流电路仿真模型建模过程参考电阻负载单相桥式全控整流电路仿真建模过程，这里用一个电感和一个电阻的串联形式表示阻感负载，在图 4-26 所示的电阻负载中增加串联电感，即可得到阻感负载单相桥式全控整流电路仿真模型，如图 4-31 所示，Inductor(电感)模块在库浏览器窗口“Electrical→Passive Components”元件库中。仿真模型中电阻$R = 2\Omega$，电感$L = 20\text{mH}$，其他参数不变。

2. 仿真结果

设置仿真在100ms内完成，仿真最长步长为1μs，其他仿真参数采用默认值。

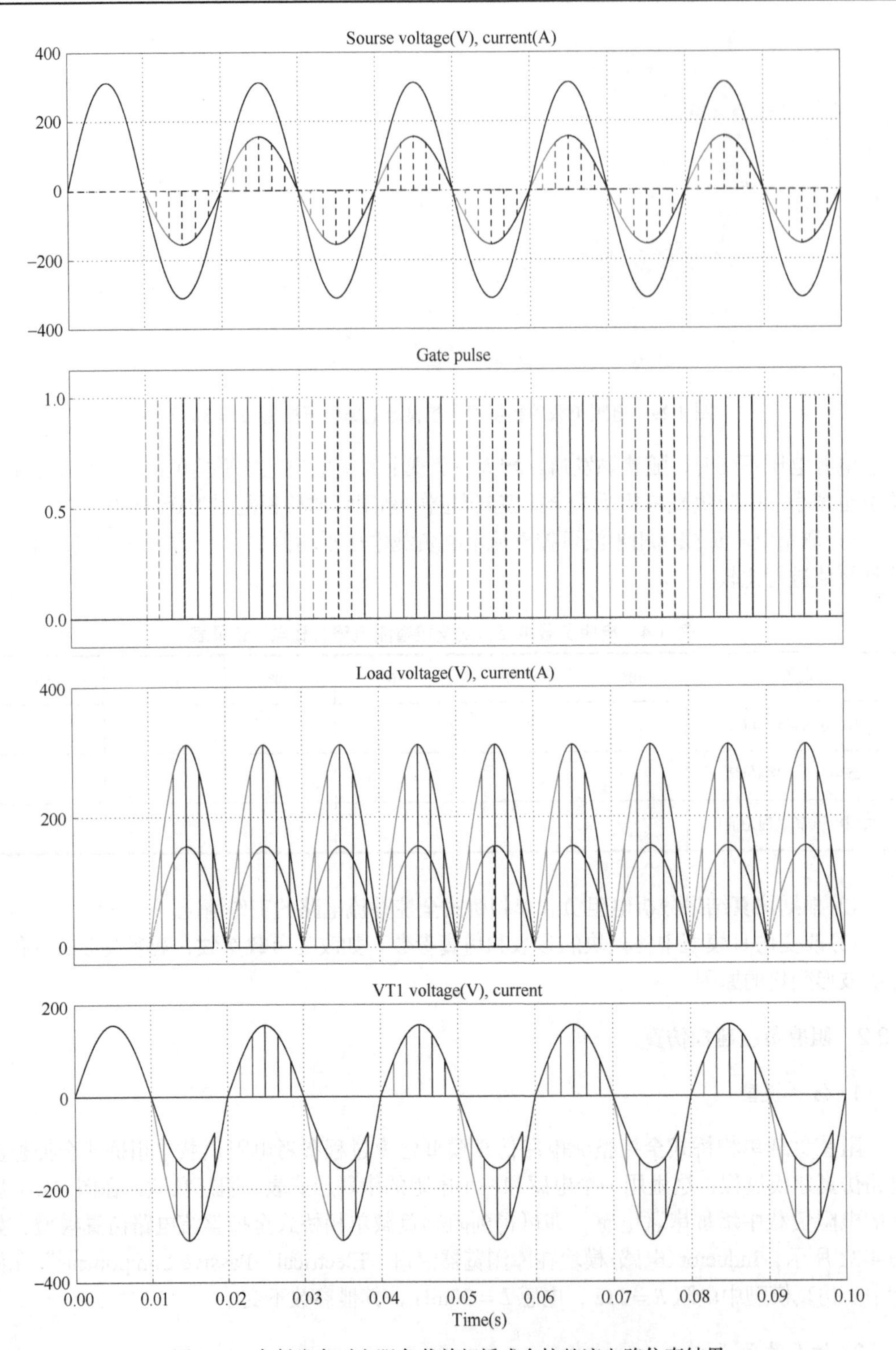

图 4-30　各触发角时电阻负载单相桥式全控整流电路仿真结果

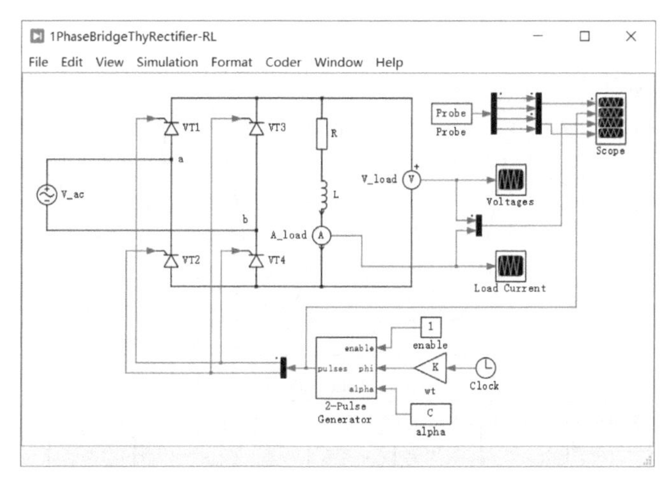

图 4-31　阻感负载单相桥式全控整流电路仿真模型

修改晶闸管的触发角 α=30°，即常数模块 alpha $=\dfrac{\pi}{6}$。选择“Simulation→Start”菜单项，运行仿真，仿真结束后双击 Scope 示波器观察波形，仿真结果输出波形如图 4-32 所示，从上到下分别为电源电压和电流、触发脉冲、负载电压和电流、晶闸管 VT_1 电压和电流的仿真波形。

从仿真结果来看，前两个周期电路工作处于过渡状态，第三个周期开始电路工作基本稳定。电路稳定工作状态下，在电源电压正半周的 $0°\sim\alpha=30°$ 区间，晶闸管 VT_1、VT_4 承受正向电压，但无触发脉冲，由于负载电感的作用，晶闸管 VT_2、VT_3 维持导通；在电源电压正半周 $\alpha=30°\sim\pi$ 区间，晶闸管 VT_1、VT_4 承受正向电压，在 $\omega t=\alpha=30°$ 时刻触发晶闸管 VT_1、VT_4，晶闸管 VT_1、VT_4 开始导通，形成负载电流，负载上有电压和电流输出，输出电压为 u_2，电源电压反向施加到晶闸管 VT_2、VT_3，晶闸管 VT_2、VT_3 处于关断状态；在电源电压负半周的 $\pi\sim\pi+\alpha=\pi+30°$ 区间，当 $\omega t=\pi$ 时刻，电源电压自然过零，电感感应电动势使晶闸管 VT_1、VT_4 继续导通，晶闸管 VT_2、VT_3 承受正向电压，但无触发脉冲，晶闸管 VT_2、VT_3 处于关断状态；在电源电压负半周 $\pi+\alpha=\pi+30°\sim2\pi$ 区间，在 $\omega t=\pi+\alpha=\pi+30°$ 时刻触发晶闸管 VT_2、VT_3，晶闸管 VT_2、VT_3 开始导通，形成负载电流，负载上有电压和电流输出，输出电压为 $-u_2$，此时电源电压反向施加到晶闸管 VT_1、VT_4，使其承受反向电压而关断，晶闸管 VT2、VT3 一直导通到电源电压的下一个周期的正半周，在 $\omega t=2\pi+\alpha=2\pi+30°$ 处又触发晶闸管 VT1、VT4，晶闸管 VT1、VT4 再次触发导通，输出电压和电流又加在负载上，如此不断重复。

双击 Load Voltage 示波器模块，如图 4-33 所示，游标测量负载电压的平均值为 171.463V。对比电阻负载和阻感负载单相桥式全控整流电路仿真结果，负载电感 L 使得晶闸管导通时间加长，当电源电压自然过零时，阻感负载单相桥式全控整流电路中晶闸管并没有关断，输出电压出现了负的部分，从而输出电压平均值减小。

依次设置触发角 α 为 30°、60°、90°、120°、150°，即常数模块 alpha 为 $\dfrac{\pi}{6}$、$\dfrac{\pi}{3}$、$\dfrac{\pi}{2}$、

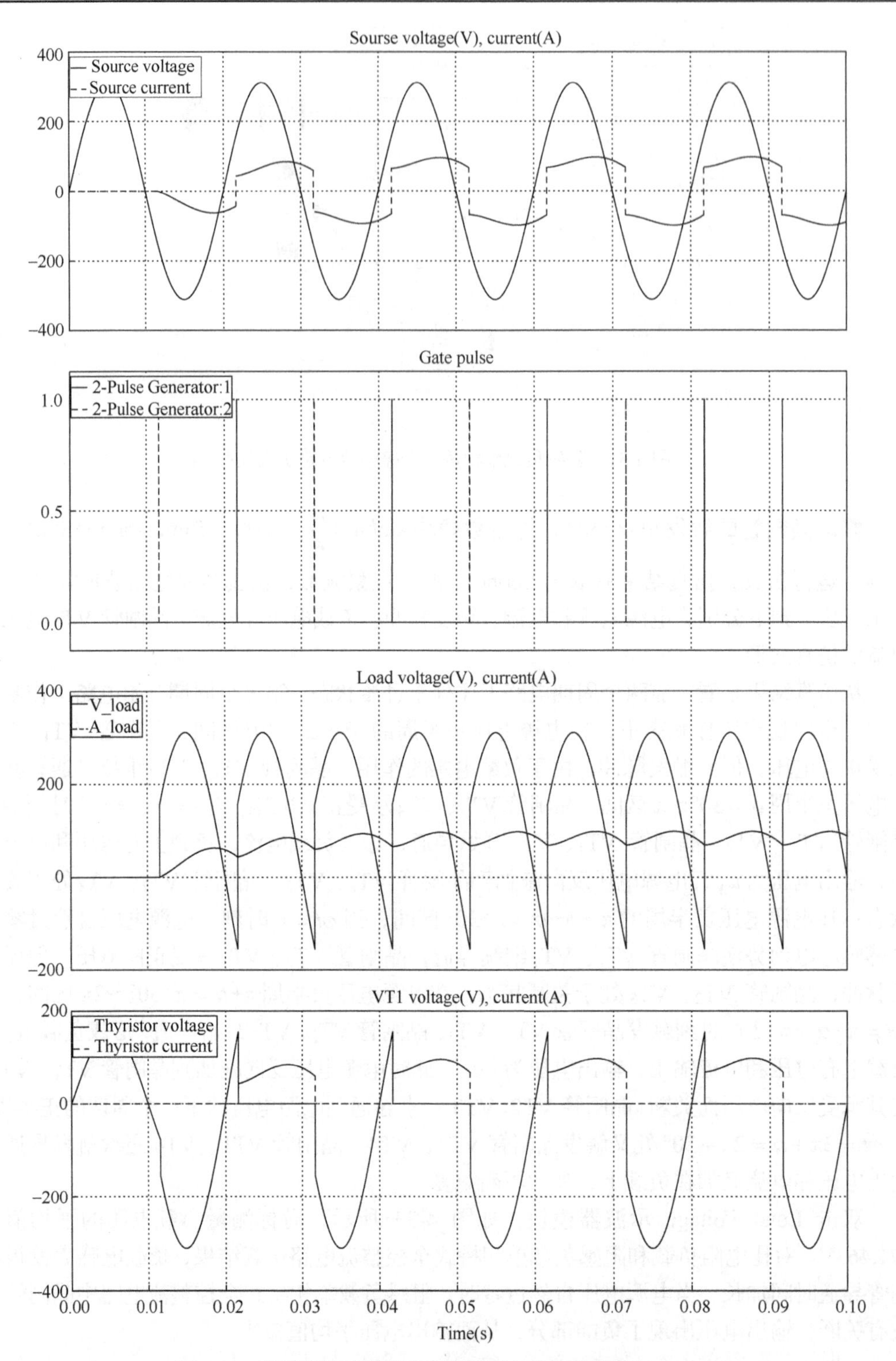

图 4-32　阻感负载单相桥式全控整流电路仿真结果（α=30°）

$\frac{2\pi}{3}$、$\frac{5\pi}{6}$。运行仿真，选择 Scope 示波器窗口“View→Traces”菜单项，或单击工具栏中按钮，保存当前波形曲线，观察各触发角时的波形。各触发角时阻抗负载单相桥式全控整流电路仿真结果如图 4-34 所示，具体图例说明参见图 4-32。

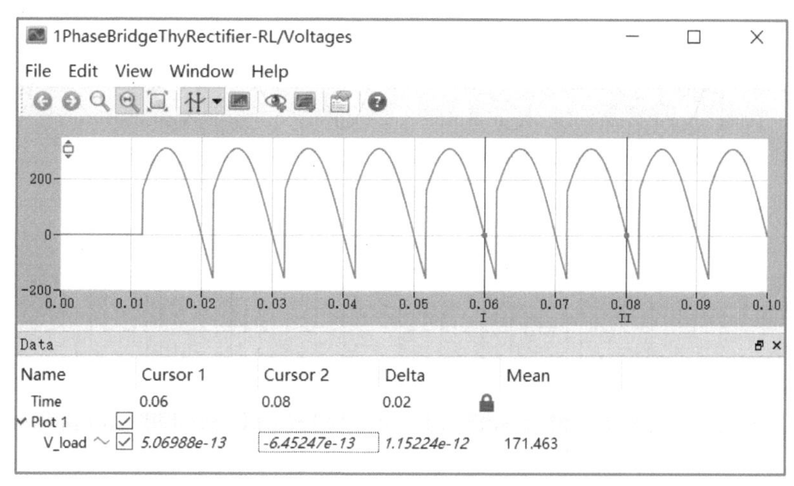

图 4-33　阻感负载单相桥式全控整流电路电压波形（$\alpha=30°$）

由于存在电感，阻感负载单相桥式全控整流电路的负载电压出现了负波形，如果负载电感很大，则负载电流连续且波形近似为一条直线，流过晶闸管的电流为矩形。阻感负载单相桥式全控整流电路晶闸管的移相范围为$0\sim\frac{\pi}{2}$。

(1)测量阻感负载单相桥式全控整流电路负载电压平均值U_d，记录于表 4-5，并与理论计算值进行比较。

表 4-5　阻感负载单相桥式全控整流电路负载电压记录表

触发角 α	30°	60°	90°	120°	150°
电源电压有效值 U_2					
负载电压 U_d（测量值）					
负载电压 U_d（理论值）					

(2)根据仿真结果分析阻感负载单相桥式全控整流电路的工作情况。

(3)改变仿真模型中各模块的参数和仿真参数，如增大或减小负载电感量，观察波形的变化，分析波形变化的原因。

4.2.3　带反电动势负载建模仿真

蓄电池充电电路是典型的电阻性反电动势负载，若负载为直流电动机时，则负载性质为阻感性反电动势负载，下面仿真研究带电阻性反电动势负载时的情况。

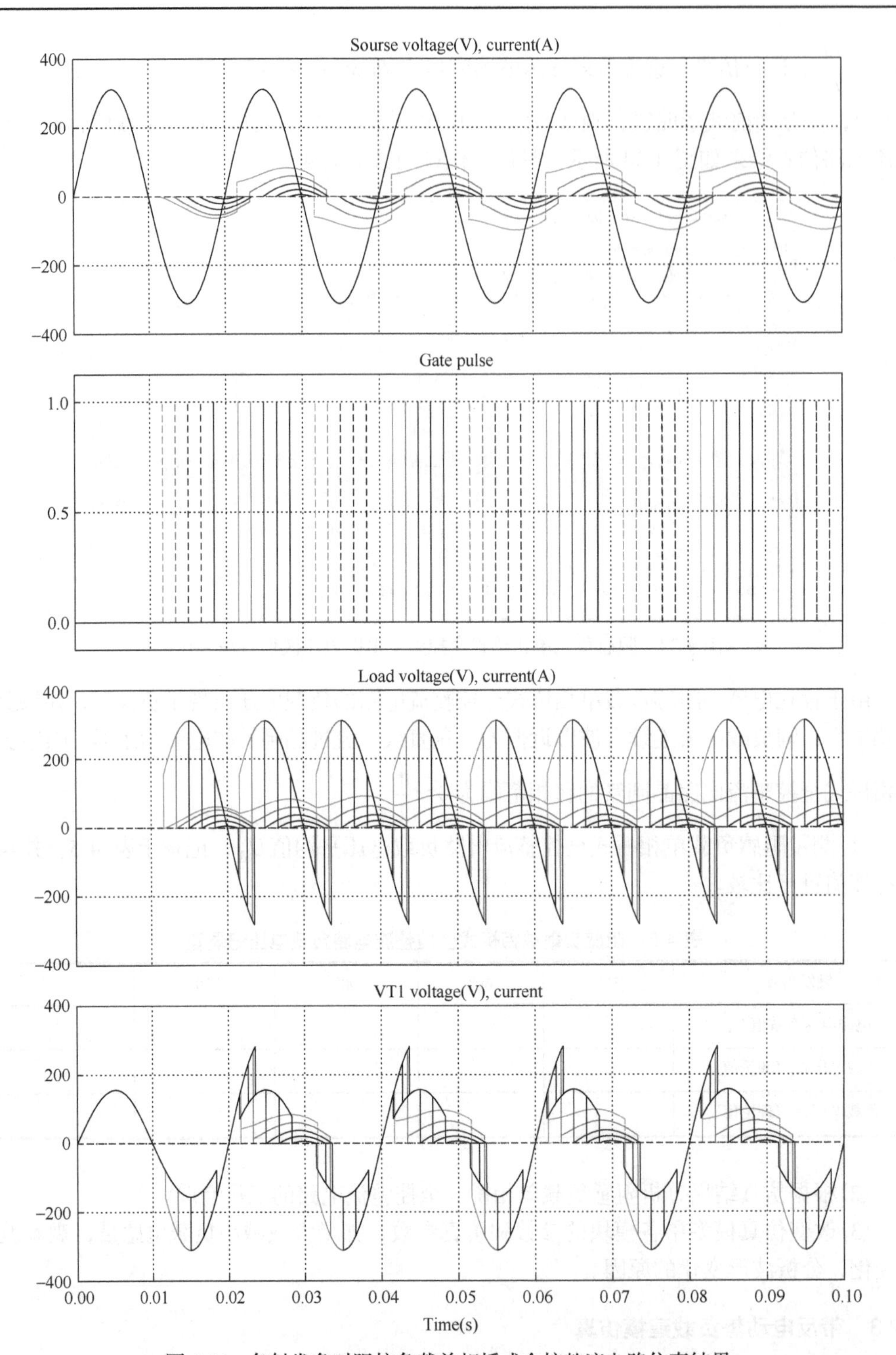

图 4-34　各触发角时阻抗负载单相桥式全控整流电路仿真结果

1. 仿真模型

带电阻性反电动势负载单相桥式全控整流电路仿真模型建模过程参考电阻负载单相

桥式全控整流电路仿真建模过程，在图 4-26 所示的电阻负载中增加反电动势，即可得到带电阻性反电动势负载单相桥式全控整流电路仿真模型，如图 4-35 所示，仿真模型中电阻 $R = 2\Omega$，反电动势 $E = 100\text{V}$，其他参数不变。

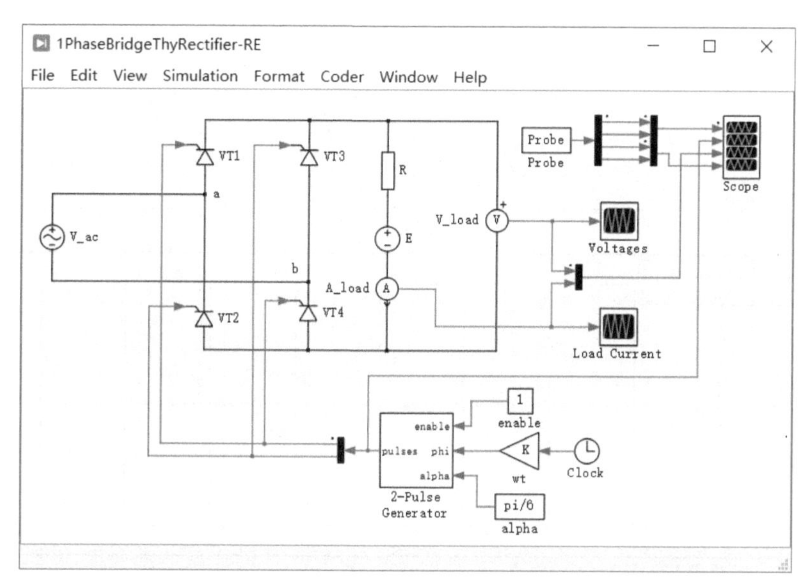

图 4-35　带电阻性反电动势负载单相桥式全控整流电路仿真模型

2. 仿真结果

设置仿真在 100ms 内完成，仿真最长步长为 1μs，其他仿真参数采用默认值。

修改晶闸管的触发角 α=30°，即常数模块 alpha $= \dfrac{\pi}{6}$。选择“Simulation→Start”菜单项，运行仿真，仿真结束后双击 Scope 示波器观察波形，仿真结果输出波形如图 4-36 所示，从上到下分别为电源电压和电流、触发脉冲、负载电压和电流、晶闸管 VT_1 电压和电流的仿真波形。

从仿真结果来看，前两个周期电路工作处于过渡状态，第三个周期开始电路工作基本稳定。电路稳定工作状态下，只有整流电压的瞬时值 u_d 大于反电动势 E 时，晶闸管才能承受正向电压而导通，这使得晶闸管的导通角减小了。晶闸管导通时，输出电压为 u_2，晶闸管关断时，输出电压为 E，与电阻负载相比，晶闸管提前了电角度 δ 停止导通，δ 称为停止导电角。

$$\delta = \arcsin\frac{E}{\sqrt{2}U_2}$$

当触发角 $\alpha < \delta$，触发脉冲到来时，晶闸管承受负电压，无法导通。本示例中停止导电角 $\delta \approx 18.8°$。

依次修改晶闸管的触发角 α 为 15°、30°、60°、90°、120°、150°，即常数模块 alpha 为 $\dfrac{\pi}{12}$、$\dfrac{\pi}{6}$、$\dfrac{\pi}{3}$、$\dfrac{\pi}{2}$、$\dfrac{2\pi}{3}$、$\dfrac{5\pi}{6}$。选择“Simulation→Start”菜单项，运行仿真，选择 Scope

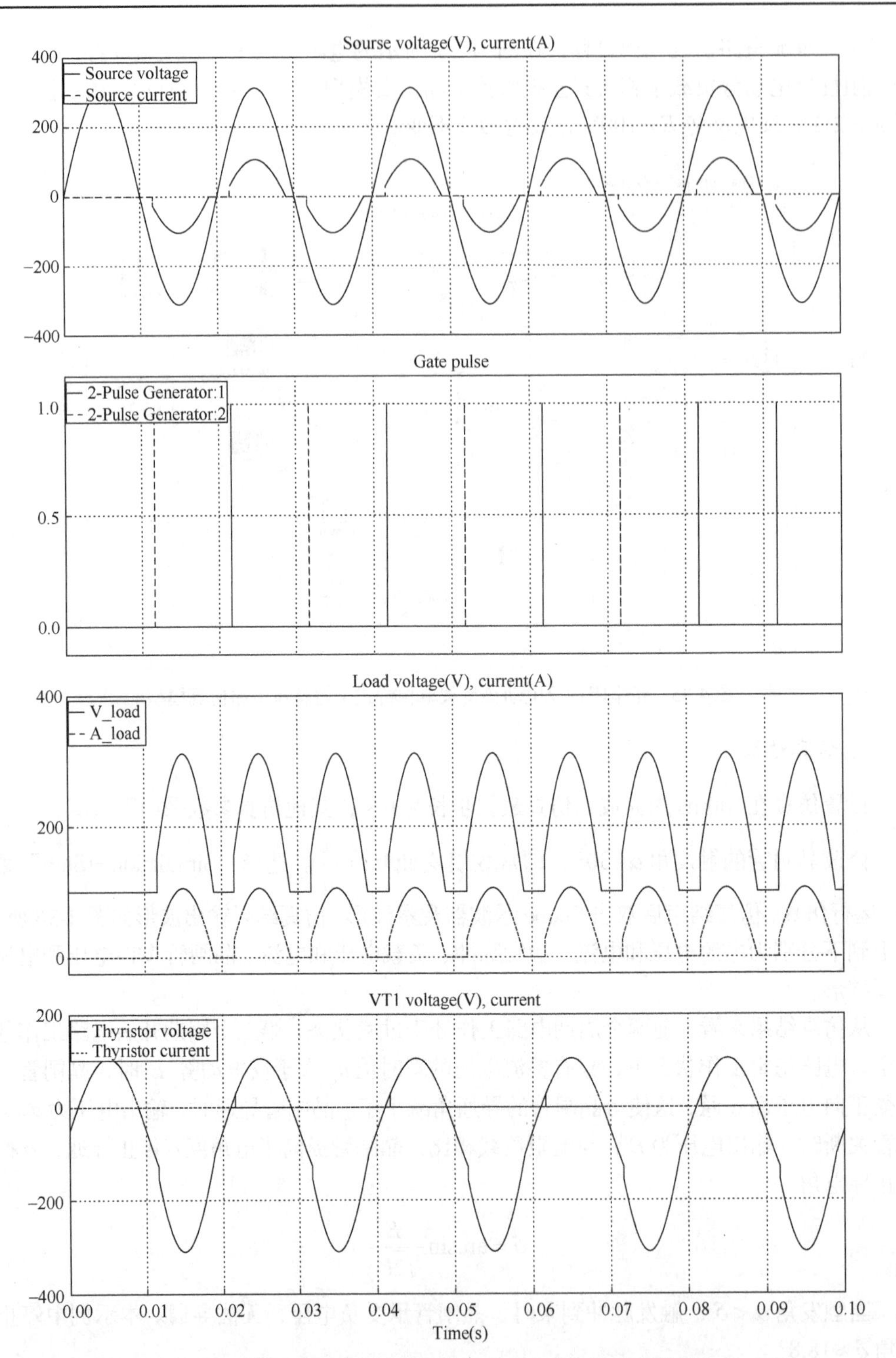

图 4-36　带电阻性反电动势负载单相桥式全控整流电路仿真结果（α=30°）

示波器窗口“View→Traces”菜单项，或单击工具栏中■按钮，保存当前波形曲线，观察各触发角时的波形。仿真结果输出波形如图 4-37 所示，具体图例说明参见图 4-36。

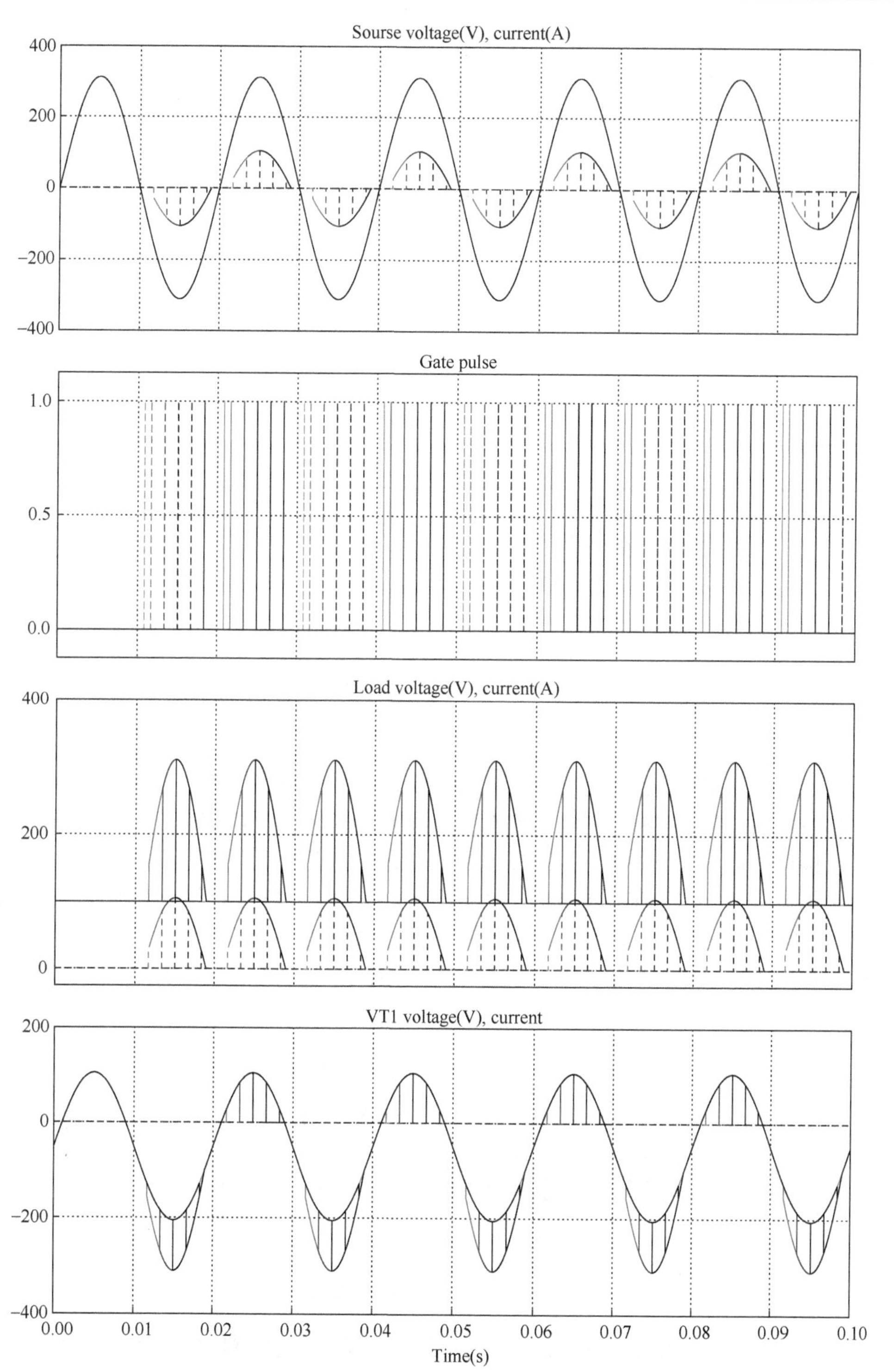

图 4-37　各触发角时带电阻性反电动势负载单相桥式全控整流电路仿真结果

当触发角 $\alpha=15°$，触发脉冲到来时，晶闸管承受负电压，无法导通。在反电动势

E 一定的情况下，随着触发角 α 的增大，输出平均电压减小，输出电流平均值相应减小。将单相桥式全控整流电路带电阻负载与带电阻性反电动势负载进行比较，加反电动势 E 后，负载电流的波形近似为脉冲状，且随着电动势 E 的增大，负载电流波形的底部会变得更窄。

(1) 测量带电阻性反电动势负载单相桥式全控整流电路负载电压平均值 U_d，记录于表4-6，并与理论计算值进行比较。

表 4-6　带电阻性反电动势负载单相桥式全控整流电路负载电压记录表

触发角 α	15°	30°	60°	90°	120°	150°
电源电压有效值 U_2						
负载电压 U_d（测量值）						
负载电压 U_d（理论值）						

(2) 根据仿真结果分析带电阻性反电动势负载单相桥式全控整流电路的工作情况。

(3) 改变仿真模型中各模块的参数和仿真参数，如增大或减小负载电感量，观察波形的变化，分析波形变化的原因。

4.3　三相半波可控整流电路仿真实验

三相半波可控整流电路原理图如图4-38所示，三个晶闸管 VT_1、VT_2、VT_3 的阴极连接在一起后接到负载，阳极分别接到整流变压器T的二次绕组上，变压器二次绕组星形连接中间点接负载地。三个晶闸管的阴极连接到一起，换流时总是换到阳极更高的一相，在一个电源周期，三个晶闸管平均输出，触发脉冲间隔120°。在三相整流电路中，通常规定 $\omega t = 30°$ 为控制角 α 的起点，称为自然换向点。三相半波共阴极整流电路的自然换相点是三相电源相电压正半周波形的交点，在各相电压的30°处，自然换相点之间互差120°。

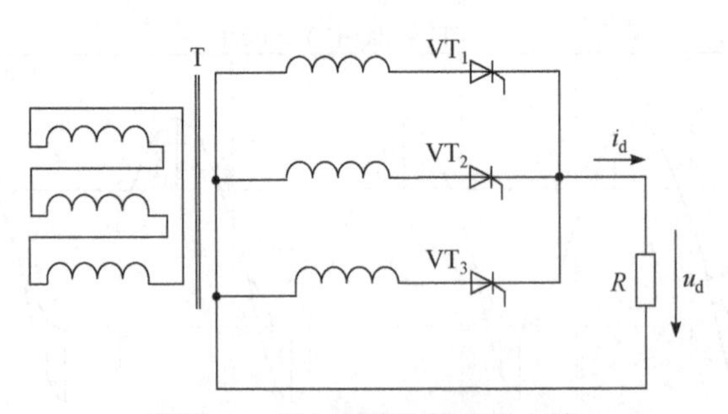

图 4-38　三相半波可控整流电路

在 PLECS 中分别建立三相半波可控整流带电阻负载、阻感负载电路仿真模型，研究三相半波可控整流电路在电阻负载和阻感负载时的工作情况；理解触发角大小与负载电压波形间的关系。

4.3.1　电阻负载建模仿真

1. 仿真模型

(1) 打开 PLECS 仿真窗口，新建仿真文件并保存为 3PhaseHalfwaveThyRectifier-R. plecs。

(2) 在“Electrical→Power Semiconductors”元件库中找到晶闸管(Thyristor)模块，在“Electrical→Sources”元件库中找到 Voltage Source AC(3 phase)(三相交流电压源)模块(图 4-39)，在“Electrical→Passive Components”元件库中找到 Resistor(电阻)模块，在“Electrical→Meters”元件库中找到 Ammeter(电流表)模块和 Voltmeter(电压表)模块，在“System”元件库中找到 Electrical Ground(接地)模块和 Scope(示波器)模块，将这些模块复制到 PLECS 仿真窗口。

(3) 双击仿真模型窗口中的模块设置模块参数，其中交流电压源 V_ac 的 Amplitude(电压幅度)设置为 311V，Frequency(频率)设置为 50Hz，即$100\pi\,\text{rad/s}$，相位为 0°。负载电阻为10Ω，所有 6 个晶闸管选用系统默认参数。

(4) PLECS 库浏览器窗口的“Control→Modulators”元件库中包含了大量的调制器模块，这里选用 6-Pulse Generator(6 脉冲发生器)模块(图 4-40)触发晶闸管。

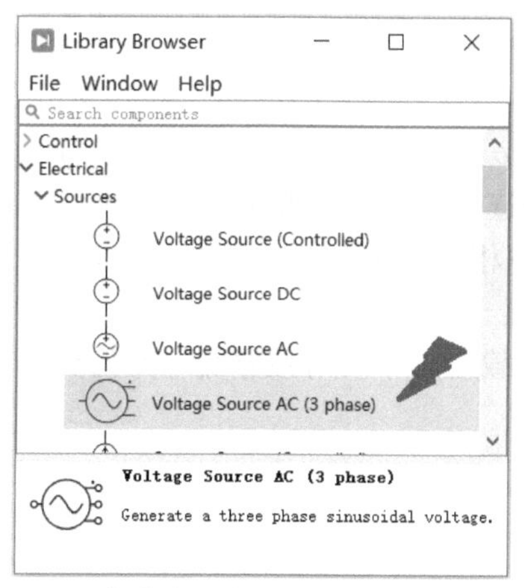

图 4-39　仿真模型库中 Voltage Source AC(3 phase)(三相交流电压源)模块

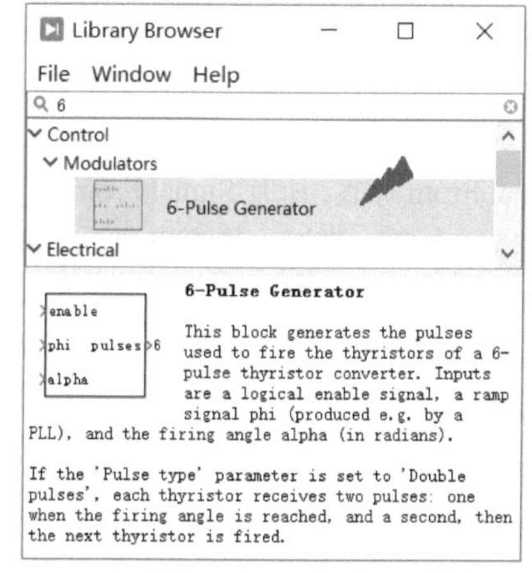

图 4-40　仿真模型库中 6 脉冲发生器(6-Pulse Generator)模块

6 脉冲发生器模块是专为三相整流电路或逆变电路设计的，产生三相晶闸管触发脉冲，其输入为 enable(逻辑使能)、phi(斜坡信号φ)和 alpha(触发角α)。与双脉冲发生器模块使用类似，斜坡信号φ由 Gain(增益)模块和 Clock(时钟)模块产生，Clock(时钟)模块在库浏览器的“Control→Sources”元件库中，输出当前仿真时间。如果晶闸管触发脉冲的频率为 50Hz，那么增益模块的增益为100π，即斜坡信号$\varphi = 2\pi ft = 100\pi t$。晶闸管的触发角$\alpha$由常数模块“alpha”设定，$\alpha$=alpha$-\dfrac{\pi}{6}$。如果 alpha$=\dfrac{\pi}{6}$，则晶闸管的触发角为 0°。

6 脉冲发生器模块参数设置如图 4-41 所示，Pulse width [rad](触发脉冲的宽度(弧度))参数设置为$\dfrac{\pi}{18}$rad，Pulse type(脉冲类型)选择 Single pulses(单脉冲)。

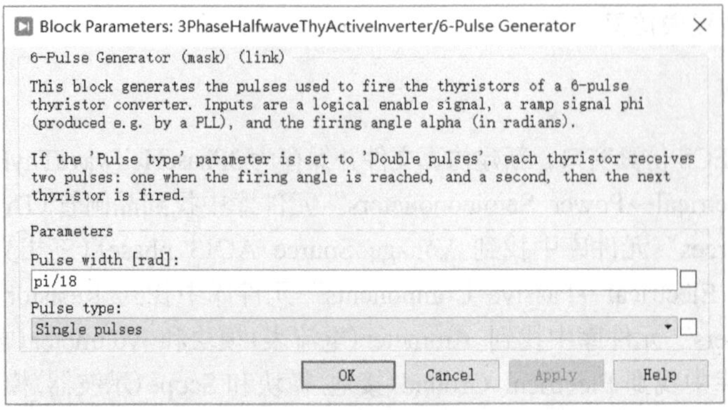

Block Parameters: 3PhaseHalfwaveThyActiveInverter/6-Pulse Generator
6-Pulse Generator (mask) (link)
This block generates the pulses used to fire the thyristors of a 6-pulse thyristor converter. Inputs are a logical enable signal, a ramp signal phi (produced e.g. by a PLL), and the firing angle alpha (in radians).
If the 'Pulse type' parameter is set to 'Double pulses', each thyristor receives two pulses: one when the firing angle is reached, and a second, then the next thyristor is fired.
Parameters
Pulse width [rad]:
pi/18
Pulse type:
Single pulses
OK
Cancel
Apply
Help

图 4-41　6-Pulse Generator（6 脉冲发生器）模块参数设置

（5）控制信号连接。三相半波可控整流电路控制线较多，如果采用通常的直接连接方式，仿真模型看起来错综复杂，同时容易产生连接错误，PLECS 软件“System”元件库中 Signal From（信号来自）和 Signal Goto（信号转到）标签可有效减少信号线的连接数量。

在仿真模型中添加 3 个 Signal Goto 标签，分别双击 3 个信号转到标签，在弹出的标签参数对话框中设置 Tag name（标签名称）分别为 ug1、ug2、ug3，单击“OK”按钮，完成 Signal Goto 标签设置。在仿真模型中添加 3 个 Signal From 标签，分别双击 3 个 Signal From 标签，在弹出的标签参数对话框中同样设置 Tag name（标签名称）分别为 ug1、ug2、ug3，单击“OK”按钮，完成 Signal From 标签设置。注意：Signal Goto 标签将其输入信号转发到指定区域内的 Signal From 标签，所有 Signal From 标签的信号都连接到指定区域内具有相同标签名称的 Signal Goto 标签。在同一仿真模型不允许有多个具有相同名称的 Signal Goto 标签。

（6）添加探针模块测量晶闸管 VT_1 的电压和电流。

（7）连接仿真窗口中各模块，连接好的电阻负载三相半波可控整流电路仿真模型如图 4-42 所示。

3PhaseHalfwaveThyActiveInverter-R
File Edit View Simulation Format Coder Window Help
ug1
ug2
ug3
VT1
VT2
VT3
u_in
i_out
A
B
C
V_3ph
R
u_out
Voltage
1
enable
K
Clock
wt
1*pi/6
alpha
enable
phi pulses
alpha
6-Pulse Generator
ug
Probe
Scope

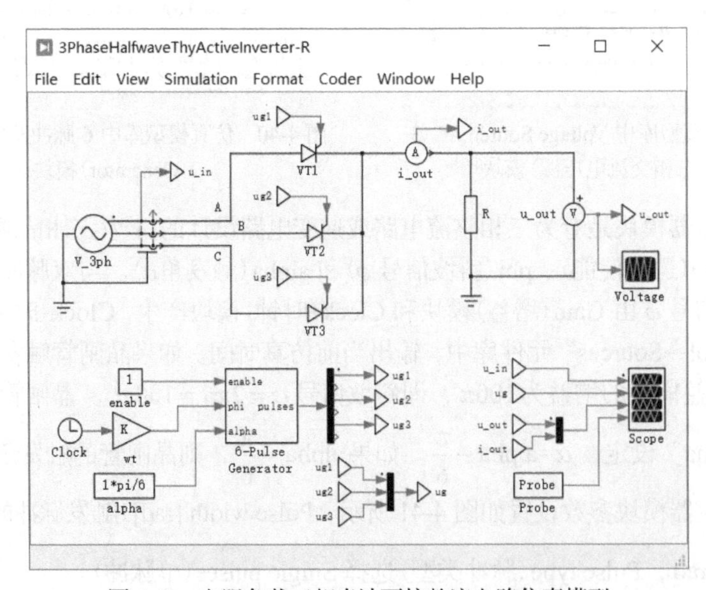

图 4-42　电阻负载三相半波可控整流电路仿真模型

2. 仿真结果

修改负载电阻参数为 $R = 2\Omega$ ，晶闸管的触发角 α=0°，即常数模块 alpha 输入 $\frac{\pi}{6}$。

选择“Simulation→Simulation parameters”菜单项，设置在 0.1s 内完成仿真，仿真最大步长为 $1\mu s$ ，其他仿真参数采用默认值。

选择“Simulation→Start”菜单项或使用“Ctrl+T”快捷键运行仿真，仿真结束后双击 Scope 示波器模块，仿真结果输出波形如图 4-43 所示，从上到下分别为三相电源相电压、晶闸管的触发脉冲、负载电压和电流及晶闸管电压波形。

从仿真结果来看，前两个周期电路工作处于过渡状态，第三个周期开始电路工作基本稳定。触发角 α 为 0° 时，三个晶闸管均在自然换相点换相，即在每个周期的 $\omega t_1 = 30°$ 时刻触发晶闸管 VT_1，在每个周期的 $\omega t_2 = 150°$ 时刻触发晶闸管 VT_2，在每个周期的 $\omega t_3 = 270°$ 时刻触发晶闸管 VT_3。电路稳定工作状态下，在 $\omega t_1 \sim \omega t_2$ 区间，三相电源中 A 相电压最高，VT_1 承受正向电压，在 ωt_1 时刻触发晶闸管 VT_1 导通，导通角 θ=120°，输出电压 $u_d = u_A$；在 $\omega t_2 \sim \omega t_3$ 区间，B 相电压最高，VT_2 承受正向电压，在 ωt_2 时刻触发晶闸管 VT_2 导通，导通角 θ=120°，输出电压 $u_d = u_B$，晶闸管 VT_1 承受反向电压关断；在 ωt_3 到下一周期 ωt_1 区间，C 相电压最高，VT_3 承受正向电压，在 ωt_3 时刻触发晶闸管 VT_3 导通，导通角 θ=120°，输出电压 $u_d = u_C$，晶闸管 VT_2 承受反向电压关断。

双击 Load Voltage 示波器模块，如图 4-44 所示，游标测量负载电压的平均值为 255.26V，与理论计算值 $U_d = 1.17U_2\cos\alpha$=257.4V 基本一致。

依次设置触发角 α 为 30°、60°、90°、120°。运行仿真，选择 Scope 示波器窗口“View→Traces”菜单项，或单击工具栏中按钮，保存当前波形曲线，观察各触发角时的波形。仿真结果输出波形如图 4-45 所示，具体图例说明参见图 4-43。

当触发角 $\alpha \leqslant 30°$ 时，电阻负载三相半波可控整流电路输出电压和电流均连续，每个晶闸管在一个电源周期中导通 120°；当触发角 $\alpha > 30°$ 时，电阻负载三相半波可控整流电路输出电压电流断续，晶闸管的导通角为 $150° - \alpha$，小于 120°。纯电阻负载三相半波可控整流电路最大移相角为 150°

(1) 测量电阻负载三相半波可控整流电路负载电压平均值 U_d，记录于表 4-7，并与理论计算值进行比较。

表 4-7　电阻负载三相半波可控整流电路负载电压记录表

触发角 α	30°	60°	90°	120°
电源相电压有效值 U_2				
负载电压 U_d（测量值）				
负载电压 U_d（理论值）				

(2) 根据仿真结果分析电阻负载三相半波可控整流电路的工作情况。

(3) 改变仿真模型中各模块的参数和仿真参数，如增大或减小负载电感量，观察波形的变化，分析波形变化的原因。

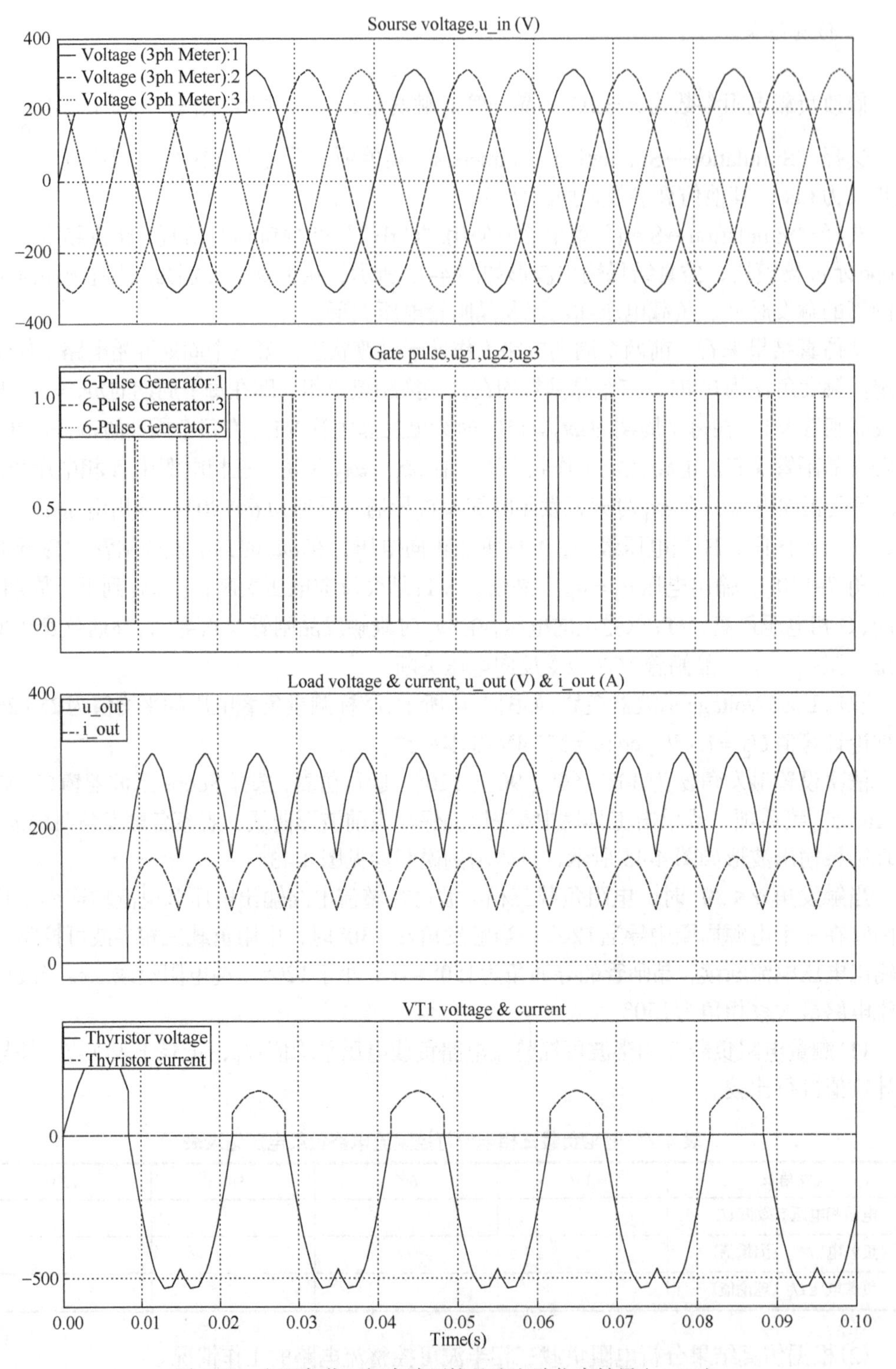

图 4-43　电阻负载三相半波可控整流电路仿真结果（α=0°）

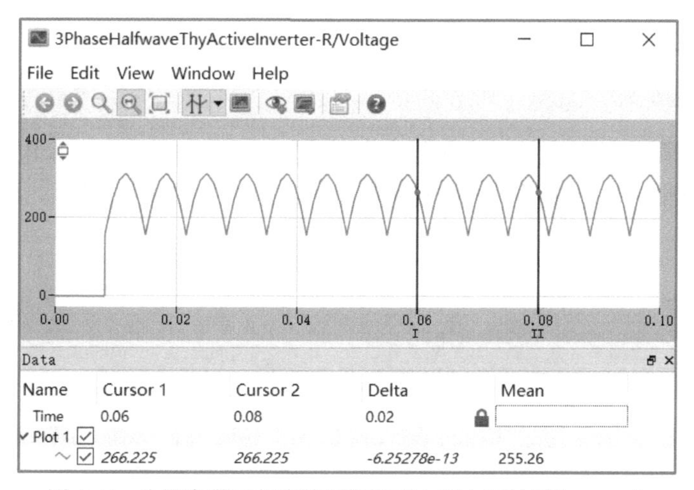

图 4-44　电阻负载三相半波可控整流电路电压波形（$\alpha = 0°$）

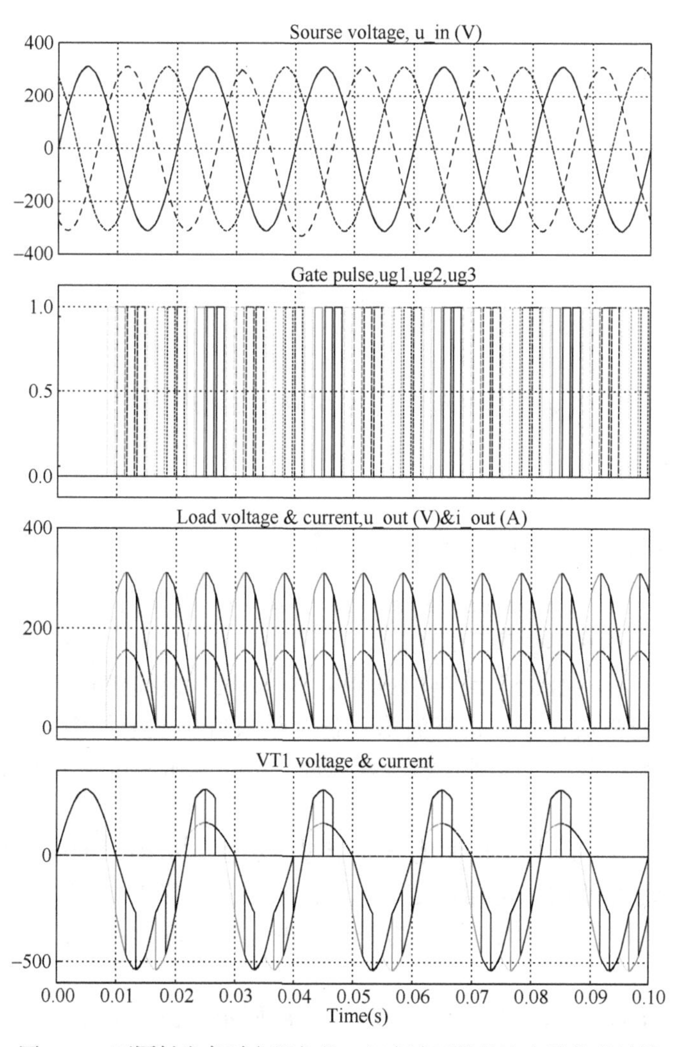

图 4-45　不同触发角时电阻负载三相半波可控整流电路仿真结果

4.3.2　阻感负载建模仿真

1. 仿真模型

参考电阻负载三相半波可控整流电路仿真模型，用一个电感和一个电阻的串联形式表示阻感负载，阻感负载三相半波可控整流电路仿真模型如图 4-46 所示。

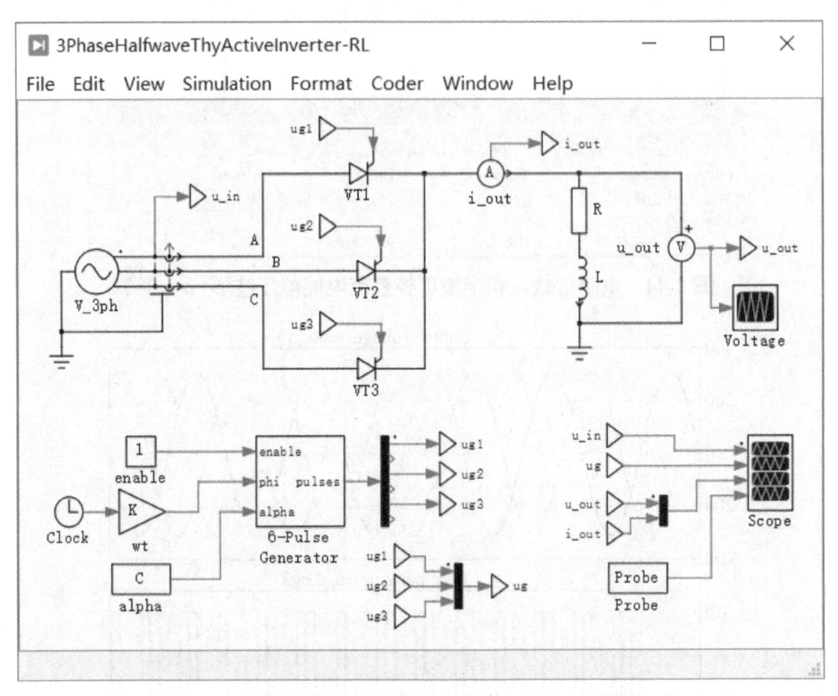

图 4-46　阻感负载三相半波可控整流电路仿真模型

2. 仿真结果

负载电阻 $R = 2\Omega$，电感 $L = 20\text{mH}$，晶闸管触发角 α=0°，即常数模块 alpha 输入 $\frac{\pi}{6}$。

选择“Simulation→Simulation parameters”菜单项，设置在 0.1s 内完成仿真，仿真最大步长为 $1\mu s$，其他仿真参数采用默认值。

选择“Simulation→Start”菜单项或使用“Ctrl+T”快捷键运行仿真，仿真结束后双击 Scope 示波器模块，查看仿真波形。仿真结果输出波形如图 4-47 所示，从上到下分别为三相电源相电压、晶闸管的触发脉冲、负载电压和电流及晶闸管电压和电流波形。

从仿真波形来看，前两个周期电路处于过渡过程，从第三个周期开始电路进入稳定状态。当触发角为 0° 时，电路稳定后，阻感负载三相半波可控整流电路输出电压波形与电阻负载时一样，输出电流波形为一条水平直线，每个晶闸管导通 120°，输出电压为正。

双击 Load Voltage 示波器模块，如图 4-48 所示，游标测量负载电压的平均值为 255.496V，与理论计算值 $U_d = 1.17U_2\cos\alpha$=257.4V 基本一致。

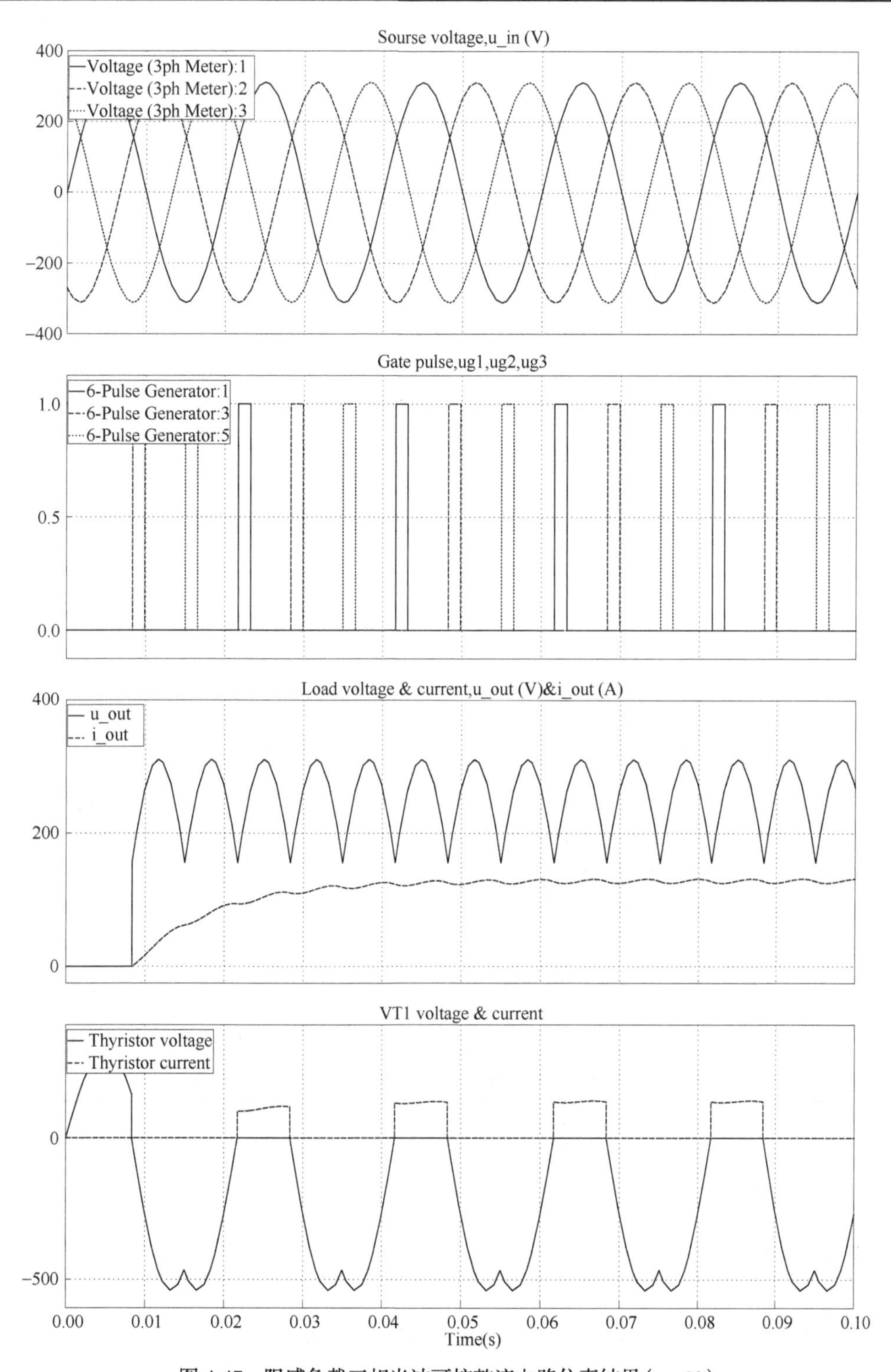

图 4-47　阻感负载三相半波可控整流电路仿真结果（α=0°）

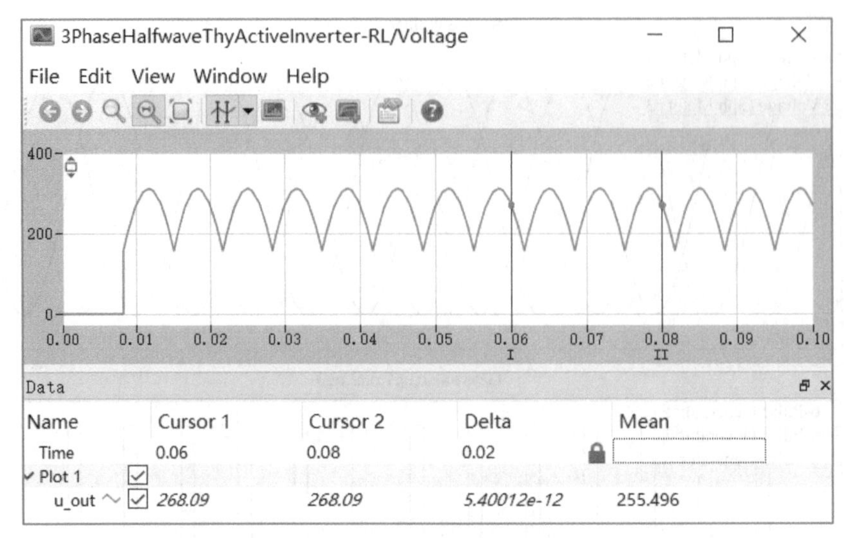

图 4-48　电阻负载三相半波可控整流电路电压波形（$\alpha=0°$）

依次设置触发角α为30°、60°、90°，即依次在常数模块 alpha 输入$\dfrac{\pi}{3}$、$\dfrac{\pi}{2}$、$\dfrac{2\pi}{3}$。运行仿真，选择 Scope 示波器窗口“View→Traces”菜单项，或单击工具栏中按钮，保存当前波形曲线，观察各触发角时的波形。仿真结果输出波形如图 4-49 所示，具体图例说明参见图 4-47。

当触发角$\alpha \leqslant 30°$时，阻感负载三相半波可控整流电路输出电压波形与电阻负载时一样，输出电流波形为一条水平直线，电感越大，输出电流波形越平直，每个晶闸管在一个电源周期中导通120°；当触发角$\alpha > 30°$时，阻感负载三相半波可控整流电路输出电压波形出现负值，输出电压平均值变小，输出电流也减小；当触发角α=90°时，阻感负载三相半波可控整流电路输出电压波形正负面积相等，输出电压平均值为零，因此阻感负载三相半波可控整流电路移相范围为0°~90°。

(1)测量阻感负载三相半波可控整流电路负载电压平均值U_d，记录于表 4-8，并与理论计算值进行比较。

表 4-8　阻感负载三相半波可控整流电路负载电压记录表

触发角 α	30°	60°	90°
电源相电压有效值 U_2			
负载电压 U_d（测量值）			
负载电压 U_d（理论值）			

(2)根据仿真结果分析阻感负载三相半波可控整流电路的工作情况。

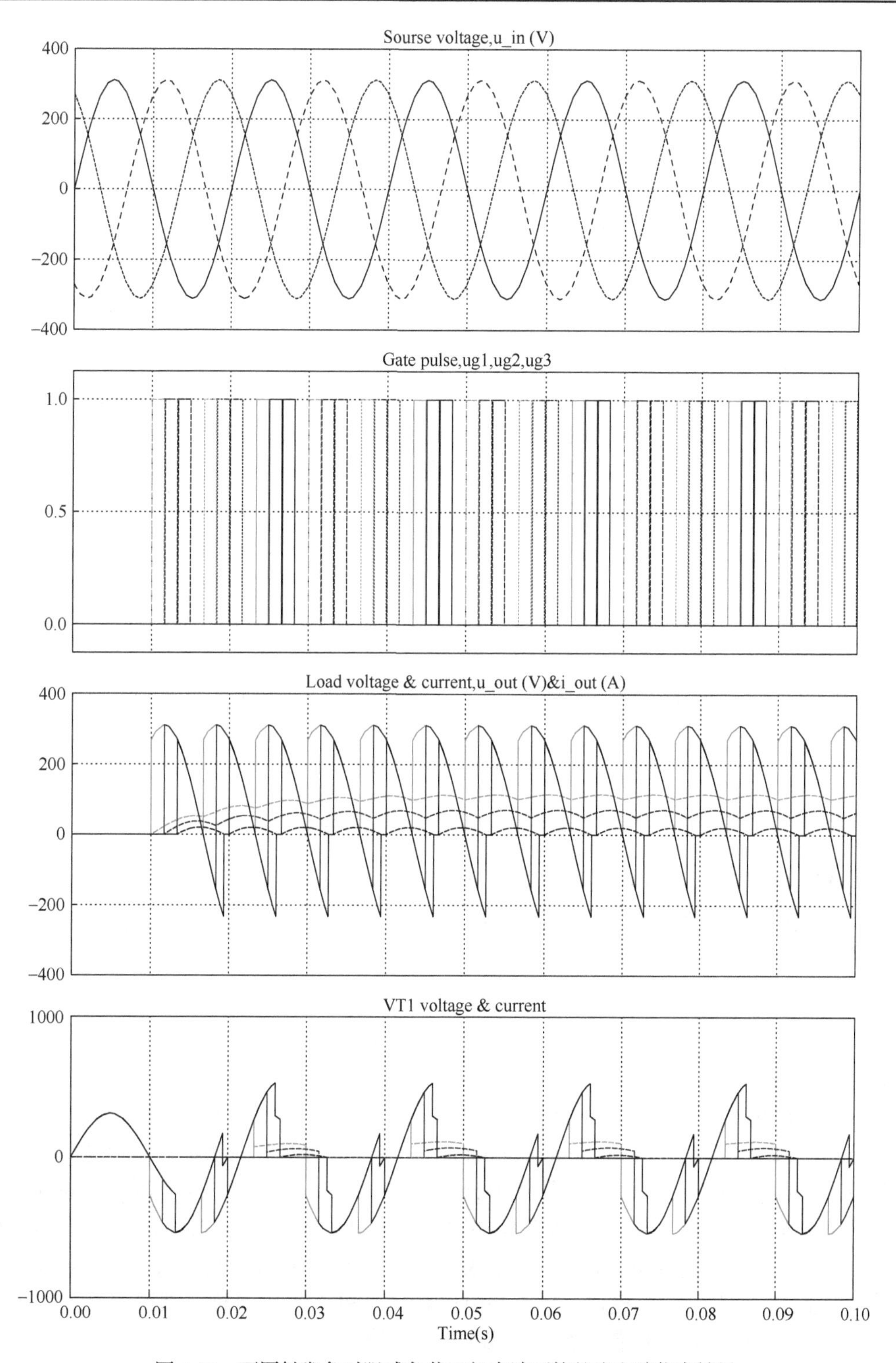

图 4-49　不同触发角时阻感负载三相半波可控整流电路仿真结果

(3)改变仿真模型中各模块的参数和仿真参数，如增大或减小负载电感量，观察波形的变化，分析波形变化的原因。

4.4　三相桥式全控整流电路仿真实验

三相桥式全控整流电路是应用最广泛的一种整流电路，可以工作在整流状态，也可以工作在逆变状态。还可以多台设备组合，构成一个负载的直流或交流电力传动系统。

三相桥式全控整流电路如图 4-50 所示，由两组三相半波整流电路串联而成，一组为共阴极接线（VT_1、VT_3、VT_5），另一组为共阳极接线（VT_2、VT_4、VT_6）。共阴极组在正半周触发导通，共阳极组在负半周导通。晶闸管的导通顺序为 $VT_1 \to VT_2 \to VT_3 \to VT_4 \to VT_5 \to VT_6$。自然换相时，每个时刻导通的两个晶闸管分别对应共阴极组中阳极所接交流电压值最高的一个和共阳极组中阴极所接交流电压值最低的一个。根据负载不同，三相桥式全控整流电路可分为三种，分别为带电阻负载、带阻感负载和带续流二极管阻感负载，带不同性质负载时工作情况不同。

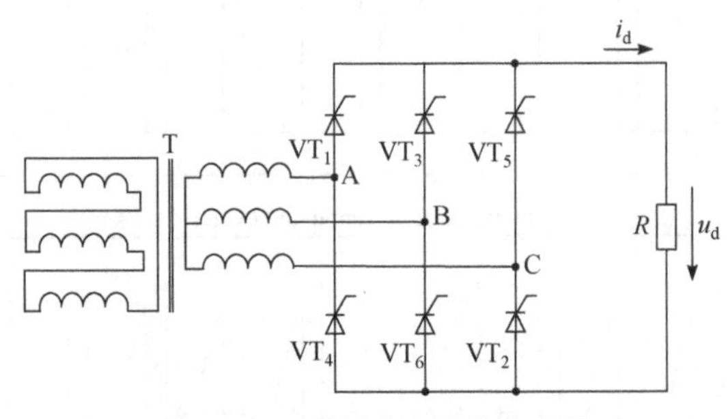

图 4-50　三相桥式全控整流电路

输入三相交流电源，相电压为 380V，频率为 50Hz，在 PLECS 中分别建立电阻负载、阻感负载三相桥式全控整流电路仿真模型，仿真分析三相桥式全控整流电路在电阻负载、阻感负载时的工作情况；理解触发角大小与负载电压波形间的关系。

4.4.1　电阻负载建模仿真

1. 仿真模型

(1) 打开 PLECS 仿真窗口，新建仿真文件并保存为 3PhaseBridgeThyRectifier-R.plecs。

(2) 在 "Electrical→Power Semiconductors" 元件库中找到 Thyristor（晶闸管）模块，在 "Electrical→Sources" 元件库中找到 Voltage Source AC (3 phase)（三相交流电压源）模块，在 "Electrical→Passive Components" 元件库中找到 Resistor（电阻）模块，在 "Electrical→Meters" 元件库中找到 Ammeter（电流表）模块和 Voltmeter（电压表）模块，在 "System" 元件库中找到 Scope（示波器）模块，将这些模块复制到 PLECS 仿真模型编辑窗口。

(3) 按图 4-51 所示连接各模块，完成主电路仿真建模。

(4) 双击仿真模型窗口中的模块设置模块参数。

交流电压源 V_3ph 的 Amplitude（电压幅度）设置为 311V，Frequency（频率）设置为 50Hz，即 $100\pi\,\mathrm{rad/s}$，相位为 0°。负载电阻为 10Ω，所有 6 个晶闸管选用系统默认参数。

3PhaseBridgeThyRectifier-R
File Edit View Simulation Format Coder Window Help
VT1
VT3
VT5
R
R: 10
Vm1
Load Voltage
V_3ph
V: 311
w: 50
phi: 0
VT4
VT6
VT2
Am1
Load Current

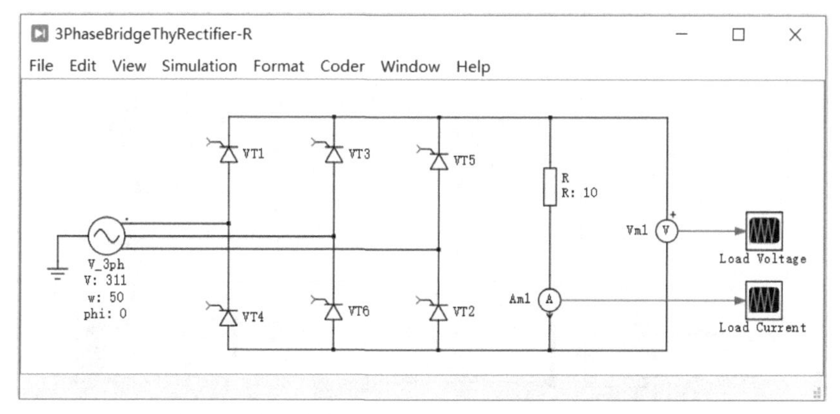

图 4-51　电阻负载三相桥式全控整流主电路仿真模型

晶闸管触发选用“Control→Modulators”子库中 6-Pulse Generator(6 脉冲发生器)模块。6 脉冲发生器模块参数设置如图 4-52 所示，Pulse width [rad](脉冲的宽度(弧度))参数设置为 $\frac{\pi}{36}$ rad，Pulse type(脉冲类型)选择 Double pulses(双脉冲)。

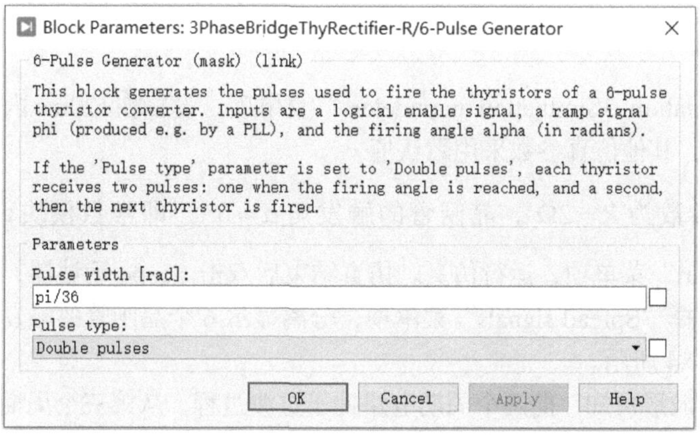

Block Parameters: 3PhaseBridgeThyRectifier-R/6-Pulse Generator
6-Pulse Generator (mask) (link)
This block generates the pulses used to fire the thyristors of a 6-pulse thyristor converter. Inputs are a logical enable signal, a ramp signal phi (produced e.g. by a PLL), and the firing angle alpha (in radians).
If the 'Pulse type' parameter is set to 'Double pulses', each thyristor receives two pulses: one when the firing angle is reached, and a second, then the next thyristor is fired.
Parameters
Pulse width [rad]:
pi/36
Pulse type:
Double pulses
OK
Cancel
Apply
Help

图 4-52　6-Pulse Generator(6 脉冲发生器)模块参数设置

(5)测量三相交流电源线电压。用电压表分别测量三相交流电源线电压 u_{AB}、u_{AC}、u_{BC}、u_{BA}、u_{CA}、u_{CB}。为简化电气连接，应用 PLECS 软件“System”元件库中 Electrical Label(电气标签)引出三相交流电压。PLECS 软件规定同一仿真模型中具有相同标签名的电气标签之间默认提供电气连接。

删除图 4-51 中三相交流电源模块 V_3ph 与三个晶闸管桥臂之间的连线，在仿真模型中放置 6 个电气标签模块，双击修改其标签名称(Tag name)为“A”“A”“B”“B”“C”“C”，所有具有相同标签名称的电气标签模块被视为连接在一起。

(6)添加探针模块测量三相交流电源相电压以及晶闸管 VT_1 的电压和电流。

(7)连接仿真窗口中各模块，连接好的电阻负载三相桥式全控整流电路仿真模型如图 4-53 所示。

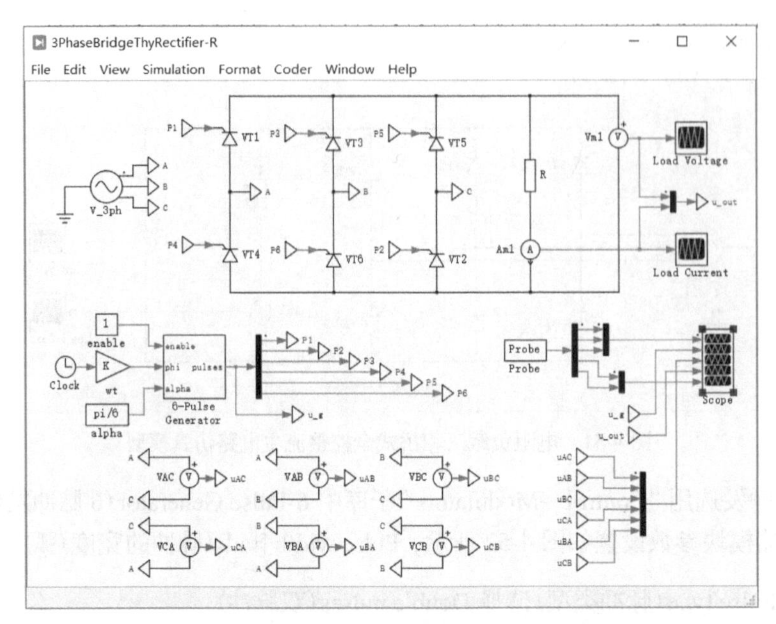

图 4-53　电阻负载三相桥式全控整流电路仿真模型

2. 仿真结果

选择“Simulation→Simulation parameters”菜单项，设置在120ms 内完成仿真，仿真最长步长为1μs，其他仿真参数采用默认值。

负载电阻参数为 $R = 2\Omega$，晶闸管的触发角 $\alpha = 0°$，即常数模块 alpha $= \frac{\pi}{6}$。选择“Simulation→Start”菜单项，运行仿真。仿真结束后双击 Scope 示波器，右击触发控制角波形显示区，选择“Spread signals”菜单项，分离显示 6 个晶闸管的触发信号。仿真结果输出波形如图 4-54 所示。

由以上仿真波形可知，前两个周期电路处于过渡过程，从第三个周期开始，电路进入稳定状态。三相桥式全控整流电路中共阴极组和共阳极组中各晶闸管的自然换相点分别为三相交流电源电压波形在正负半周的交点，当触发角 $\alpha = 0°$ 时，各晶闸管均在自然换相点处换相，此时可将晶闸管视为二极管，将一个电源周期 6 等分，每一份为 $\pi/3$。

在第Ⅰ段期间，即 $0 \sim \pi/3$，A 相电位最高，B 相电位最低。假设 $\omega t = \pi/6$ 时，VT_1、VT_6 施加触发脉冲，则共阴极组中 VT_1 导通，VT_3、VT_5 承受反压截止；共阳极组中 VT_6 导通，VT_4、VT_2 承受反压截止。电流回路为 A 相→VT_1→电阻负载 R→VT_6→B 相，$\text{u\_out} = u_{AB}$。

经过 $\pi/3$ 后进入第Ⅱ段期间，A 相电位仍最高，共阴极组中 VT_1 继续导通，C 相电位最低。在 $\omega t = \pi/2$ 时给 VT_2 施加触发脉冲，VT_2 导通，VT_4、VT_6 承受反压截止。电流回路为 A 相→VT_1→电阻负载 R→VT_2→C 相，$\text{u\_out} = u_{AC}$。

再经过 $\pi/3$ 后进入第Ⅲ段期间，B 相电位最高，在 $\omega t = 5\pi/6$ 时给 VT_3 施加触发脉冲，VT_3 导通，VT_1、VT_5 承受反压截止。此时 C 相电位仍然最低，VT_2 继续导通，VT_4、VT_6 承受反压截止。电流回路为 B 相→VT_3→电阻负载 R→VT_2→C 相，$\text{u\_out} = u_{BC}$。

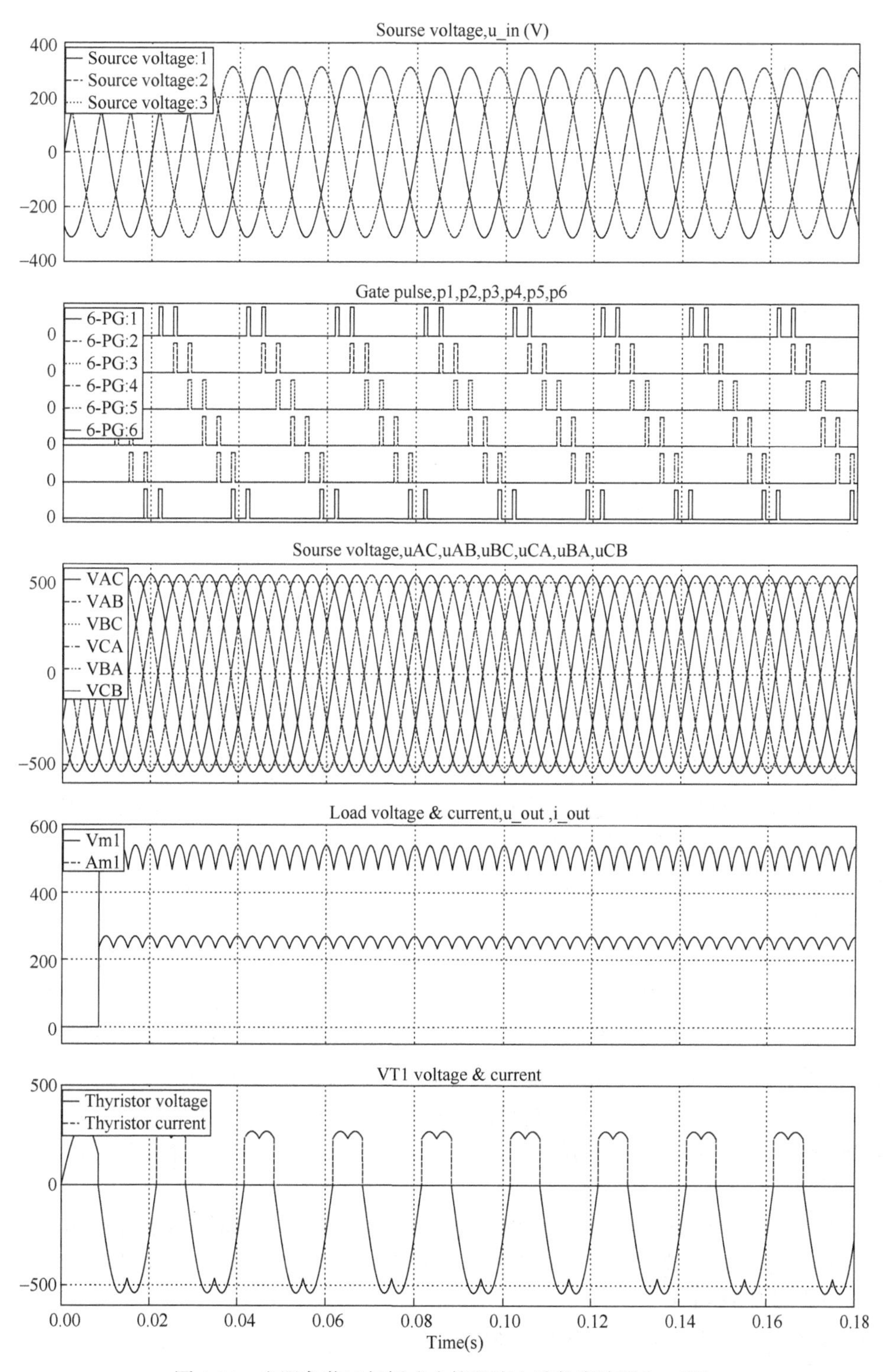

图 4-54 电阻负载三相桥式全控整流电路仿真波形（α=0°）

依次类推，在第Ⅳ段期间，VT_3、VT_4导通，u _ out = u_{BA} 。在第Ⅴ段期间，VT_5、VT_4

导通，u _ out = u_{CA}。在第Ⅵ段期间，VT_5、VT_6 导通，u _ out = u_{CB}。

电阻负载三相桥式整流电路在每个电源周期内，每个晶闸管导通角为120°，每间隔60°有一个晶闸管换相。共阴极组晶闸管导通时，输入交流电源相应相的电流为正，与同时段 u_d 波形相同，共阳极组晶闸管导通时，输入交流电源相应相的电流为负，但仍与同时段 u_d 波形相同。

双击Load Voltage示波器模块，如图4-55所示，游标测量负载电压的平均值为514.39V，与理论计算值 $U_d = 2.34U_2 \cos\alpha$=514.8V 基本一致。

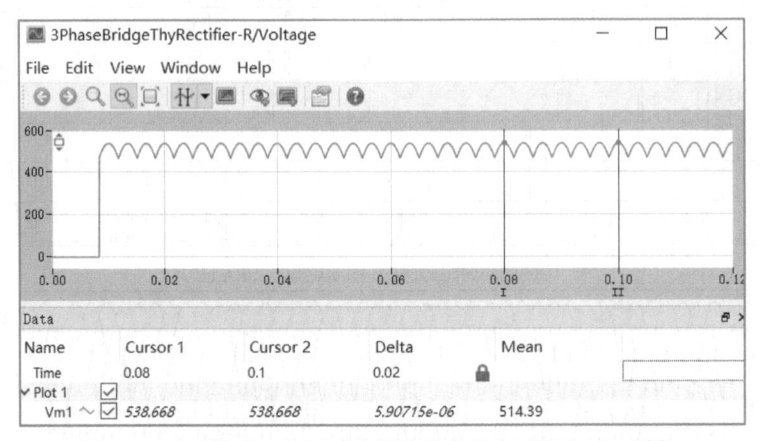

图 4-55　电阻负载三相桥式全控整流电路电压波形（$\alpha = 0°$）

采用叠加阶跃信号的方式，在仿真过程中修改晶闸管的触发角，即依次在0s、0.06s、0.10s、0.14s调整晶闸管的触发角 α 为0°、30°、60°、90°。选择“Simulation→Simulation parameters”菜单项，设置仿真在180ms内完成，仿真最长步长为1μs，其他仿真参数采用默认值。运行仿真，仿真结束后双击打开Scope示波器，仿真结果如图4-56所示。具体图例说明参见图4-54。

当触发角 $\alpha = 0°$ 时，各晶闸管均在自然换相点处换相，任意时刻共阳极组和共阴极组中各有一个晶闸管处于导通状态，施加于负载上的电压为某一线电压。当触发角 $\alpha = 30°$ 时，晶闸管导通时刻与触发角 $\alpha = 0°$ 时相比推迟了30°，组成输出电压的每一段线电压因此推迟了30°，输出电压的平均值降低了。当触发角 $\alpha = 60°$ 时，由于直流电压中每段线电压波形继续往后移，平均值降低的同时，输出直流电压出现了零点。当触发角 α=90° 时，由于直流电压中每段线电压波形继续往后移，平均值降低的同时，输出直流电压断续。

显然，当触发角 $\alpha \leqslant 60°$ 时，输出电压波形连续；当 $\alpha > 60°$ 时，输出电压波形断续；当触发角 α=120° 时，输出电压平均值为零，因此，电阻负载三相桥式全控整流电路触发角的移相范围为0°~120°。

(1) 测量电阻负载三相桥式全控整流电路负载电压平均值 U_d，记录于表4-9，并与理论计算值进行比较。

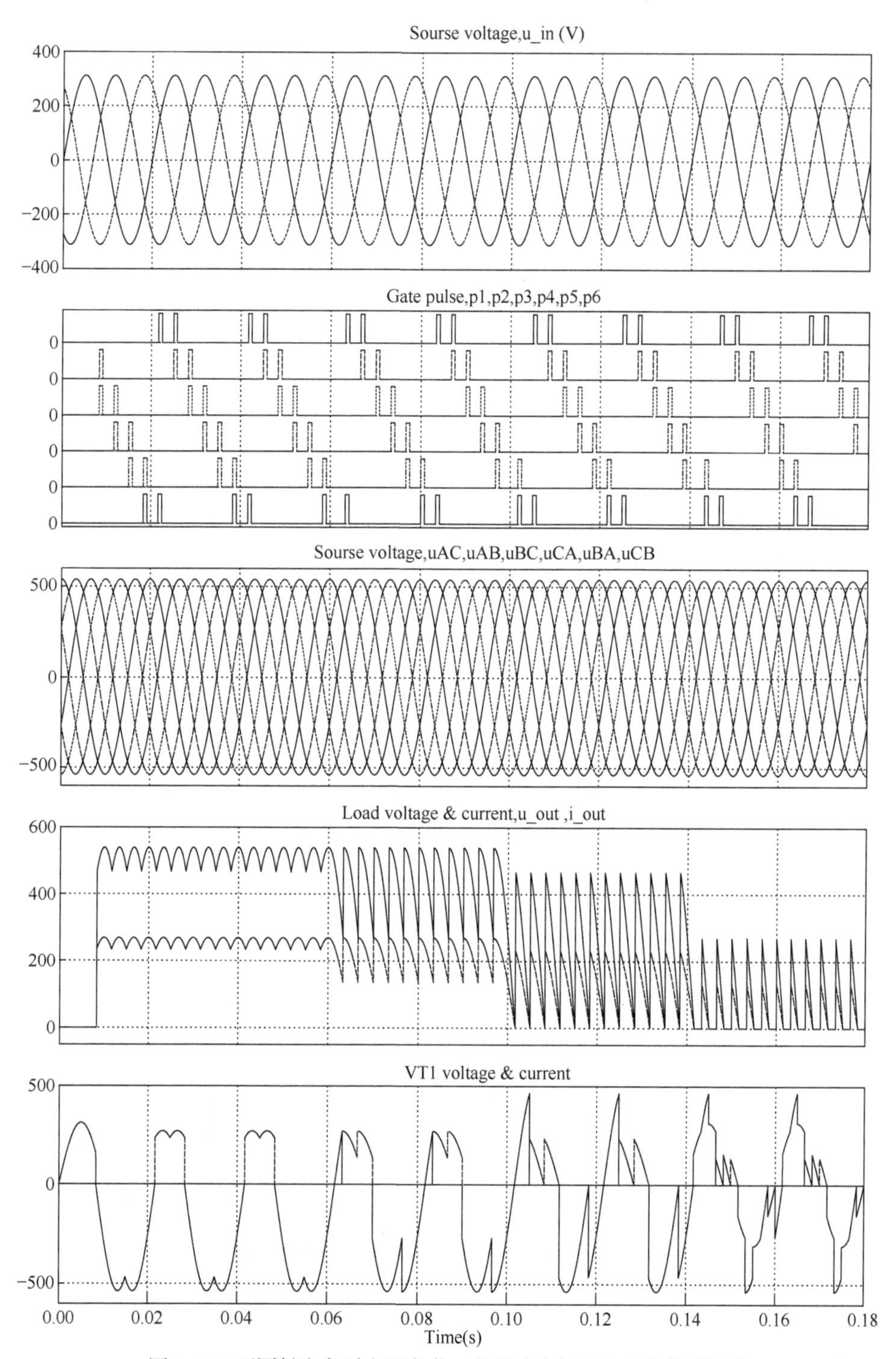

图 4-56　不同触发角时电阻负载三相桥式全控整流电路仿真波形

表 4-9　电阻负载三相桥式全控整流电路负载电压记录表

触发角 α	0°	30°	60°	90°
电源相电压有效值 U_2				
负载电压 U_d（测量值）				
负载电压 U_d（理论值）				

（2）根据仿真结果分析电阻负载三相桥式全控整流电路的工作情况。

（3）改变仿真模型中各模块的参数和仿真参数，如增大或减小负载电感量，观察波形的变化，分析波形变化的原因。

4.4.2　阻感负载建模仿真

1. 仿真模型

三相桥式全控整流电路多数情况下用于阻感负载，阻感负载与电阻负载的区别在于：由于负载电感的存在，相同的输出整流电压加到负载上，得到的负载电流波形不同，如果电感值足够大，输出负载电流将近似一条水平线。

阻感负载三相桥式全控整流电路仿真模型如图 4-57 所示。

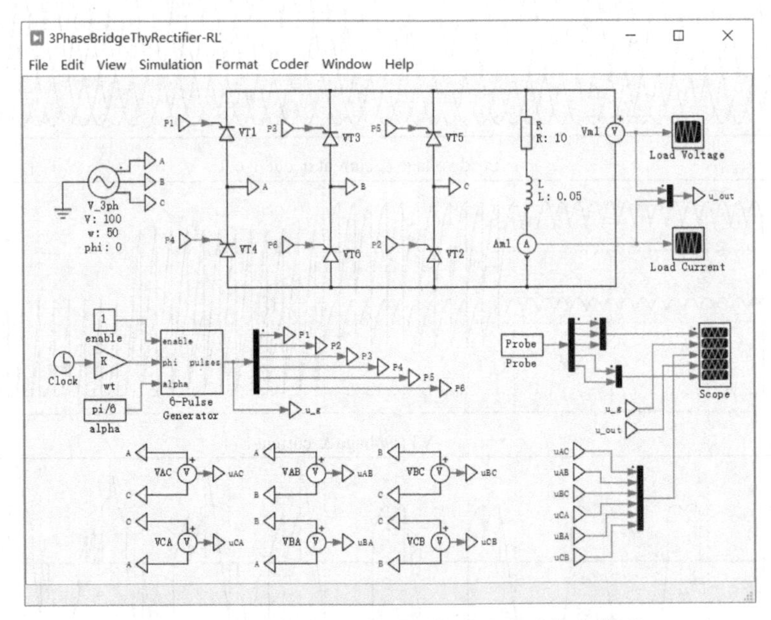

图 4-57　阻感负载三相桥式全控整流电路仿真模型

2. 仿真结果

选择“Simulation→Simulation parameters”菜单项，设置仿真在100ms 内完成，仿真最长步长为1μs，其他仿真参数采用默认值。

负载电阻 $R=2\Omega$，电感 $L=50\text{mH}$，晶闸管的触发角 $\alpha=0°$，即常数模块 alpha $=\dfrac{\pi}{6}$。

选择“Simulation→Start”菜单项，运行仿真。仿真结束后双击 Scope 示波器，右击触发控制角波形显示区，选择“Spread signals”菜单项，分离显示 6 个晶闸管的触发信号。仿真结果输出波形如图 4-58 所示。

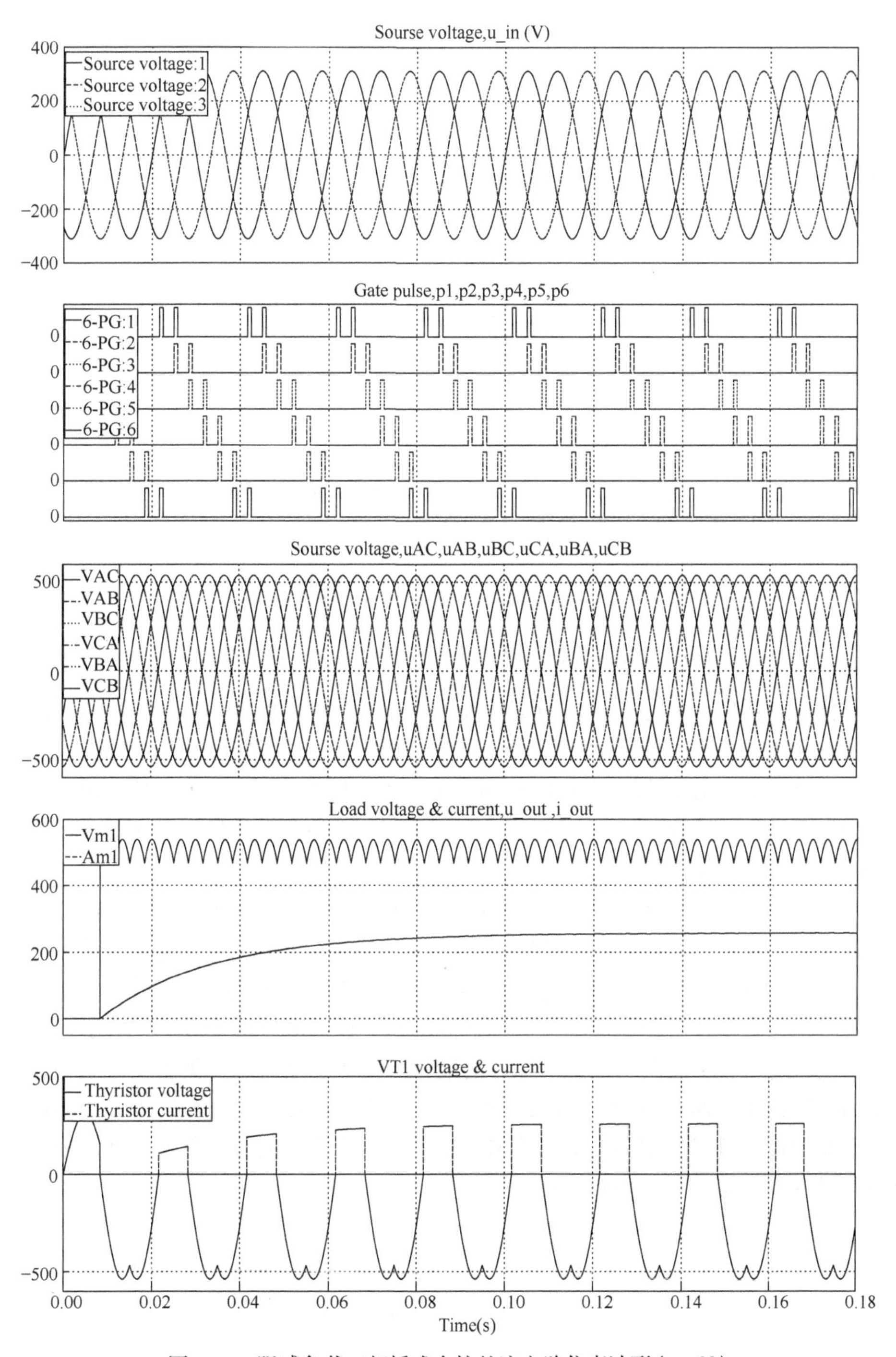

图 4-58　阻感负载三相桥式全控整流电路仿真波形（α=0°）

从仿真波形来看，电路进入稳定工作状态后，当触发角为0°时，阻感负载三相桥式全控整流电路输出电压波形与电阻负载时一样，输出电流波形为一条水平直线，每个晶闸管导通120°，每间隔60°有一个晶闸管换相，输出电压为正。

双击 Load Voltage 示波器模块，如图 4-59 所示，游标测量负载电压的平均值为 514.39V，与理论计算值 $U_d = 2.34U_2 \cos\alpha$=514.8V 基本一致。

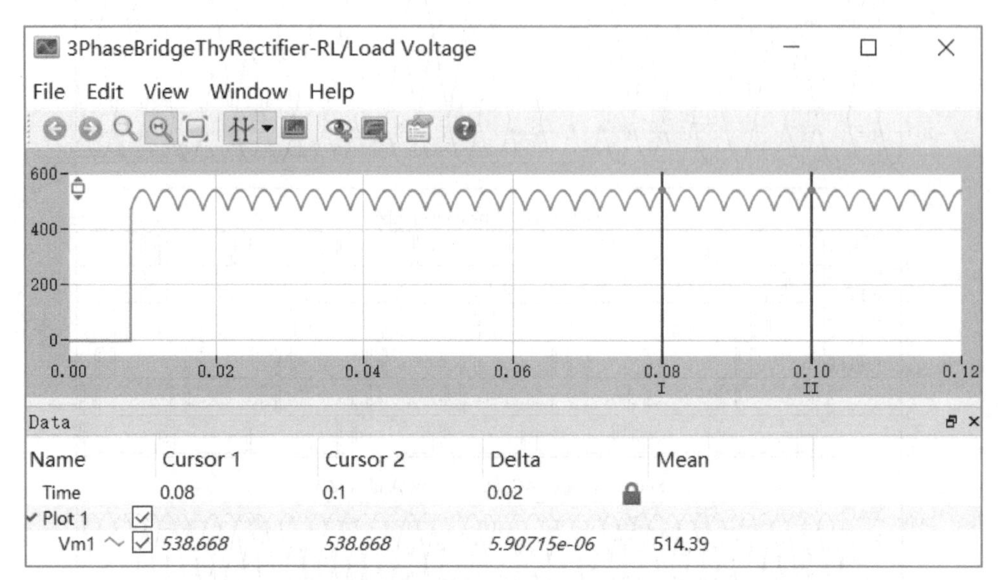

图 4-59　阻感负载三相桥式全控整流电路电压波形（$\alpha = 0°$）

采用叠加阶跃信号的方式，在仿真过程中修改晶闸管的触发角，即依次在 0s、0.06s、0.10s、0.14s 调整晶闸管的触发角 α 为 0°、30°、60°、90°。选择“Simulation→Simulation parameters”菜单项，设置仿真在180ms 内完成，仿真最长步长为1μs，其他仿真参数采用默认值。运行仿真，仿真结束后双击打开 Scope 示波器，仿真结果输出波形如图 4-60 所示，具体图例说明参考图 4-58。

显然，稳态后，触发角 $\alpha \leqslant 60°$ 时，阻感负载三相桥式全控整流电路工作情况与带电阻性负载时十分相似，阻感负载三相桥式全控整流电路输出电压波形连续，输出电流近似一条直线，随着触发角增大，输出电压减小，输出电流也随之减小；当触发角 $\alpha > 60°$ 时，阻感负载三相桥式全控整流电路输出电压出现负值，输出电压波形断续，由于电感 L 的作用，当线电压进入负半周后，电感中储存的能量维持电流流通，晶闸管极继续导通，直至下一个晶闸管触发导通才使前一个晶闸管关断，电流仍将连续；当触发角 α=90° 时，整流输出电压波形正、负部分相等，整流输出电压平均值为零，因此，阻感负载三相桥式全控整流电路触发角的移相范围为 0°～90°。

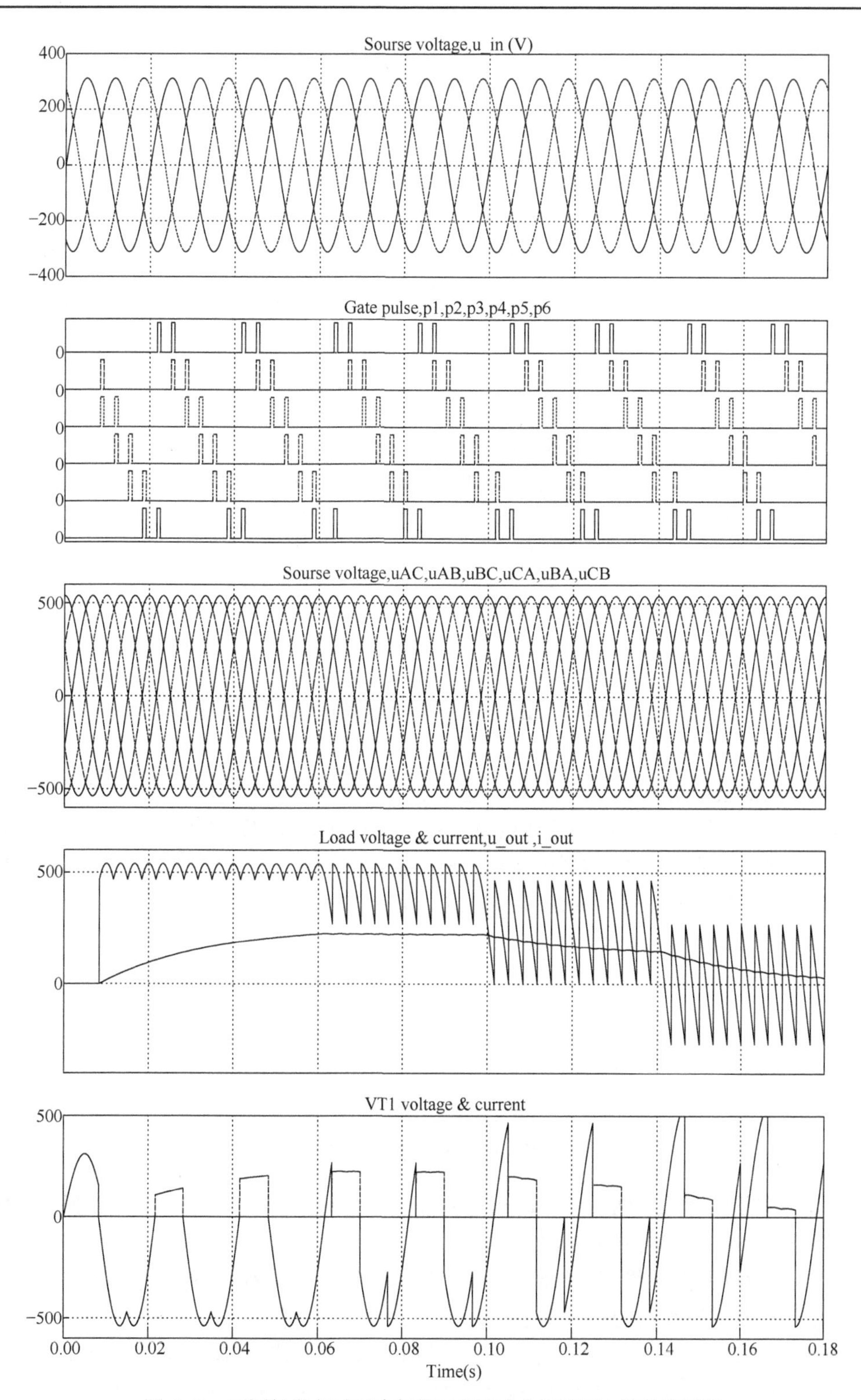

图 4-60　不同触发角时阻感负载三相桥式全控整流电路仿真波形

第 5 章　直流-直流变换电路仿真实验

直流-直流(DC-DC)变换电路的功能是将直流电变为另一种固定的或可调的直流电，也称为直流斩波(DC Chopper)电路。直流-直流变换电路广泛应用于可控直流开关稳压电源、直流电机的调速控制、新能源发电等系统中。直流-直流变换电路有多种不同功能的电路，包括 Buck 变换电路、Boost 变换电路、Buck-boost 变换电路、Cuk 变换电路和 Sepic 变换电路等，其中 Buck 和 Boost 变换电路是两种最基本的 DC-DC 变换电路拓扑形式。无论哪一种 DC-DC 变换器，主回路使用的元件都是具有自关断能力的开关器件及电感、电容。目前使用的开关器件主要有 MOSFET、IGBT 以及二极管等功率半导体器件，电感、电容是储存和传递能量的元件。DC-DC 变换器的基本手段是通过开关器件的通断，使输入直流电源与负载一会儿接通，一会儿关断，在负载上得到另一个等级的直流电压。

本章主要介绍 Buck、Boost、Buck-boost、Cuk 和 Sepic 变换器基本原理并进行 PLECS 仿真分析。

5.1　Buck 变换器仿真实验

Buck 变换电路如图 5-1 所示，由电感 L 、可控开关管 VT(IGBT 或 MOSFET 等全控型器件)、二极管 D、滤波电容 C 和负载 R 组成，对开关管 VT 进行周期性的通断控制，实现对输入直流电源电压 U_i 的降压变换，输出电压的平均值 U_o 小于或等于输入电压 U_i ，因此，Buck 变换电路又称为 Buck 变换器或降压斩波电路。

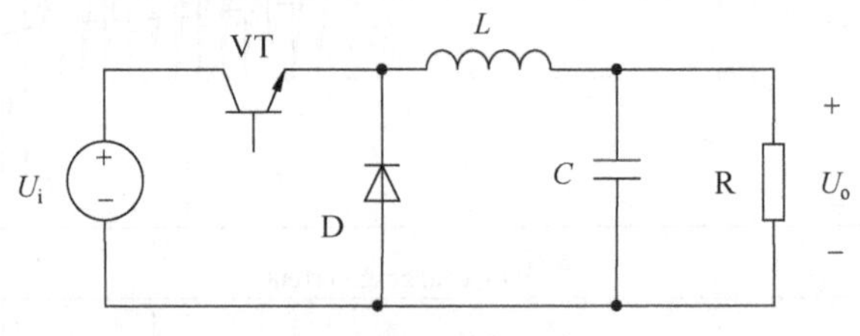

图 5-1　Buck 变换电路图

假设开关管的开关周期为 T，$T = T_{on} + T_{off}$ ，在一个开关周期内，Buck 变换电路的工作过程可分为开关管导通和关断两个阶段。

(1) 在 T_{on} 期间，开关管 VT 导通，二极管 D 承受反压而关断，其等效电路图如图 5-2(a)所示，电源经开关管直接向负载供电，电感开始储能，i_L 增加。

(2) 在 T_{off} 期间，开关管 VT 关断，负载与电源脱离，其等效电路图如图 5-2(b)所示，由于电感电流不能突变，二极管 D 导通续流。电感 L 通过二极管向负载供电，i_L 减小。

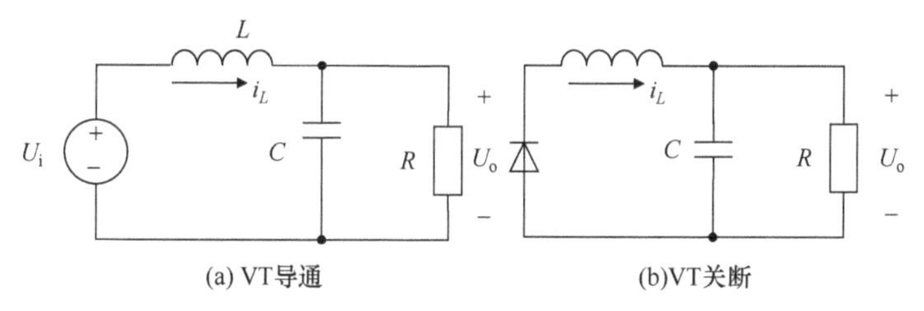

图 5-2　Buck 变换电路的等效电路

Buck 变换电路有电感电流连续模式(Continuous Current Mode，CCM)和电感电流断续模式(Discontinuous Current Mode，DCM)。电感电流连续模式是指图 5-1 中输出电感 L 在整个开关周期 T 都不为零，在电感电流断续模式，开关管 VT 阻断期间，即 T_{off} 期间，电感电流有一段时间已降为零。

电路处于稳态时，负载电流在一个周期内的初值和终值相等，Buck 变换电路在一个周期中输出电压的平均值 U_o 为

$$U_o = \alpha U_i$$

其中，α 为占空比，$\alpha = \dfrac{T_{\text{on}}}{T}$。

设计一个 Buck 变换器，输入直流电压 200V，输出电压 50V，纹波电压为输出电压的 0.2%，负载电阻 $R = 20\Omega$，开关频率为 20kHz。在 PLECS 中建立 Buck 变换器仿真模型，仿真分析 Buck 变换器电感电流连续模式和电感电流断续模式时的工作情况，掌握 Buck 变换器的工作原理，理解控制占空比与负载电压波形的关系。

(1)计算占空比。输入 200V，输出 50V，可确定占空比 α=0.25。

(2)计算临界电感。

$$L_c = \frac{(1-\alpha)RT}{2} = 0.375\text{mH}$$

这个值是电感电流连续与否的临界值，$L > L_c$，则电感电流连续，实际电感值可选为 1.2 倍的临界电感，选择 $L = 1.2 \times 0.375 = 0.45\text{mH}$。

(3)计算滤波电容：

$$C = \frac{U_o(1-\alpha)T^2}{8L\Delta u_o} = \frac{50 \times (1-0.25)}{8 \times 0.45 \times 10^{-3} \times 0.002 \times 50} \times \frac{1}{20000^2} = 260\mu\text{F}$$

1. 仿真模型

(1)打开 PLECS 电路仿真模型编辑窗口，新建仿真文件保存为 BuckConverter.plecs。

(2)在“Electrical→Power Semiconductors”元件库中找到 MOSFET(MOSFET)，在“Electrical→Sources”元件库中找到 Voltage Source DC(直流电压源)，在“Electrical→Passive Components”元件库中找到 Resistor(电阻)和 Inductor(电感)，在“Electrical→Meters”元件库中找到 Voltmeter(电压表)，在“System”元件库中找到 Electrical Ground(接地)和 Scope(示波器)，在“Control→Modulators”元件库中找到 Sawtooth PWM(锯齿波 PWM 信

号)(图5-3)，在“Control→Sources”仿真模型子库中找到Constant(常数)，将这些元件复制到PLECS仿真窗口。

(3)双击仿真模型窗口中的模块设置模块参数，其中直流电压源 V_dc 的电压设为200V，电感 L_1 为 $L_1 = 450\times10^{-6}\text{H}$，电阻 $R_1 = 20\Omega$，电容 $C_1 = 260\times10^{-6}\text{F}$，二极管 D_1 的导通压降 $V_f = 0.8\text{V}$、导通电阻 $R_{on} = 0.01\Omega$，MOSFET的导通电阻 $R_{on} = 0.01\Omega$。

(4)PWM参数设置。Sawtooth PWM(锯齿波PWM)模块利用锯齿波载波产生PWM信号，输入端 m 是调制信号占空比，输出 s 是开关信号。锯齿波PWM模块参数设置对话框如图5-4所示，开关信号频率即锯齿波载波频率，设置为20kHz。

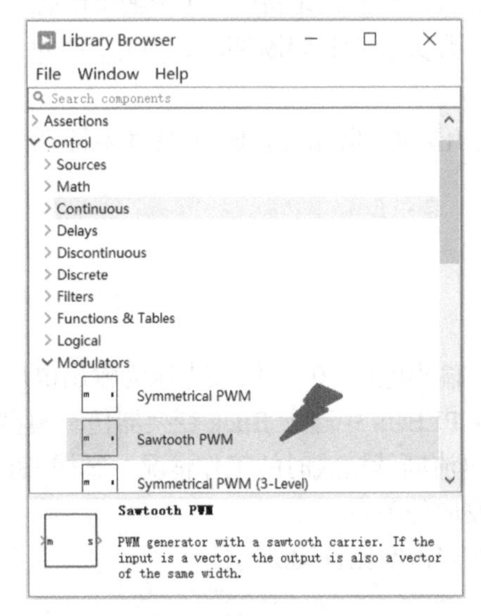

图5-3 元件库中Sawtooth PWM(锯齿波PWM)模块

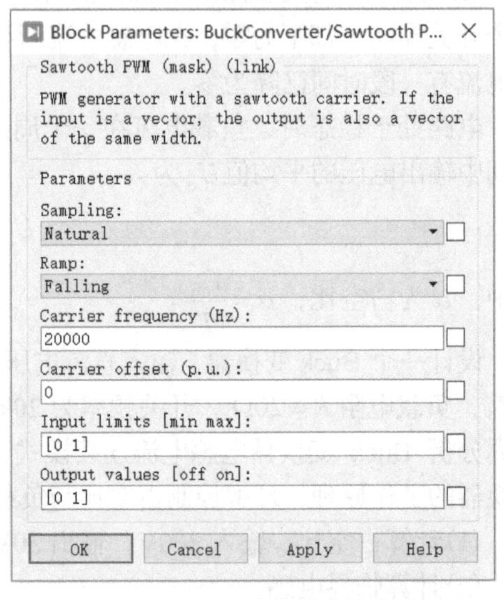

图5-4 锯齿波PWM模块参数设置

(5)添加Probe(探针)和示波器。在仿真模型窗口中添加探针模块，将开关管模块T1、二极管模块 D_1、电感 L_1、电阻 R_1 拖入探针编辑窗口，探测开关管驱动脉冲、电感电压、电感电流、开关管电流、二极管电流等。

(6)为了实时显示输出电压的平均值，添加数值显示器。

(7)PWM信号的占空比由常数模块设置，这里设为0.25。

Buck变换电路仿真模型如图5-5所示。

2. 仿真结果

选择“Simulation→Simulation parameters”菜单项，设置仿真起始时间和结束时间，仿真在100ms内完成，仿真最大步长为1μs，最大步长设置越小，输出波形越平滑，其他仿真参数采用默认值，如图5-6所示。

1) 电感电流连续模式

选择“Simulation→Start”菜单项，运行仿真，仿真结束后，打开Scope示波器，放大显示90.0～90.4ms区间仿真波形，观察Buck变换器稳定工作状态波形。如图5-7所示，

BuckConverter
File Edit View Simulation Format Coder Window Help
0.25
Constant
Sawtooth PWM
Probe
Probe
iT
Ug
iL
UL
iD
Scope
L1
T1
84.5544
Display
V_dc
Vm2
Vin
D1
C1
R1
Vm1
voltage
Vin

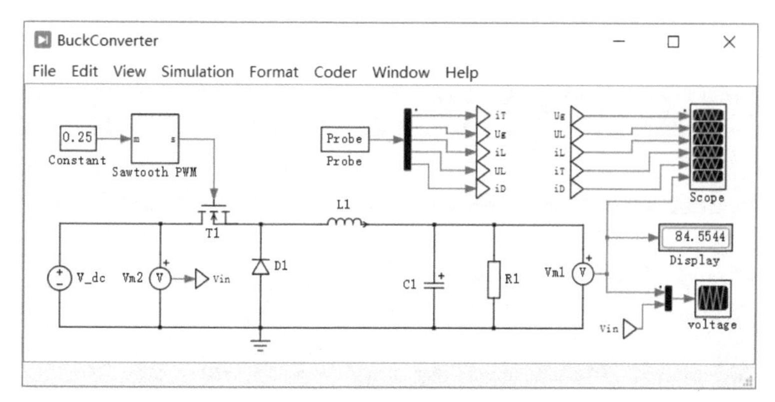

图 5-5　Buck 变换电路仿真模型

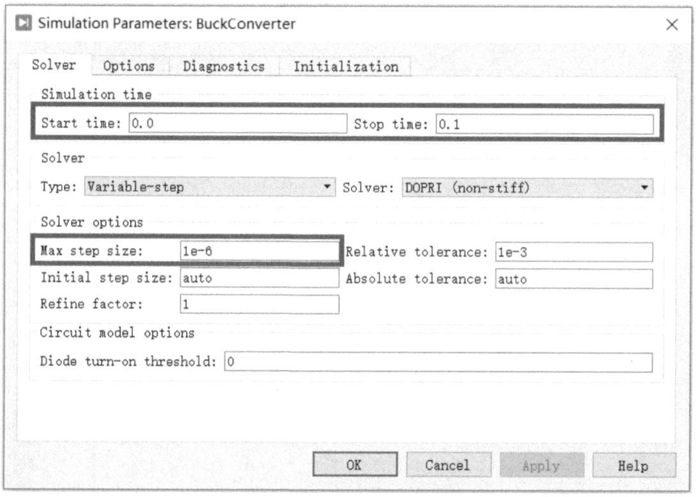

Simulation Parameters: BuckConverter
Solver
Options
Diagnostics
Initialization
Simulation time
Start time: 0.0
Stop time: 0.1
Solver
Type: Variable-step
Solver: DOPRI (non-stiff)
Solver options
Max step size: 1e-6
Relative tolerance: 1e-3
Initial step size: auto
Absolute tolerance: auto
Refine factor: 1
Circuit model options
Diode turn-on threshold: 0
OK
Cancel
Apply
Help

图 5-6　仿真参数设置

波形由上到下依次为 MOSFET 门极触发脉冲 U_g、电感电压 U_L、电感电流 i_L、MOSFET 电流 i_T、二极管电流 i_D、输出电压 U_o。可以看出，电感电流连续。

从图 5-7 的仿真结果来看，在 T_{on} 期间，开关管 VT 导通，二极管 D_1 处于关断状态，直流电源经开关管直接向负载供电，电感电流 i_L 线性增加，开关管两端电压为零，电源电压通过 VT 加到二极管 D_1 两端，二极管 D_1 反向截止。在 T_{off} 期间，开关管 VT 关断，电源不再向负载直接供电。由于电感电流不能突变，通过二极管 D_1 续流，电感中储存的能量消耗在负载上，电感电流逐渐减小。

打开 Voltage 示波器，利用示波器游标测量电路稳定工作状态下输入电压和输出电压的平均值，如图 5-8 所示(波形图上端为输入电压曲线，下端为输出电压曲线)，测量 0.05～0.09s 区间输入、输出电压的平均值分别为 200V 和 49.3568V。理论计算输出电压值 $U_o=\alpha U_i$=0.25×200=50V，测量值与理论计算值基本一致。输出电压平均值稍稍低于理论计算值，这是由电路中反并联二极管存在导通压降及通态电阻造成的。

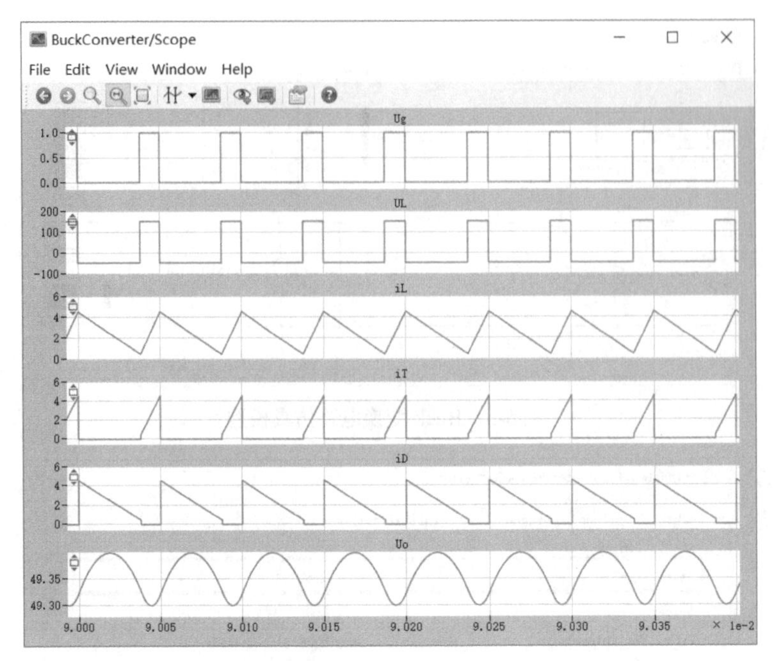

图 5-7　Buck 变换电路 CCM 下仿真波形（占空比为 0.25）

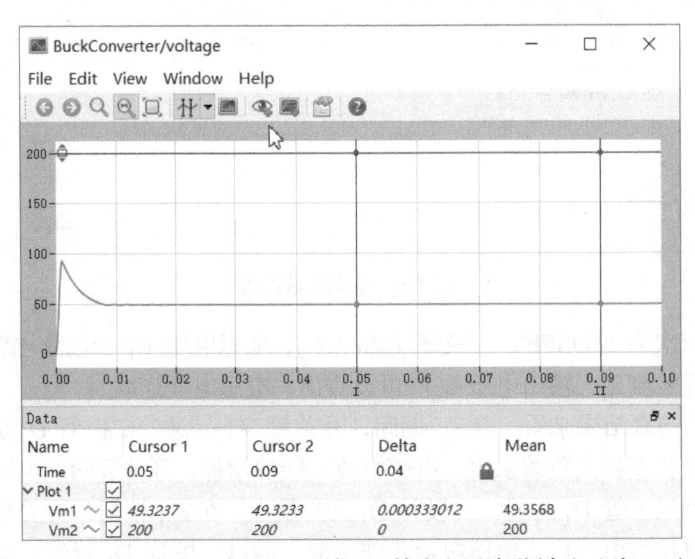

图 5-8　Buck 变换电路 CCM 下输入、输出电压波形（占空比为 0.25）

2）电感电流断续模式

将电感参数调整为 0.1mH，PWM 控制脉冲的导通占空比为 0.25，其他参数不变，根据前述分析计算可知，此时 Buck 变换电路工作于电感电流断续模式（DCM）。

选择“Simulation→Start”菜单项，运行仿真，仿真结束后，打开 Scope 示波器，放大显示 90.0～90.4ms 区间仿真波形，观察 Buck 变换器稳定工作状态波形。如图 5-9 所示，由上到下波形依次为 MOSFET 门极触发脉冲 U_{g}、电感电压 U_L、电感电流 i_L、MOSFET 电流 i_{T}、二极管电流 i_{D}、输出电压 U_{o}。显然，电感电流断续。在 T_{on} 期间，开关管导通，波形与 CCM 下基本相同。在 T_{off} 期间，开关管关断，电感电流逐渐减小，当 $i_L < i_o$ 时，电容 C 开始放电，电感、电容同时为负载提供能量。当 i_L 减小到零时，二极管 D1 截止，负载消耗的能量由电容单独提供。

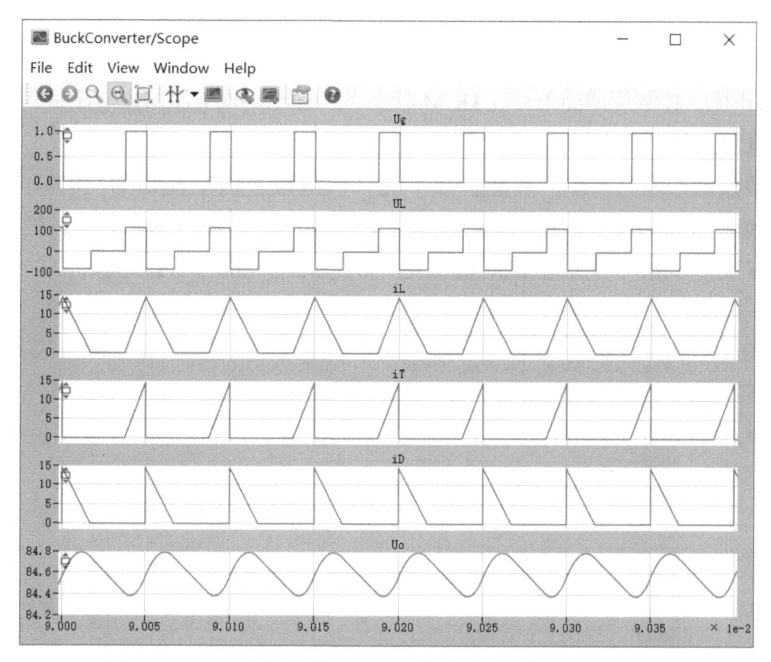

图 5-9　Buck 变换电路 DCM 下仿真波形(占空比为 0.25)

打开 Voltage 示波器，利用示波器游标测量电路稳定工作状态下输入电压和输出电压的平均值，如图 5-10 所示(波形图上端为输入电压曲线，下端为输出电压曲线)，测量 0.05～

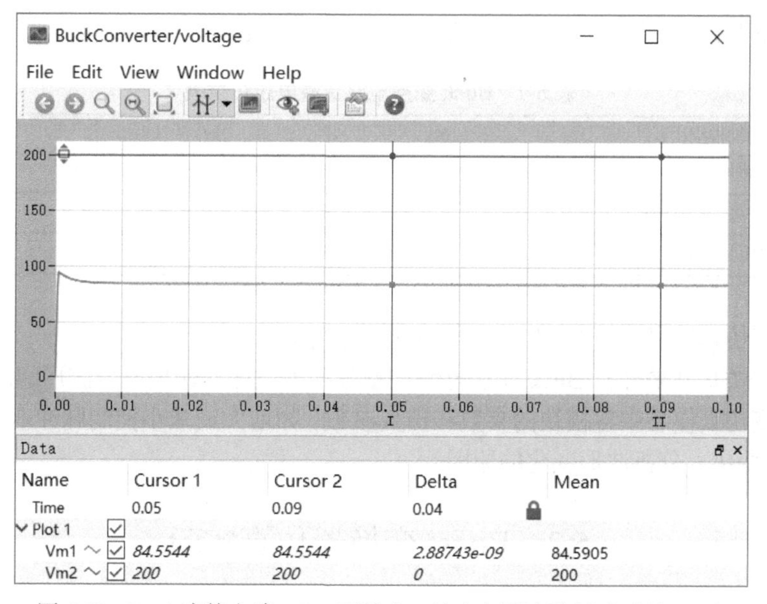

图 5-10　Buck 变换电路 DCM 下输入、输出电压波形(占空比为 0.25)

0.09s区间输入电压和输出电压的平均值分别为200V和84.5905V。对照图5-8所示的CCM输出电压波形，PWM控制脉冲的导通占空比均为0.25，但Buck变换器DCM下输出电压比CCM下输出电压高，DCM下输出电压与PWM占空比呈非线性关系，若要使输出电压仍为50V，则需适当减小导通占空比。

图5-8和图5-10的仿真结果与理论分析基本一致，Buck变换器在CCM状态下，输出平均电压与占空比成正比，控制规律简单；在DCM状态下，输出平均电压与占空比呈非线性关系。

3）电感电流连续模式不同占空比分析

将电感参数调回0.45mH，其他参数不变，依次设置占空比α为10%、25%、50%，运行仿真，选择Voltage示波器窗口“View→Traces”菜单项，或单击工具栏中■按钮，保存当前波形曲线，观察不同占空比时输出电压的波形，如图5-11所示。

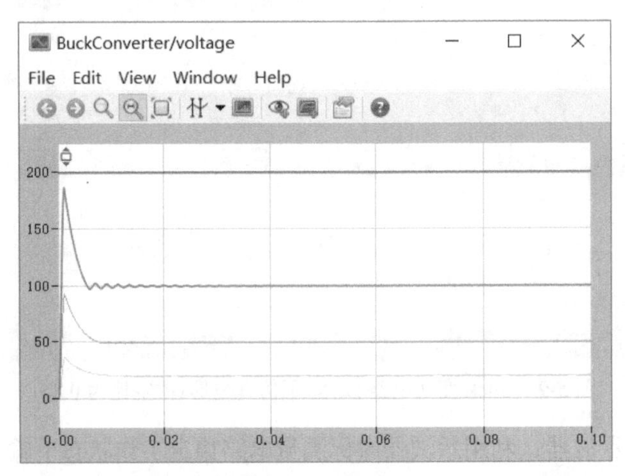

图5-11　不同占空比时Buck变换器输入、输出电压波形

（1）测量Buck变换器负载电压平均值U_d，记录于表5-1，并与理论计算值进行比较。

表5-1　Buck变换电路负载电压记录表

控制脉冲占空比α	10%	25%	50%
直流电源电压U_i			
输出电压U_d（测量值）			
输出电压U_d（理论值）			

（2）根据仿真结果分析Buck变换电路的工作情况。

（3）根据仿真结果分析Buck变换电路控制脉冲占空比与输出电压波形间的关系。

（4）改变仿真模型中各模块的参数和仿真参数，如增大或减小控制脉冲电压的占空比，观察波形的变化，分析波形变化的原因。

5.2　Boost变换器仿真实验

Boost变换电路如图5-12所示，由储能电感L、可控开关管VT（IGBT或MOSFET等全控型器件)、续流二极管 D、输出滤波电容 C 和负载 R 组成，对开关管 VT 进行周期性的通断控制，实现对输入电压 U_{i} 的升压变换，输出电压的平均值 U_{o} 大于输入电压 U_{i}，输出电压与输入电压极性相同，因此 Boost 变换电路又称为 Boost 变换器或升压斩波电路。Boost 变换电路与 Buck 变换电路最大的不同在于开关器件与负载并联。Boost 变换电路之所以能使输出电压高于电源电压，一是因为电感储能后具有使电压泵升的作用，二是因为电容可保持输出电压不变。在实际应用中，由于电容不可能为无穷大，电容会向负载放电，输出电压一定会略低于理论值。

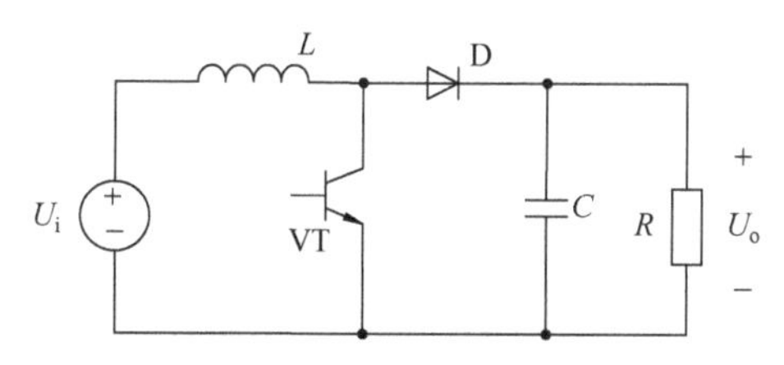

图 5-12　Boost 变换电路图

与 Buck 变换电路类似，Boost 变换电路也有电感电流连续和断续两种工作方式，下面以电感电流连续方式为例，分析 Boost 变换电路的工作原理。

假设开关管的开关周期为 T，$T = T_{\mathrm{on}} + T_{\mathrm{off}}$，在一个开关周期内，Boost 变换电路的工作过程可分为以下两个阶段。

(1) 在 T_{on} 期间，开关管 VT 导通，输入电压 U_{i} 直接加到储能电感 L 的两端，续流二极管 D 截止，如图 5-13 (a) 所示。因为电源电压 U_{i} 加到电感 L 上，电感 L 中的电流 i_{L} 线性上升，$L\dfrac{\mathrm{d}i_{\mathrm{L}}}{\mathrm{d}t} = U_{\mathrm{i}}$，电感储能增加，电感的感应电动势为左正右负。在此期间，输入电流(即电感电流 i_{L})提供的能量以磁场能量的形式存储在储能电感 L 中。同时滤波电容 C 放电为负载 R 提供电流 I_{o}，电容 C 的放电电流 I_1 与负载电流 I_{o} 相等。电感 L 上储存的能量为 $U_{\mathrm{i}}I_1T_{\mathrm{on}}$。

(2) 在 T_{off} 期间，开关管 VT 关断，如图 5-13 (b) 所示，由于电感电流不能发生突变，因此在 L 上就产生左负右正的感应电压，以维持通过电感的电流 i_{L} 不变。此时续流二极管 D 导通，L 上的感应电动势与 U_{i} 串联，储存在 L 中的磁场能量转化为电能，以超过 U_{i} 的电压向负载提供电流，并对输出滤波电容 C 进行充电。电感电流 i_{L} 为电容充电电流 I_2 和负载电流 I_{o} 的总和。电感 L 上释放的能量为 $(U_{\mathrm{o}} - U_{\mathrm{i}})I_1T_{\mathrm{off}}$。

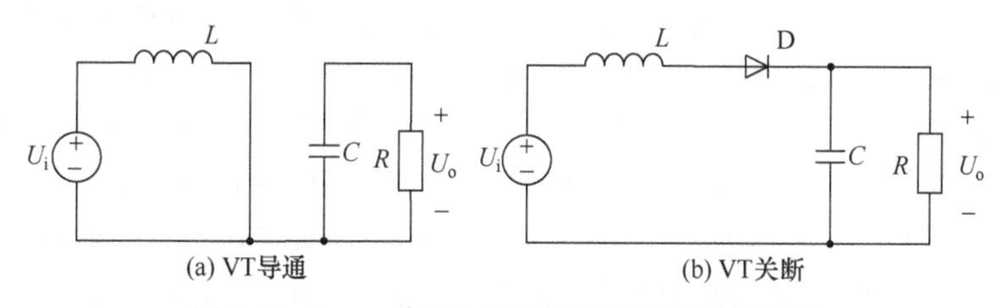

图 5-13　Boost 变换电路两种换流模式等效电路

当电感 L 足够大时，可维持负载电流连续且脉动小，此时电路处于连续导通状态(CCM)，当电路工作于稳态时，一个周期 T 内电感 L 积蓄的能量与释放的能量相等，即

$U_iI_1T_{on}=(U_o-U_i)I_1T_{off}$，由此可求得输出电压为

$$U_o=\frac{T_{on}+T_{off}}{T_{off}}U_i=\frac{1}{1-\alpha}U_i$$

其中，α为占空比，$\alpha=\frac{T_{on}}{T}$，改变占空比(即采用 PWM 技术)可实现对输出电压的调节。

设计一个 Boost 变换器，输入直流电压为 24～30V，输出电压为 50V，纹波电压为输出电压的 0.2%，负载电阻为20Ω，开关频率为 20kHz。在 PLECS 中建立 Boost 变换器仿真模型，仿真分析 Boost 变换器电感电流连续模式和电感电流断续模式时的工作情况，掌握 Boost 变换器的工作原理，理解控制脉冲占空比与负载电压间的关系。

(1) 确定占空比调节范围。

$$\frac{U_o}{U_{i,max}}=\frac{50}{30}=\frac{1}{1-D_{min}}$$

求得D_{min}=0.4。

$$\frac{U_o}{U_{i,min}}=\frac{50}{24}=\frac{1}{1-D_{max}}$$

求得D_{max}=0.52。

(2) 计算临界电感：

$$L_c=\frac{R}{2}D_{min}(1-D_{min})^2T=\frac{20}{2}\times0.4\times(1-0.4)^2\times\frac{1}{20000}=72\mu H$$

实际电感值可取临界值的 1.2 倍及以上，因此L取$100\mu H$。

(3) 计算滤波电容：

$$C=\frac{U_oD_{max}T}{R\Delta U_o}=\frac{0.52}{20\times0.002\times20000}=0.65mF$$

实际电容值可留一定裕量，这里取$680\mu F$。

1. 仿真模型

(1) 打开 PLECS 电路仿真模型编辑窗口，新建仿真文件保存为 BoostConverter.plecs。

(2) 在“Electrical→Power Semiconductors”元件库中找到 MOSFET(MOSFET)模块，在“Electrical→Sources”元件库中找到 Voltage Source DC(直流电压源)模块，在“Electrical→Passive Components”元件库中找到 Resistor(电阻)模块、Capacitor(电容)模块和 Inductor(电感)模块，在“Electrical→Meters”元件库中找到 Voltmeter(电压表)模块和 Ammeter(电流表)模块，在“System”元件库中找到 Electrical Ground(接地)模块和 Scope(示波器)模块，在“Control→Modulators”元件库中找到 Sawtooth PWM(锯齿波 PWM 信号)模块，在“Control→Sources”元件库中找到 Constant(常数)模块，将这些模块复制到 PLECS 仿真窗口。

(3) 双击仿真模型窗口中的模块设置模块参数，其中直流电压源 V_dc 的电压设为 28V，

电感 $L_1 = 100\mu H$，电阻 $R_1 = 20\Omega$，电容 $C_1 = 680\mu F$，二极管 D1 的导通压降 $V_f = 0.8V$、导通电阻 $R_{on} = 0.01\Omega$，MOSFET 的导通电阻 $R_{on} = 0.04\Omega$。

(4) PLECS 库浏览器窗口的“Control→Modulators”子库中的 Sawtooth PWM（锯齿波 PWM）模块利用锯齿波载波产生 PWM 信号，输入 m 是调制信号占空比，输出 s 是开关信号。锯齿波 PWM 模块参数设置参见图 5-4。

(5) 添加 Probe（探针）和示波器模块，将开关管模块 T_1、二极管模块 D_1、电感 L_1 拖入探针编辑窗口，探测开关管 T_1 的电流 i_T 和驱动信号 U_g、电感 L_1 的电压 U_L 和电流 i_L、二极管 D_1 的电流 i_D。

(6) PWM 信号的占空比由常数模块设置，这里设为 0.44。

Boost 变换电路仿真模型如图 5-14 所示。

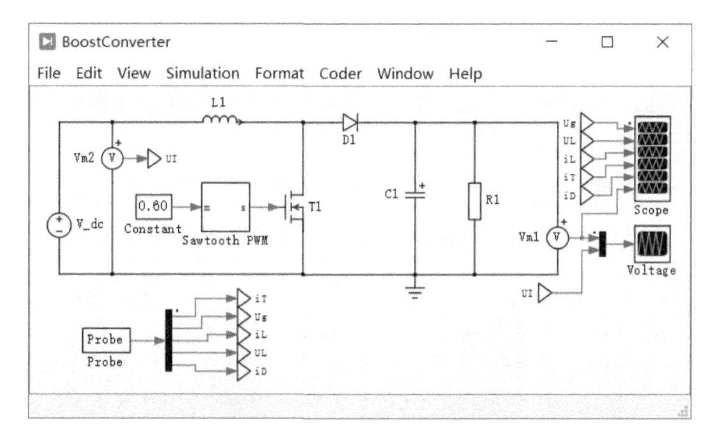

图 5-14　Boost 变换电路仿真模型

2. 仿真结果

选择“Simulation→Simulation parameters”菜单项，设置仿真在 100ms 内完成，仿真最长步长为 $1\mu s$，其他仿真参数采用默认值，具体参见图 5-6。

1）电感电流连续模式

电感 L_1 参数设置为 $100\mu H$，其他参数不变。

选择“Simulation→Start”菜单项，运行仿真，仿真结束后，打开 Scope 示波器，放大显示 98.0～98.6ms 区间仿真波形，观察 Boost 变换器稳定工作状态波形。仿真波形如图 5-15 所示，由上到下波形依次为 MOSFET 门极触发脉冲 U_g、电感电压 U_L、电感电流 i_L、MOSFET 电流 i_T、二极管电流 i_D、输出电压 U_o。可以看出，电感电流连续。

打开 Voltage 示波器，输入、输出电压波形如图 5-16 所示，用示波器的游标测量 0.08～0.1s 区间输入电压和输出电压的平均值分别为 28V 和 48.8101V，输出电压平均值没有达到 50V，这是由于二极管的导通压降使得输出比理论值小，在仿真模型中，二极管的导通压降为 0.8V，导通时的通态电阻为 0.01Ω，流经电流也会造成一定的电压降，因此输出电压比 50V 小。

2）电感电流断续模式

将电感减小为临界电感的一半，仿真分析电感电流断续时的 Boost 变换器的情况。

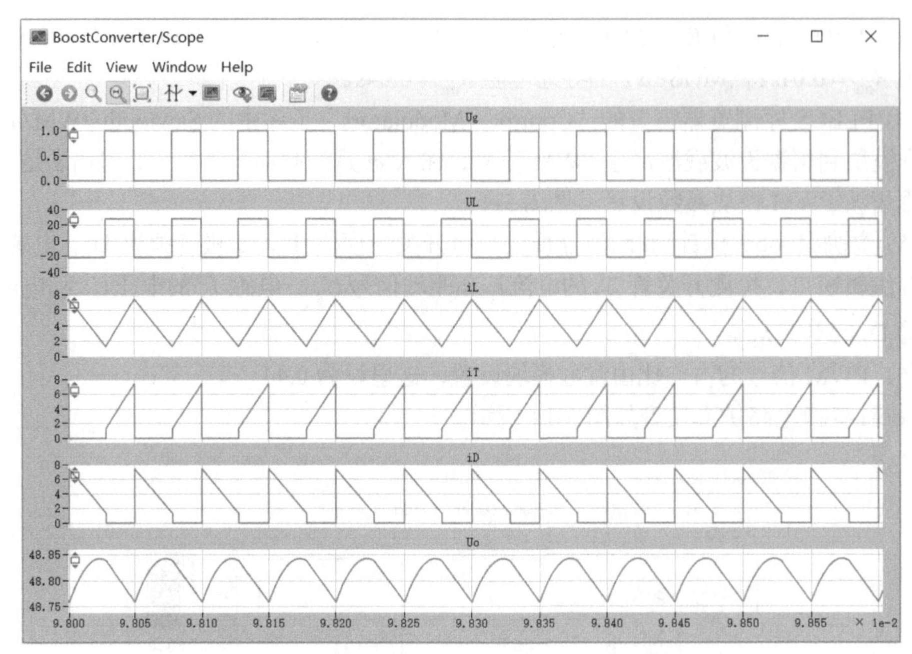

图 5-15　Boost 变换电路 CCM 下仿真波形(占空比为 0.44)

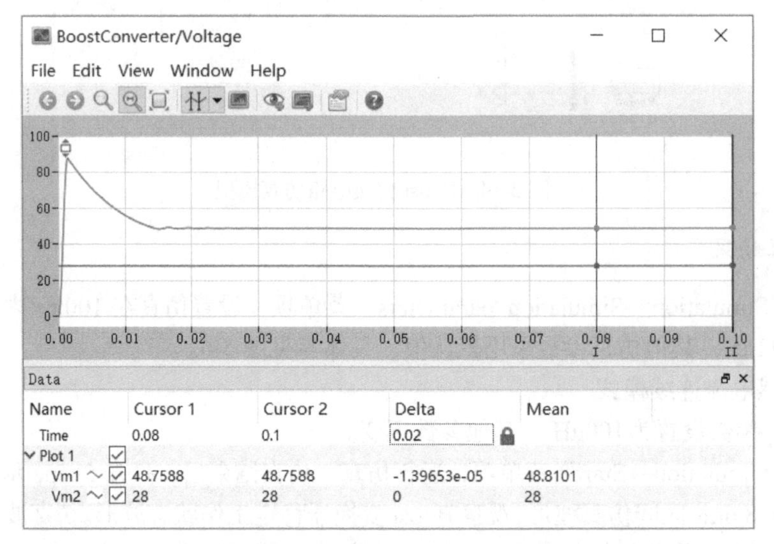

图 5-16　Boost 变换电路 CCM 下输入、输出电压波形(占空比为 0.44)

电感 L_1 参数设置为100μH，其他参数不变。根据前述分析计算可知，此时 Boost 变换电路工作于电感电流断续模式(DCM)。运行仿真，仿真结束后，打开 Scope 示波器，放大显示 98.0～98.6ms 区间仿真波形，观察 Boost 变换器稳定工作状态波形。如图 5-17 所示，由上到下波形依次为 MOSFET 门极触发脉冲 U_g、电感电压 U_L、电感电流 i_L、MOSFET 电流 i_T、二极管电流 i_D、输出电压 U_o。可以看出，电感电流断续。

打开 Voltage 示波器，Boost 变换电路 DCM 下输入、输出电压波形如图 5-18 所示，用示波器的游标测量 0.08～0.1s 区间输入电压和输出电压的平均值分别为 28V 和 60.7513V，导通占空比为20%，输出电压大于50V，与占空比呈非线性关系，若要使输出电压仍为50V，则需适当减小导通占空比。

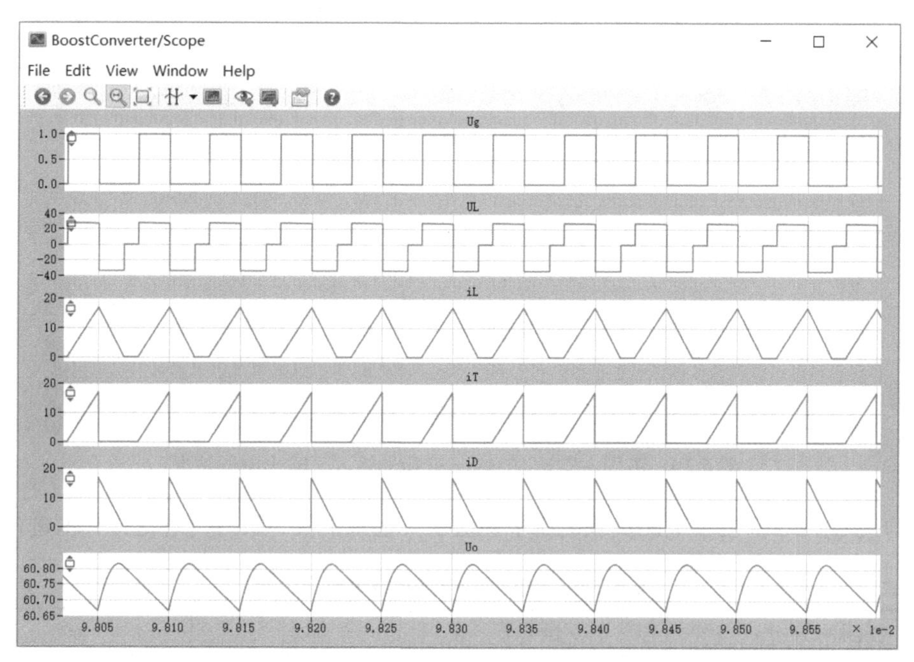

图 5-17　Boost 变换电路 DCM 下仿真波形（占空比为 0.44）

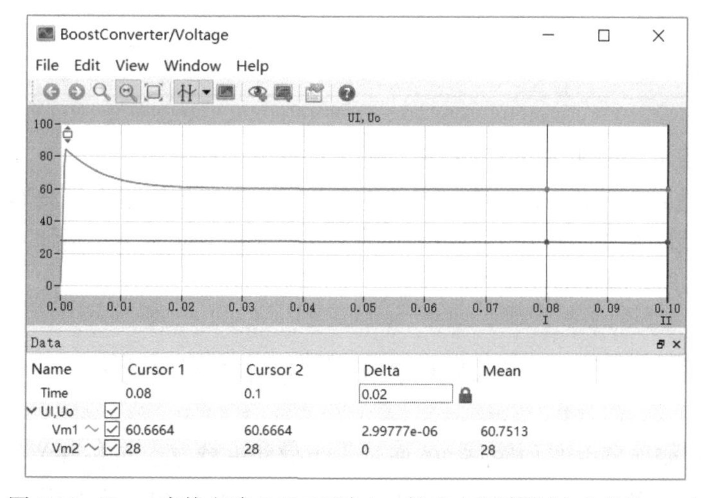

图 5-18　Boost 变换电路 DCM 下输入、输出电压波形（占空比为 0.44）

从图 5-16 和图 5-18 发现仿真结果与理论分析基本一致，在 CCM 下，输出平均电压与占空比呈线性关系，在 DCM 下，输出平均电压与占空比呈非线性关系。

3）电感电流连续模式不同占空比分析

电感 L_1 参数设置为100μH，其他参数不变。依次设置占空比 α 为 20%、40%、60%，运行仿真，选择 Voltage 示波器窗口“View→Traces”菜单项，或单击工具栏中按钮，保存当前波形曲线，观察不同占空比时输出电压的波形，如图 5-19 所示。

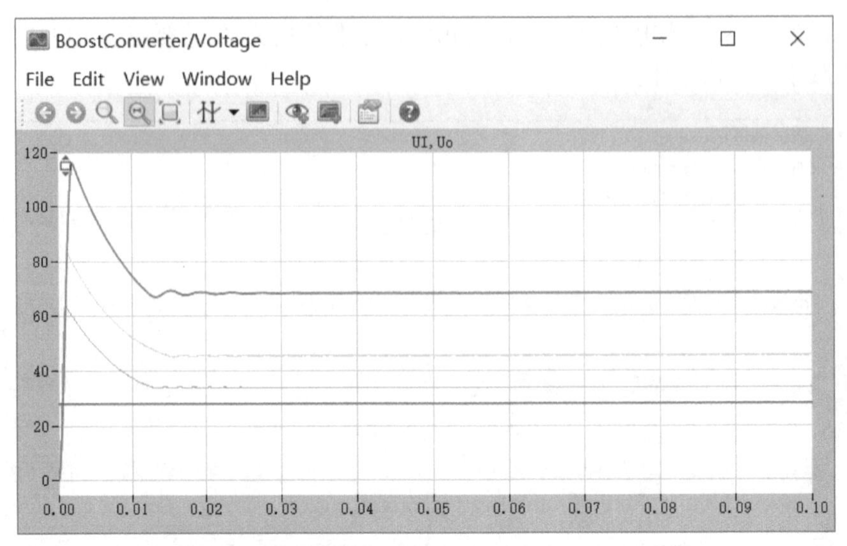

图 5-19　不同占空比时 Boost 变换器输入、输出电压波形

(1) 测量 Boost 变换电路负载电压平均值 U_d，记录于表 5-2，并与理论计算值进行比较。

表 5-2　Boost 变换电路负载电压记录表

控制脉冲占空比 α	20%	40%	60%
直流电源电压 U_i			
输出电压 U_d（测量值）			
输出电压 U_d（理论值）			

(2) 根据仿真结果分析 Boost 变换电路的工作情况。

(3) 根据仿真结果分析 Boost 变换电路控制脉冲占空比与输出电压波形间的关系。

(4) 改变仿真模型中各模块的参数和仿真参数，如增大或减小控制脉冲电压的占空比，观察波形的变化，分析波形变化的原因。

5.3　Buck-boost 变换器仿真实验

Buck-boost 变换器电路如图 5-20 所示，由储能电感 L、可控开关管 VT（IGBT 或 MOSFET 等全控型器件）、续流二极管 D、输出滤波电容 C 和负载 R 组成。对开关管 VT 进行周期性的通断控制，实现对输入电压 V_{in} 的升降压变换，输出电压的平均值 V_o 既可低于也可高于输入电压 V_{in}，输出电压的极性与输入电压的极性相反。Buck-boost 变换电路可看作 Buck 变换电路与 Boost 变换电路串联而成，合并了开关管，因此，Buck-boost 变换电路又称为 Buck-boost 变换器或降压-升压斩波电路。

可控开关 VT 处于通态时，电源 V_{in} 经 VT 向电感 L 供电使其储能，同时，电容 C 维持输出电压基本恒定并向负载 R 供电。此后，可控开关 VT 关断，电感 L 中储存的能量向负载释放，负载电压上负下正，与电源电压极性相反。

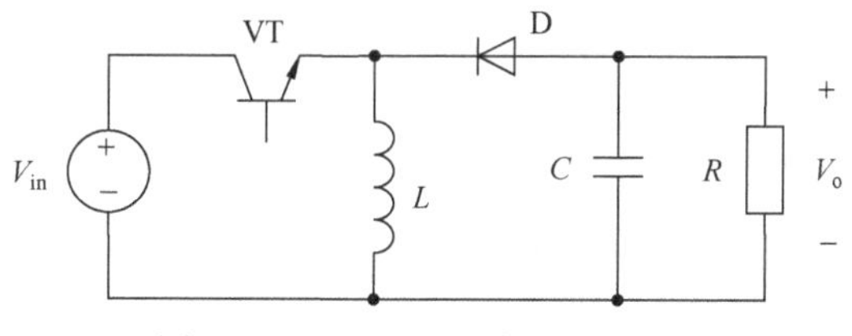

图 5-20 Buck-boost 变换电路图

(1) 当电感电流处于连续状态时，一个开关周期内电感电流的增加量与减少量相等，输入、输出电压满足如下关系：

$$V_o = \frac{\alpha}{1-\alpha} V_{in}$$

式中，α 为占空比，当 $0<\alpha<0.5$ 时，为降压区；当 $0.5<\alpha<1$ 时，为升压区；当 $\alpha=0.5$ 时，输入、输出电压相等。

(2) 电感电流临界连续模式的电感量，即电感的临界值为

$$L_c = \frac{R}{2}(1-\alpha)^2 T$$

(3) 输出侧滤波电容与纹波电压有关，电感电流连续模式下，输出侧滤波电容的值为

$$C = \frac{V_o \alpha T}{R \Delta V_o}$$

设计一个 Buck-boost 变换器，输入直流电压为 100V，输出电压为 50～200V，纹波电压为输出电压的 0.2%，负载电阻为 10Ω，开关频率为 20kHz。在 PLECS 中建立 Buck-boost 变换电路仿真模型，仿真分析 Buck-boost 变换器电感电流连续模式和电感电流断续模式时的工作情况，掌握 Buck-boost 变换器的工作原理，理解控制脉冲占空比与负载电压波形间的关系。

(1) 输出电压为 50V 时。

占空比 α，$V_o = \frac{\alpha}{1-\alpha} V_{in}$，$50 = \frac{\alpha}{1-\alpha} 100$，$\alpha = \frac{1}{3}$。

临界电感 L_c，$L_c = \frac{R}{2}(1-\alpha)^2 T = \frac{10}{2}\left(1-\frac{1}{3}\right)^2 \frac{1}{20000} = 111\mu H$。

输出电容 C，$C = \frac{V_o \alpha T}{R \Delta V_o} = \frac{1}{10 \times 0.002 \times 3 \times 20000} = 833\mu F$。

(2) 输出电压为 200V 时。

占空比 α，$V_o = \frac{\alpha}{1-\alpha} V_{in}$，$200 = \frac{\alpha}{1-\alpha} 100$，$\alpha = \frac{2}{3}$。

临界电感 L_c，$L_c = \frac{R}{2}(1-\alpha)^2 T = \frac{10}{2}\left(1-\frac{2}{3}\right)^2 \frac{1}{20000} = 27.8\mu H$。

输出电容 C，$C = \frac{V_o \alpha T}{R \Delta V_o} = \frac{2}{10 \times 0.002 \times 3 \times 20000} = 1667\mu F$。

根据以上计算，选取电感值和电容值。实际电感值可取临界值的 1.2 倍及以上，$L=1.2L_c$=$1.2\times111=133.2\mu H$，因此 L 取$140\mu H$。实际电容值可留一定裕量，这里取$1800\mu F$。

1. 仿真模型

(1) 打开 PLECS 电路仿真模型编辑窗口，将新建仿真文件保存为 Buckboost Converter.plecs。

(2) 在“Electrical→Power Semiconductors”元件库中找到 MOSFET (MOSFET) 模块，在“Electrical→Sources”元件库中找到 Voltage Source DC (直流电压源) 模块，在“Electrical→Passive Components”元件库中找到 Resistor (电阻) 模块、Capacitor (电容) 模块和 Inductor (电感) 模块，在“Electrical→Meters”元件库中找到 Voltmeter (电压表) 模块和 Ammeter (电流表) 模块，在“System”元件库中找到 Electrical Ground (接地) 模块和 Scope (示波器) 模块，在“Control→Modulators”元件库中找到 Sawtooth PWM (锯齿波 PWM 信号) 模块，在“Control→Sources”元件库中找到 Constant (常数) 模块，将这些模块复制到 PLECS 仿真窗口。

(3) 双击仿真模型窗口中的模块设置模块参数，其中直流电压源 V_dc 的电压设为 100V，电感 L_1 为$150\mu H$，电阻 R_1 为10Ω，电容 C_1 为$1800\mu F$，二极管 D_1 的导通压降 $V_f=1.0V$、导通电阻$R_{on}=0.01\Omega$，MOSFET 的导通电阻$R_{on}=0.04\Omega$。

(4) PLECS 库浏览器窗口的“Control→Modulators”子库中的锯齿波 PWM (Sawtooth PWM) 模块利用锯齿波载波产生 PWM 信号，输入 m 是调制信号占空比，输出 s 是开关信号。锯齿波 PWM 模块参数设置参见图 5-4，这里开关信号频率即为锯齿波载波频率，设置为 20kHz。

(5) 添加 Probe (探针) 和示波器。在仿真模型窗口中添加探针模块，将开关管模块 T_1、二极管模块 D1、电感 L_1、电阻 R_1 拖入探针编辑窗口，探测开关管驱动脉冲U_g、电感电压U_L、电感电流i_L、开关管电流i_T、二极管电流i_D。

(6) PWM 信号的占空比由常数模块设置，这里设为$\frac{4}{9}$。

Buck-Boost 变换电路仿真模型如图 5-21 所示。

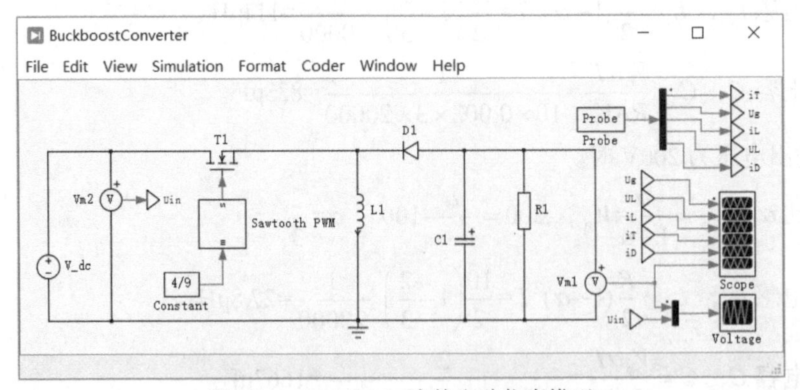

图 5-21 Buck-boost 变换电路仿真模型

2. 仿真结果

选择“Simulation→Simulation parameters”菜单项，设置仿真在 100ms 内完成，仿真最长步长为1μs，其他仿真参数采用默认值，具体参见图 5-6。

1）电感电流连续模式

选择“Simulation→Start”菜单项，运行仿真，仿真结束后，打开 Scope 示波器，放大显示 98.0～98.6ms 区间仿真波形，观察 Buck-boost 变换电路稳定工作状态波形。仿真波形如图 5-22 所示，由上到下波形依次为 MOSFET 门极触发脉冲 U_g、电感电压 U_L、电感电流 i_L、MOSFET 电流 i_T、二极管电流 i_D、输出电压 U_o。可以看出，电感电流连续。

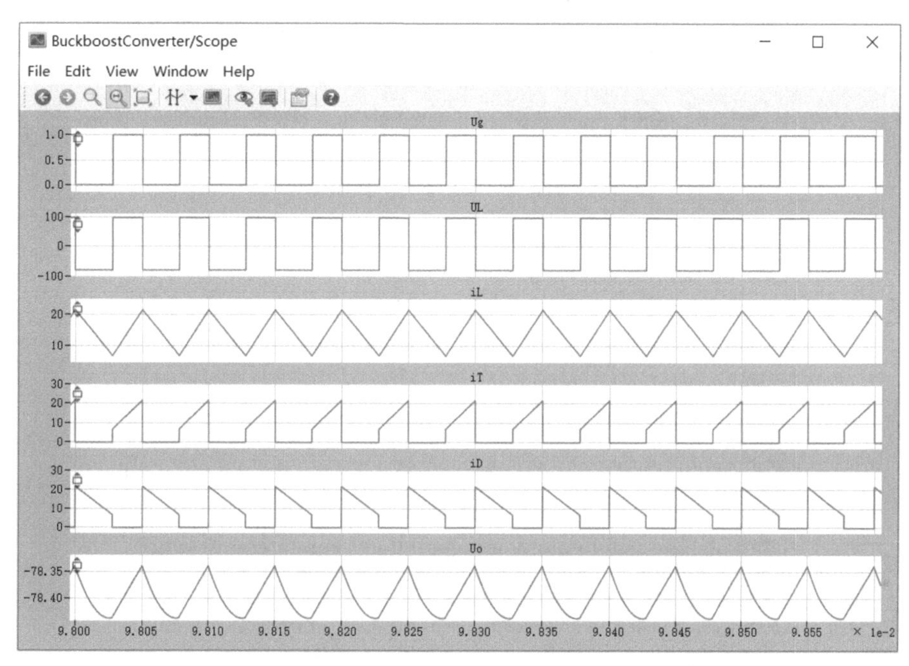

图 5-22　Buck-boost 变换电路 CCM 下仿真波形(占空比为 4/9)

打开 Voltage 示波器，输入、输出电压波形如图 5-23 所示，用示波器的游标测量 0.08～0.1s 区间输入电压和输出电压的平均值分别为 100V 和–78.3987V，输出电压极性和输入电压相反，平均值没有达到理论计算值–80V，这是由于二极管的导通压降使得输出比理论值小，在仿真模型中，二极管的导通压降为 0.8V，导通时的通态电阻为 0.01Ω，流经电流也会造成一定的电压降，因此输出电压比理论计算值–80V 小。

进一步调整占空比，将占空比增大到 5/9，其他参数不变。根据前述分析计算可知，此时 Buck-boost 变换电路的输出电压应为–125V。运行仿真，仿真结束后，打开 Voltage 示波器，Buck-boost 变换电路输入、输出电压波形如图 5-24 所示，用示波器的游标测量 0.08～0.1s 区间输入电压和输出电压的平均值分别为 100V 和–122.337V，由于半导体器件导通时存在管压降，输出电压略小于理想情况。

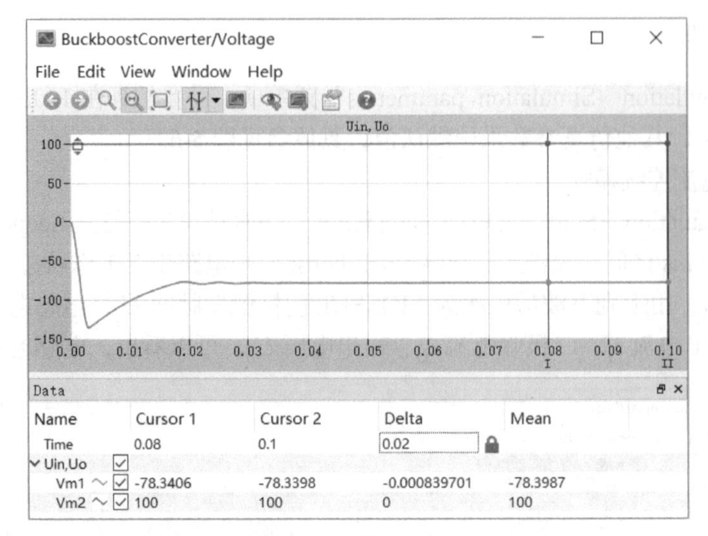

图 5-23　Buck-boost 变换电路 CCM 下输入、输出电压波形(占空比为 4/9)

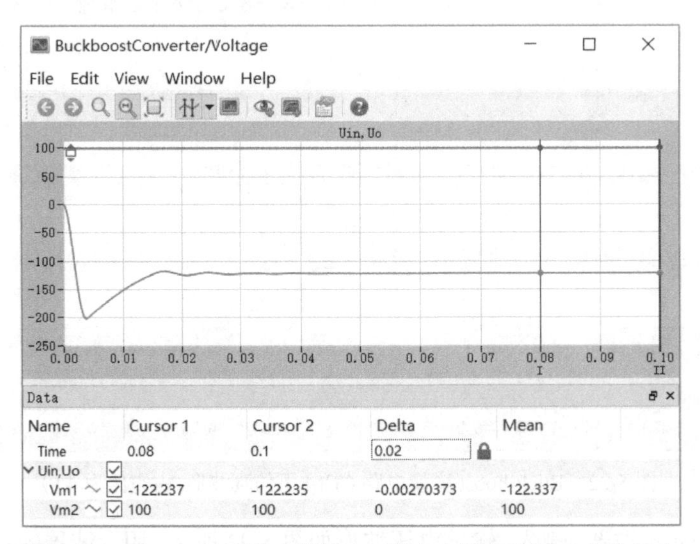

图 5-24　Buck-boost 变换电路输入、输出电压波形(占空比为 5/9)

从图 5-23 和图 5-24 分析发现，Buck-boost 变换电路的输入电压和输出电压的极性相反，输出电压可以低于输入电压也可以高于输入电压。当占空比小于 0.5 时，实现降压，当占空比高于 0.5 时，实现升压。

2）电感电流断续模式

将电感值减小为临界电感的一半，仿真分析电感电流断续时的 Buck-boost 变换电路工作情况。

电感 L_1 参数设置为 33μH，其他参数不变。根据前述分析计算可知，此时 Buck-boost 变换电路工作于电感电流断续模式(DCM)。运行仿真，仿真结束后，打开 Scope 示波器，放大显示 98.0～98.6ms 区间仿真波形，观察 Buck-boost 变换电路稳定工作状态波形。仿真波形如图 5-25 所示，由上到下波形依次为 MOSFET 门极触发脉冲 U_g、电感电压 U_L、电

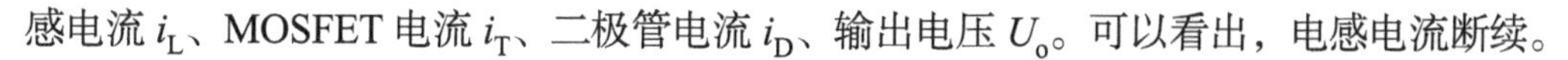

感电流 i_L、MOSFET 电流 i_T、二极管电流 i_D、输出电压 U_o。可以看出，电感电流断续。

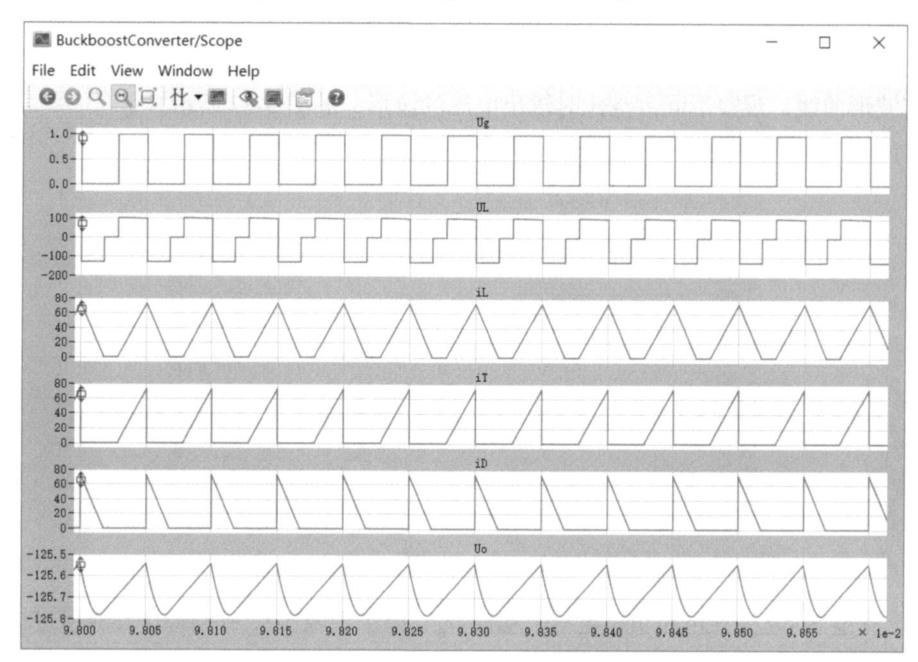

图 5-25　Buck-boost 变换电路 DCM 下仿真波形(占空比为 4/9)

打开 Voltage 示波器，Buck-boost 变换电路 DCM 下输入、输出电压波形如图 5-26 所示，用示波器的游标测量 0.08～0.1s 区间输入电压和输出电压的平均值分别为 100V 和 −125.677V，导通占空比为 4/9，输出电压大于−80V，与占空比呈非线性关系，若要使输出电压仍为−80V，则需适当减小导通占空比。

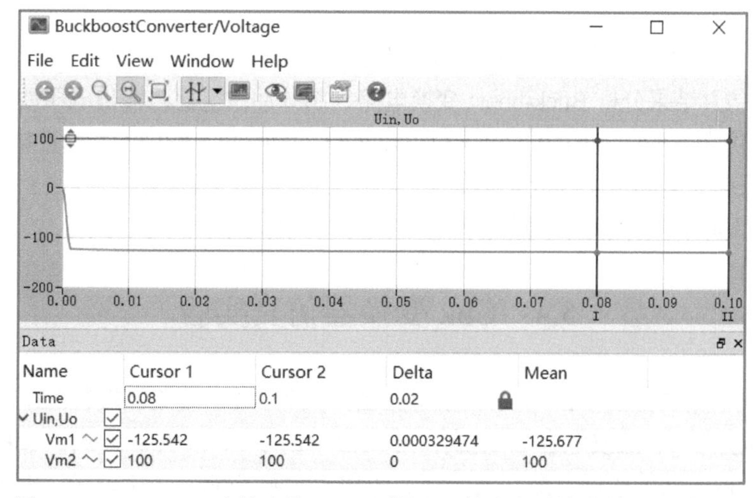

图 5-26　Buck-boost 变换电路 DCM 下输入、输出电压波形(占空比为 4/9)

从图 5-23 和图 5-26 发现仿真结果与理论分析基本一致，在 CCM 下，输出平均电压与占空比呈线性关系，在 DCM 下，输出平均电压与占空比呈非线性关系。

3）电感电流连续模式不同占空比分析

电感 L_1 参数设置为150μH，其他参数不变。依次设置占空比 α 为40%、50%、60%，运行仿真，选择Voltage示波器窗口“View→Traces”菜单项，或单击工具栏中按钮，保存当前波形曲线，观察不同占空比时输出电压的波形，如图5-27所示。

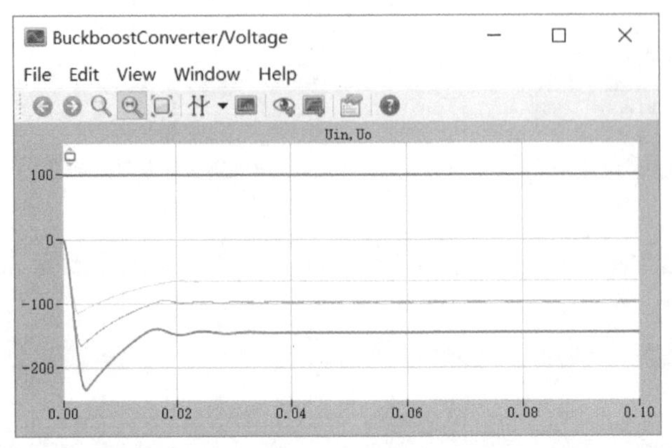

图5-27　不同占空比时Buck-boost变换电路输入、输出电压波形

(1) 测量Boost变换电路负载电压平均值 U_d，记录于表5-3，并与理论计算值进行比较。

表5-3　Buck-boost变换电路负载电压记录表

控制脉冲占空比 α	40%	50%	60%
直流电源电压 U_i			
输出电压 U_d（测量值）			
输出电压 U_d（理论值）			

(2) 根据仿真结果分析Buck-boost变换电路的工作情况。

(3) 根据仿真结果分析Buck-boost变换电路控制脉冲占空比与输出电压波形间的关系。

(4) 改变仿真模型中各模块的参数和仿真参数，如增大或减小控制脉冲电压的占空比，观察波形的变化，分析波形变化的原因。

(5) 观察Buck-boost变换电路输入电流和输出电流波形。

5.4　Cuk变换器仿真实验

Cuk变换电路图如图5-28所示，主电路由开关管VT、续流二极管VD、储能电感 L_1 和 L_2、耦合电容 C_1、滤波电容 C_2 组成，开关管VT为PWM控制方式。Cuk变换电路是Buck-boost变换电路的改进电路，是美国加州理工学院Slobodan Cuk在1980年前后提出来的，可看作Boost变换电路与Buck变换电路串联而成，因此也称作Boost-buck变换器或降压-升压变换器。

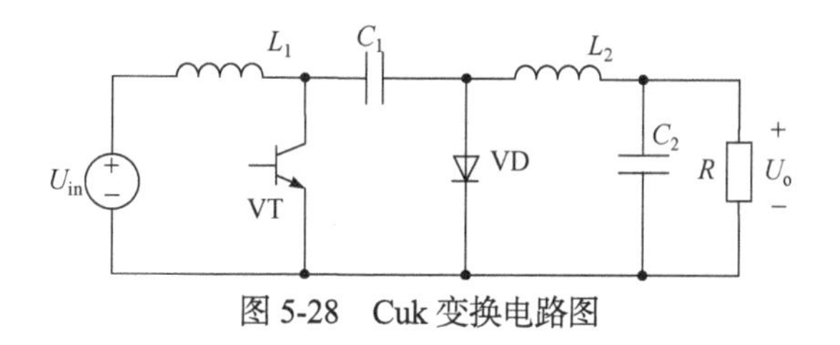

图 5-28　Cuk 变换电路图

Cuk 变换电路与 Buck-boost 变换电路一样，输出电压的极性与输入电压相反，输出电压既可以低于也可以高于输入电压，其大小主要取决于开关管的占空比。但由于 Cuk 变换电路输入、输出均有储能电感，显著减小了输入和输出电流的脉动，效率比较高，有利于对输入、输出进行滤波。Cuk 变换电路中输入、输出电感之间可以有耦合，也可以没有耦合，耦合电感可进一步减少电流脉动量。

Cuk 变换电路能量的存储和传递是同时在 VT 导通和截止期间及两个环路中进行的，其等效电路如图 5-29 所示，设开关管 VT 的开关周期为 T，占空比为α，导通期为 T_{on}，截止期为 T_{off}。当经过若干周期进入稳态后：

(1) 在 T_{on} 期间，开关管 VT 导通，电容 C_1 上的电压使二极管 VD 反向偏置而截止。这时电源给电感 L_1 充电，电感 L_1 电流线性上升；电容 C_1 经 VT、C_2、R、L_2 释放能量，C_2、L_2 充电。

(2) 在 T_{off} 期间，开关管 VT 关断，电感 L_1 上的电压极性反向以维持电流连续，二极管 VD 正向偏置而导通。这时电源电压与电感 L_1 经过 C_1、VD 向电容 C_1 充电储能；电感 L_2 经过 VD 向负载放电。

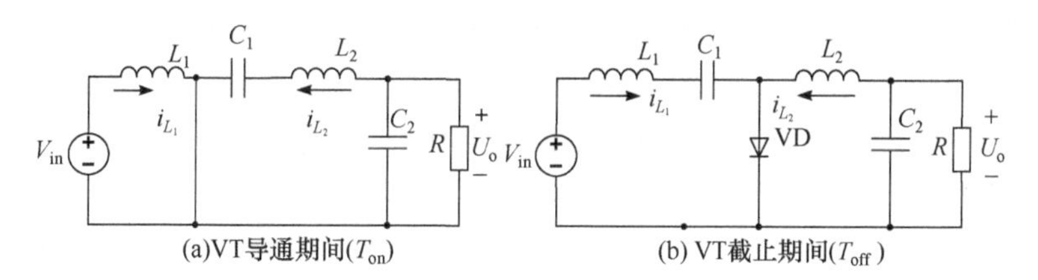

图 5-29　Cuk 变换电路等效电路

由此可见，Cuk 变换电路在 T_{on} 和 T_{off} 期间，都从输入向输出传递功率。若输入、输出电感 L_1、L_2 及耦合电容 C_1 足够大，则 L_1、L_2 中的电流基本上是恒定的。在 T_{off} 期间，电源向电容 C_1 充电储能；在 T_{on} 期间，C_1 向负载放电释能。因此，C_1 是能量传递元件。

Cuk 变换器也有 CCM 和 DCM 两种工作方式，但不是指电感电流连续或断续，而是指流过二极管的电流是否连续。在一个开关周期中，开关管截止期间，若二极管电流总是大于零，则为电流连续；若二极管电流在一段时间内为零，则为电流断续。

Cuk 变换器输出电压极性与输入电压极性相反，电流连续模式下，Cuk 变换器输出电压与输入电压的关系为

$$V_o = -\frac{\alpha}{1-\alpha}V_{in}$$

式中，α 为占空比，当 $\alpha=0.5$ 时，输出电压与输入电压大小相等方向相反；当 $\alpha<0.5$ 时，

输出电压小于输入电压，为降压式；当α>0.5 时，输出电压高于输入电压，为升压式。

设计一个 Cuk 变换器，输入直流电压为 100V，输出电压为 50～200V，纹波电压为输出电压的 0.2%，负载电阻为10Ω，开关频率为 20kHz。在 PLECS 中建立 Cuk 变换器仿真模型，仿真分析 Cuk 变换器二极管电流连续模式和二极管电流断续模式时的工作情况，掌握 Cuk 变换器的工作原理，理解控制脉冲占空比与负载电压波形间的关系。

Cuk 变换器中有两个电容、两个耦合电感，参数设计比较复杂。因为理论分析时假设电容C_1上的电压为一个恒定值，因此C_1需要取得大一些，仿真中取C_1=4700μF，保证达到稳态时电容C_1上的电压波形比较平直，其他参数参考 5.3 节 Buck-boost 变换器设计参数，输入电感$L_1 = 1\text{mH}$，电容$C_1 = 4700\mu\text{F}$，输出电感$L_2 = 5\text{mH}$，电容$C_2 = 1000\mu\text{F}$。

1. 仿真模型

(1) 打开 PLECS 电路仿真模型编辑窗口，将新建仿真文件保存为 CukConverter.plecs。

(2) 在"Electrical→Power Semiconductors"元件库中找到 MOSFET (MOSFET) 模块，在"Electrical→Sources"元件库中找到 Voltage Source DC (直流电压源) 模块，在"Electrical→Passive Components"元件库中找到 Resistor (电阻) 模块、Capacitor (电容) 模块和 Inductor (电感) 模块，在"Electrical→Meters"元件库中找到 Voltmeter (电压表) 模块和 Ammeter (电流表) 模块，在"System"元件库中找到 Electrical Ground (接地) 模块和 Scope (示波器) 模块，在"Control→Modulators"元件库中找到 Sawtooth PWM (锯齿波 PWM) 模块，在"Control→Sources"元件库中找到 Constant (常数) 模块，将这些模块复制到 PLECS 仿真窗口。

(3) 双击仿真模型窗口中的模块设置模块参数，其中直流电压源 V_dc 的电压设为 100V，电感L_1为 1mH，电容C_1为$4700\mu\text{F}$，输出电感L_2为 5mH，电容C_2为$1000\mu\text{F}$，二极管 D1 的导通压降$V_f = 1.0\text{V}$、导通电阻$R_{on} = 0.01\Omega$，MOSFET 的导通电阻$R_{on} = 0.04\Omega$，电阻R_1为10Ω。

(4) PLECS 库浏览器窗口的"Control→Modulators"子库中的锯齿波 PWM (Sawtooth PWM) 模块利用锯齿波载波产生 PWM 信号，输入m是调制信号占空比，输出s是开关信号。锯齿波 PWM 模块参数设置参考图 5-4，这里开关信号频率即为锯齿波载波频率，设置为 20kHz。

(5) 添加 Probe (探针) 和示波器。在仿真模型窗口中添加探针模块，将开关管模块 T_1、二极管模块D_1、电感L_1、电阻R_1拖入探针编辑窗口，方便探测驱动脉冲U_g、电感电压U_L、电感电流i_L、开关管电流i_T、二极管电流i_D。

(6) PWM 信号的占空比由常数模块设置，这里设为 0.4。

Cuk 变换电路仿真模型如图 5-30 所示。

2. 仿真结果

选择"Simulation→Simulation parameters"菜单项，设置仿真在 200ms 内完成，仿真最长步长为$1\mu\text{s}$，其他仿真参数采用默认值，仿真参数具体设置参见图 5-6。

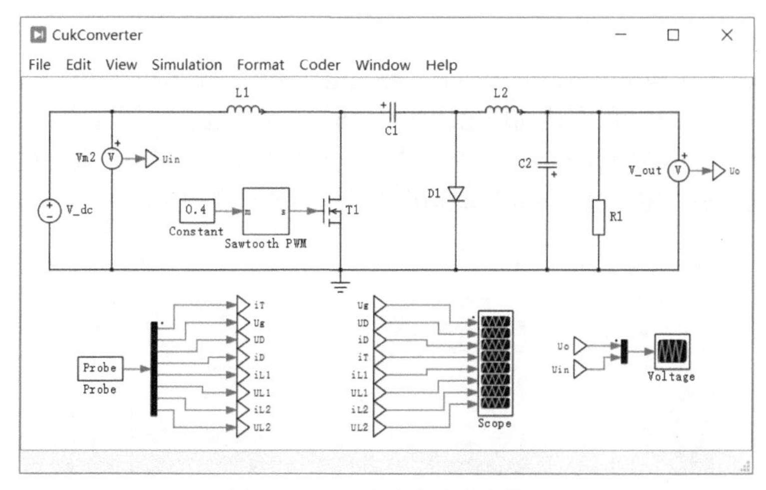

图 5-30　Cuk 变换电路仿真模型

1）二极管电流连续模式

选择“Simulation→Start”菜单项，运行仿真，仿真结束后打开 Scope 示波器，放大显示 198.0～198.6ms 区间仿真波形，观察 Buck-boost 变换器稳定工作状态波形。仿真波形如图 5-31 所示，由上到下波形依次为 MOSFET 门极触发脉冲 U_g、二极管电压 U_D、二极管电流 i_D、MOSFET 电流 i_T、电感 L_1 电流 i_{L1}、电感 L_1 电压 U_{L1}、电感 L_2 电流 i_{L2}、电感 L_2 电压 U_{L2}。在一个开关周期中开关管 T_1 截止时间内，二极管 D 的电流总是大于零，Cuk 变换电路工作于电流连续模式。

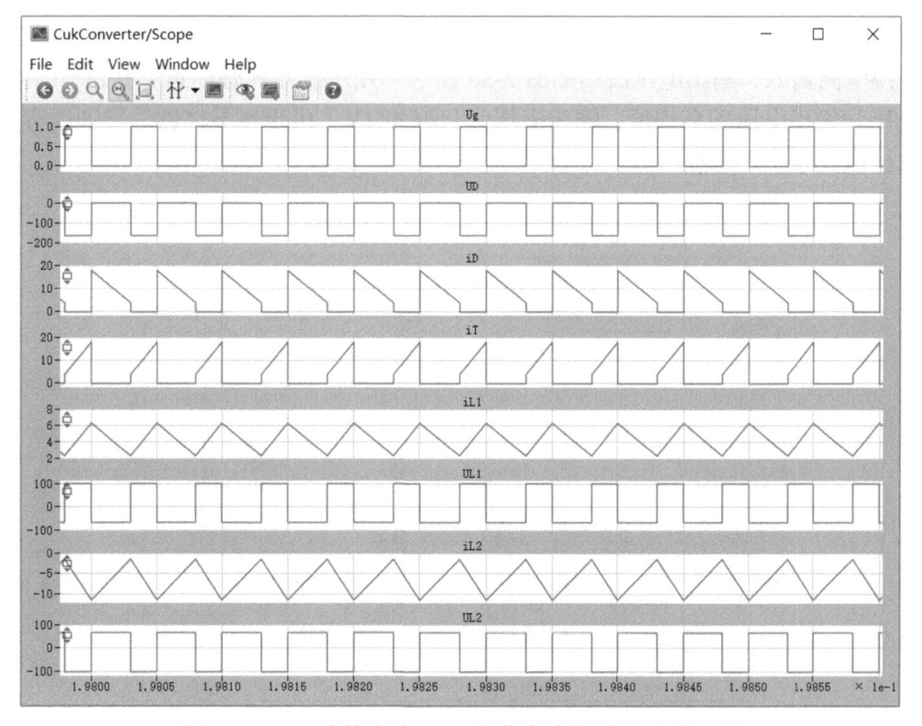

图 5-31　Cuk 变换电路 CCM 下仿真波形（占空比为 0.4）

打开 Voltage 示波器，输入、输出电压波形如图 5-32 所示，用示波器的游标测量 0.18～0.20s 区间输入电压和输出电压的平均值，输出电压极性与输入电压极性相反，输出电压的平均值为–65.2682V，没有达到理论计算值–66.7V，这是由于二极管的导通压降使得输出比理论值小，在仿真模型中，二极管的导通压降为 0.8V，导通时的通态电阻为 0.01Ω，流经电流也会造成一定的电压降，因此输出电压比理论计算值小。

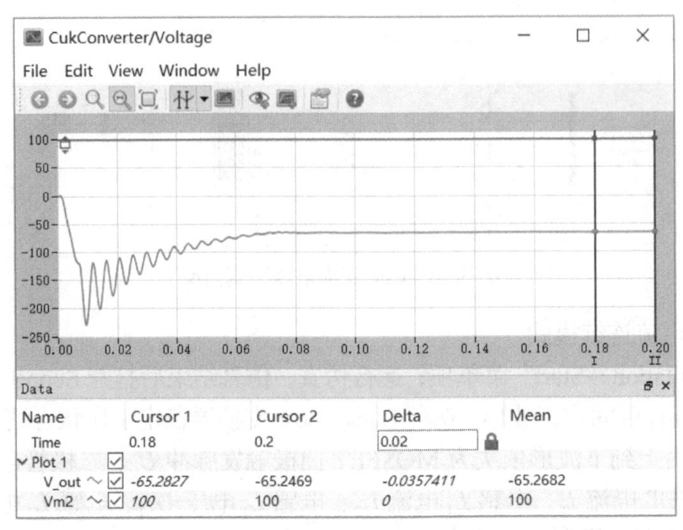

图 5-32　Cuk 变换电路 CCM 下输入、输出电压波形(占空比为 0.4)

进一步调整占空比，将占空比增大到 0.6，其他参数不变。根据前述分析计算可知，此时 Cuk 变换电路的输出电压应为–150V。运行仿真，仿真结束后，打开 Voltage 示波器，Cuk 变换电路输入、输出电压波形如图 5-33 所示，用示波器的游标测量 0.18～0.20s 区间输入电压和输出电压的平均值，输出电压为–146.441V，由于半导体器件导通时存在管压降，输出电压略小于理想情况。

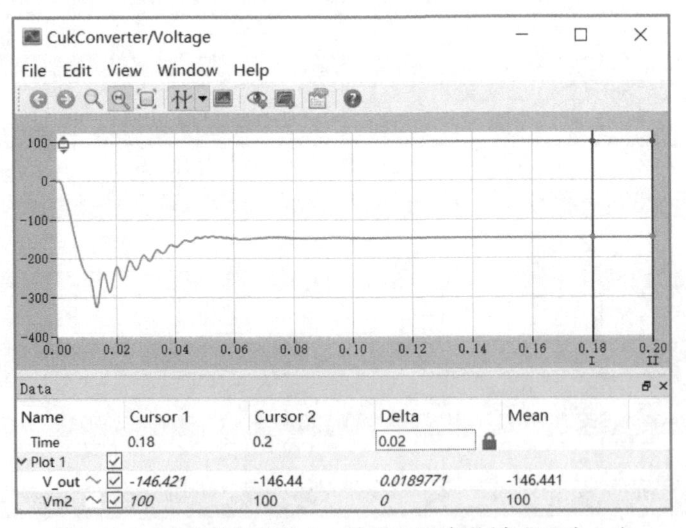

图 5-33　Cuk 变换电路输入、输出电压波形(占空比为 0.6)

从图 5-31 和图 5-33 分析发现，Cuk 变换器的输入电压和输出电压的极性相反，输出电压可以低于输入电压也可以高于输入电压，当占空比小于 0.5 时，实现降压，当占空比高于 0.5 时，实现升压。

2）二极管电流断续模式

电感 L_1 参数设置为 33μH，其他参数不变，仿真分析电感电流断续时的 Cuk 变换电路工作情况。根据前述分析计算可知，此时 Buck-boost 变换电路工作于电感电流断续模式（DCM）。运行仿真，仿真结束后，打开 Scope 示波器，放大显示 198.0～198.6ms 区间仿真波形，观察 Cuk 变换电路稳定工作状态波形。仿真波形如图 5-34 所示，由上到下波形依次为 MOSFET 门极触发脉冲 U_g、二极管电压 U_D、二极管电流 i_D、MOSFET 电流 i_T、电感 L_1 电流 i_{L1}、电感 L_1 电压 U_{L1}、电感 L_2 电流 i_{L2}、电感 L_2 电压 U_{L2}。在一个开关周期中开关管 T_1 截止时间内，二极管 D 电流总是大于零，Cuk 变换电路工作于二极管电流断续模式。

打开 Voltage 示波器，Cuk 变换电路 DCM 下输入、输出电压波形如图 5-35 所示，用示波器的游标测量 0.018～0.2s 区间输入电压和输出电压的平均值分别为 100V 和 −108.435V，导通占空比为 0.4，输出电压大于−66.7V，与占空比呈非线性关系，若要使输出电压仍为−66.7V，则需适当增大导通占空比。

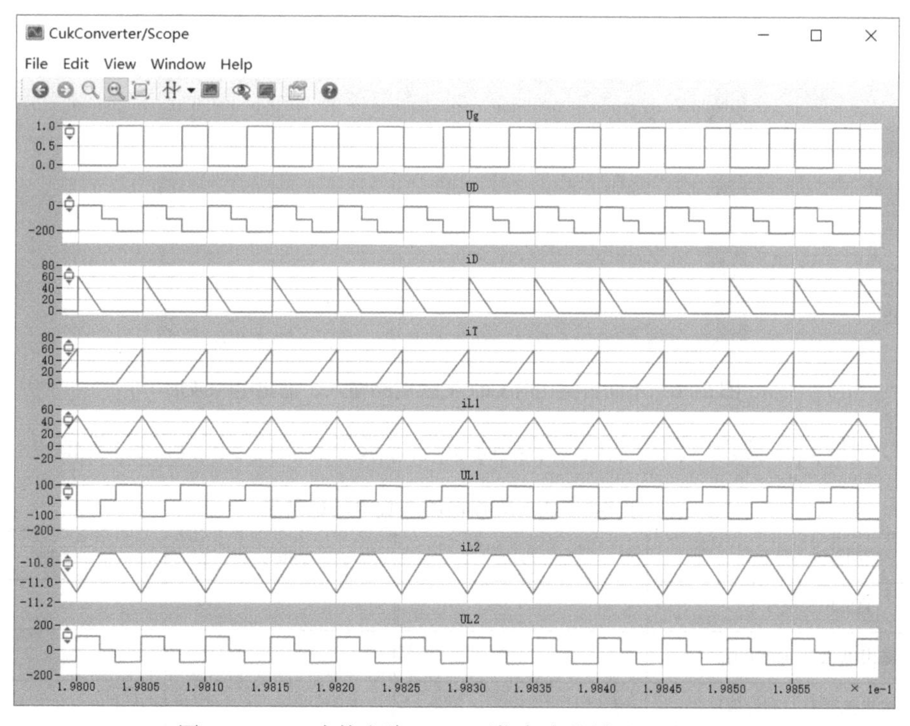

图 5-34　Cuk 变换电路 DCM 下仿真波形（占空比为 0.4）

从图 5-32 和图 5-35 发现仿真结果与理论分析基本一致，在 CCM 状态下，输出平均电压与占空比呈线性关系，在 DCM 状态下，输出平均电压与占空比呈非线性关系。

3）电感电流连续模式不同占空比分析

电感 L_1 参数设置为 1mH，其他参数不变。依次设置占空比 α 为 20%、40%、60%，运行仿真，选择Voltage示波器窗口“View→Traces”菜单项，或单击工具栏中按钮，保存当前波形曲线，观察不同占空比时输出电压的波形，如图5-36所示。

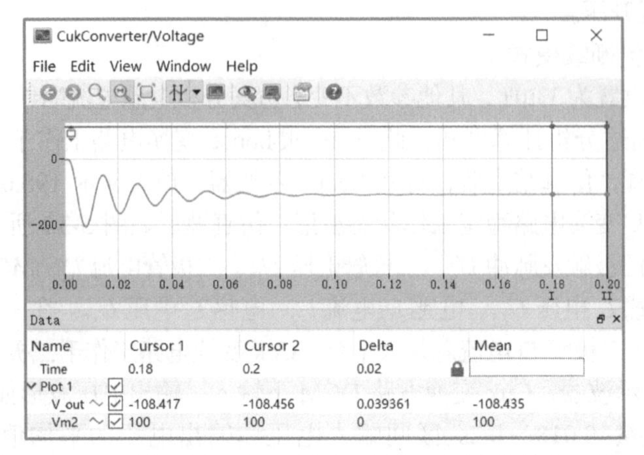

图5-35　Cuk变换电路DCM下输入、输出电压波形(占空比为0.4)

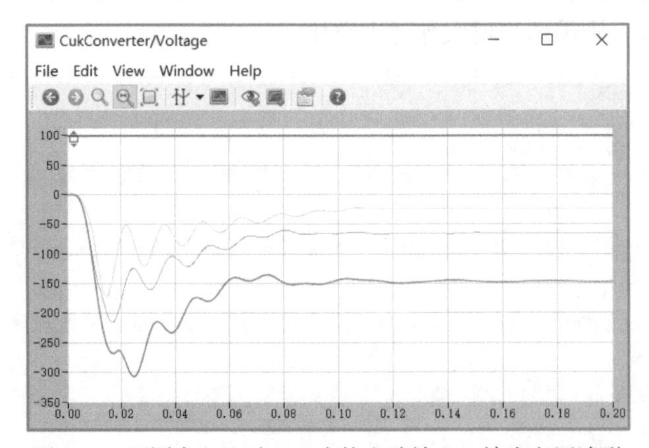

图5-36　不同占空比时Cuk变换电路输入、输出电压波形

(1)测量Cuk变换电路负载电压平均值U_d，记录于表5-4，并与理论计算值进行比较。

表5-4　Cuk变换电路负载电压记录表

控制脉冲占空比α	20%	40%	60%
直流电源电压U_i			
输出电压U_d(测量值)			
输出电压U_d(理论值)			

(2)根据仿真结果分析Cuk变换电路的工作情况。

(3)根据仿真结果分析Cuk变换电路控制脉冲占空比与输出电压波形间的关系。

(4)改变仿真模型中各模块的参数和仿真参数，如增大或减小控制脉冲电压的占空比，观察波形的变化，分析波形变化的原因。

(5)观察 Cuk 变换电路输入电流和输出电流波形并与 Buck-boost 变换器进行比较。

5.5　Sepic 变换器仿真实验

Sepic(Single Ended Primary Inductor Converter)变换电路是一种允许输出电压大于、小于或等于输入电压的直流-直流变换电路，如图 5-37 所示。当开关管 VT 导通时，由 U_i、L_1、VT 构成的回路和 C_1、VT、L_2 构成的回路同时导电，L_1 和 L_2 储能；当开关管 VT 关断时，由 U_i、L_1、C_1、D 和负载(C_2 和 R)构成的回路和 L_2、D 及负载(C_2 和 R)构成的回路同时导电，此时 U_i 和 L_1 既向负载供电，同时也向 C_1 充电，C_1 储存的能量在开关管 VT 导通时向 L_2 转移。

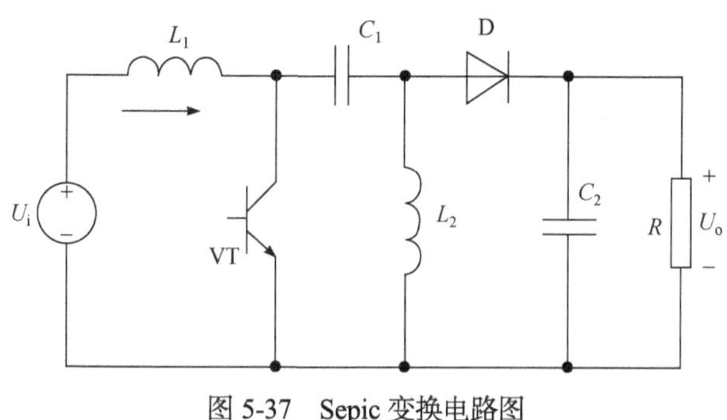

图 5-37　Sepic 变换电路图

Sepic 变换器输出电压极性与输入电源电压的极性相同，输出电压大小由开关管的占空比 α 控制，其数量关系为

$$U_o = \frac{\alpha}{1-\alpha} U_i$$

Sepic 变换器有两大优势：一是输入、输出电压同极性，尤其适合电池供电的应用场合，允许电池电压高于或小于所需的输入电压；二是主回路的电容 C_1 实现输入、输出隔离，具备完全关断功能，当开关管关断时，输出电压为 0V。

在 PLECS 中搭建 Sepic 变换器仿真模型，仿真分析 Sepic 变换器开关管导通和关断期间电感 L_1、L_2 的电流与开关管电流的关系，掌握 Sepic 变换器的工作原理，理解控制脉冲占空比与负载电压波形间的关系。输入直流电源电压为 28V，$L_1 = 5\text{mH}$，$C_1 = 470\mu\text{F}$，$L_2 = 500\mu\text{H}$，$C_2 = 100\mu\text{F}$，负载电阻 $R = 20\Omega$，开关频率为 25kHz。

1. 仿真模型

(1)打开 PLECS 电路仿真模型编辑窗口，将新建仿真文件保存为 Sepic Converter. plecs。

(2)在“Electrical→Power Semiconductors”元件库中找到 MOSFET(MOSFET)模块，在“Electrical→Sources”元件库中找到 Voltage Source DC(直流电压源)模块，在“Electrical→Passive Components”元件库中找到 Resistor(电阻)模块、Capacitor(电容)模块和 Inductor(电感)模块，在“Electrical→Meters”元件库中找到 Voltmeter(电压表)模块和

Ammeter(电流表)模块，在“System”元件库中找到 Scope(示波器)模块，在“Control→Modulators”元件库中找到 Sawtooth PWM(锯齿波 PWM)模块，在“Control→Sources”元件库中找到 Constant(常数)模块，将这些模块复制到 PLECS 仿真窗口。

(3)双击仿真模型窗口中的模块设置模块参数，其中直流电压源 V_dc 的电压设为 28V，电感 L_1 为 5mH，电阻 R_1 为 20Ω，电容 C_1 为 470μF，电容 C_2 为 100μF，二极管 D_1 的导通压降 $V_f = 1.0V$、导通电阻 $R_{on} = 0.01\Omega$，MOSFET 的导通电阻 $R_{on} = 0.04\Omega$。

(4)PLECS 库浏览器窗口的“Control→Modulators”子库中的锯齿波 PWM(Sawtooth PWM)模块利用锯齿波载波产生 PWM 信号，输入 m 是调制信号占空比，输出 s 是开关信号。这里设置开关信号频率，即锯齿波载波频率为 25kHz。

(5)添加 Probe(探针)和示波器。在仿真模型窗口中添加探针模块，将开关管 T_1、电感 L_1、电感 L_2 以及二极管 D1 拖入探针编辑窗口，分别选择该四个元件的电流检测信号。

(6)PWM 信号的占空比由常数模块设置，这里设为 0.5。

Sepic 变换电路仿真模型如图 5-38 所示。

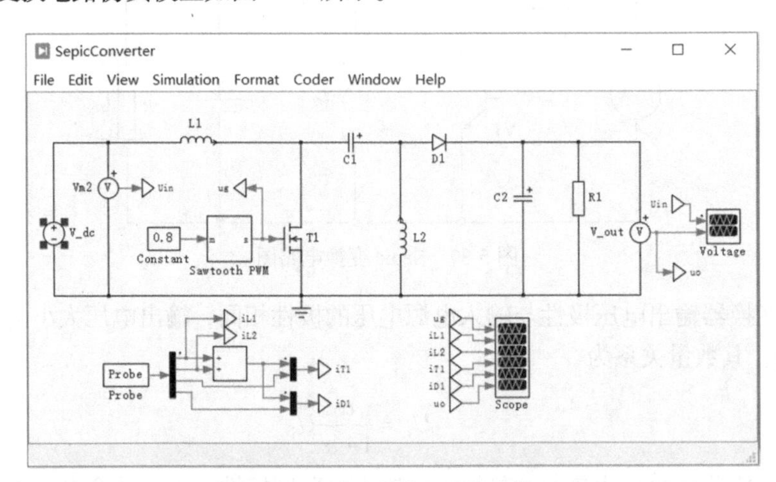

图 5-38 Sepic 变换电路仿真模型

2. 仿真结果

选择“Simulation→Simulation parameters”菜单项，设置在 500ms 内完成仿真，仿真最长步长为 1μs，其他仿真参数采用默认值。

选择“Simulation→Start”菜单项，运行仿真，仿真结束后，打开 Scope 示波器，由仿真波形可知，0.1s 后电路已基本处于稳定状态。放大显示 420.00～420.20ms 区间仿真波形，观察 Sepic 变换电路稳定工作状态波形。仿真波形如图 5-39 所示，由上到下波形依次为 MOSFET 门极触发脉冲 U_g、电感 L_1 的电流、电感 L_2 的电流、电感 L_1 与 L_2 的电流和以及开关管 T_1 的电流、电感 L_1 与 L_2 的电流和以及二极管 D_1 的电流。

由图 5-39 的仿真结果来看，在开关管 T_1 导通期间，二极管 D_1 处于关断状态，此时电感 L_1 和电感 L_2 中的电流同时流过开关管 T_1，在开关管 T_1 关断期间，二极管 D_1 处于导通状态，此时电感 L_1 和电感 L_2 中的电流同时流过二极管 D_1。电感 L_1 的电流在 2.98～3.11A

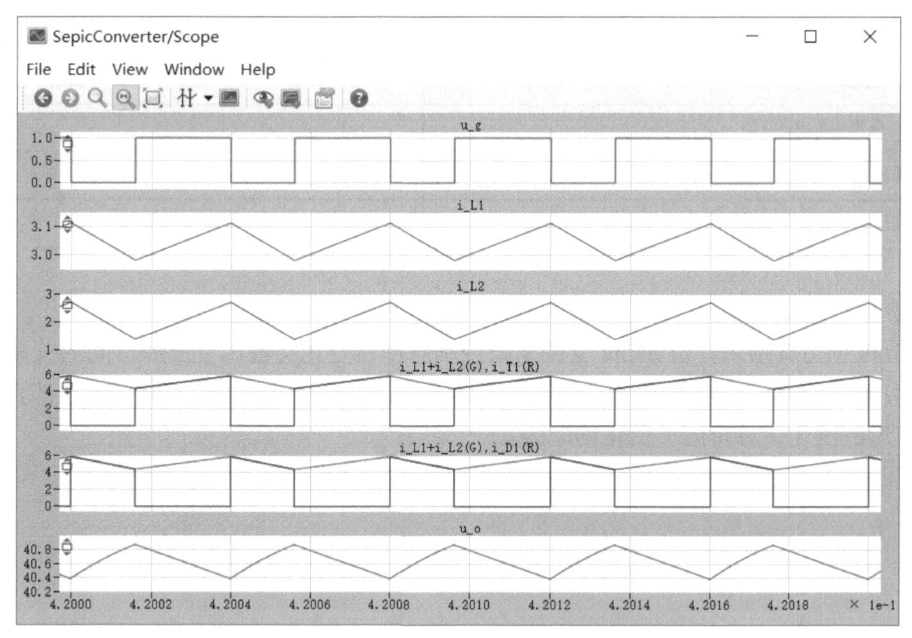

图 5-39　Sepic 变换电路仿真波形(占空比为 0.6)

变化，波形基本维持平直，电感 L_2 的电流在 1.36～2.70A 变化，波形波动较大，由此可认为电感 L_1 的作用为电源电流滤波，电感 L_2 的作用为能量传递。此时输出电压极性与输入电压极性相同，输出电压平均值为 40.635V，未达到理论计算值 42.0V，这主要是因为仿真模型中二极管存在导通压降和通态电阻。

依次设置占空比 α 为 40%、60%、80%，运行仿真，选择 Voltage 示波器窗口“View→Traces”菜单项，或单击工具栏中按钮，保存当前波形曲线，观察不同占空比时输出电压的波形，如图 5-40 所示。

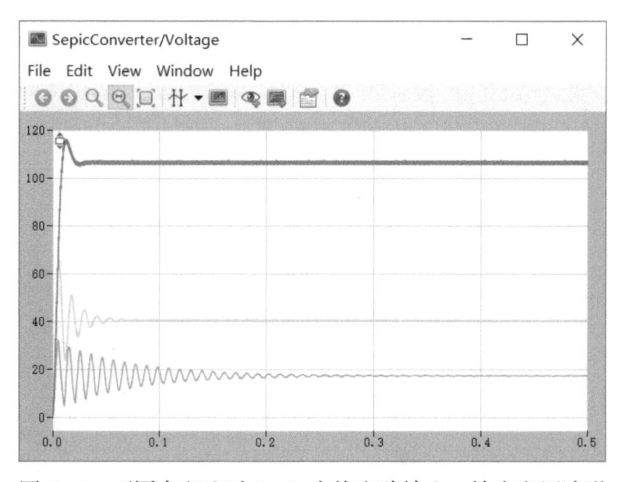

图 5-40　不同占空比时 Sepic 变换电路输入、输出电压波形

(1)测量 Sepic 变换电路负载电压平均值 U_d，记录于表 5-5，并与理论计算值进行比较。

表 5-5　Boost 变换电路负载电压记录表

控制脉冲占空比 α	40%	60%	80%
直流电源电压 U_i			
输出电压 U_d（测量值）			
输出电压 U_d（理论值）			

(2)根据仿真结果分析 Sepic 变换电路的工作情况。

(3)根据仿真结果分析 Sepic 变换电路控制脉冲占空比与输出电压波形间的关系。

(4)改变仿真模型中各模块的参数和仿真参数，如增大或减小控制脉冲电压的占空比，观察波形的变化，分析波形变化的原因。

第 6 章　交流-交流变换电路仿真实验

交流-交流（AC-AC）变换电路将一种形式的交流电变换为另一种形式的交流电。交流电的参数包括电压或电流的大小、频率和相数等。按其对电能变换的功能，AC-AC 变换电路可分为交流调压电路和变频电路。交流调压电路不改变交流电的频率，只改变其电压，按一定规律控制交流调压电路开关的通断，即可控制输出负载电压。变频电路把一种频率的交流电变换为另一种频率固定或可变的交流电。

根据采用器件的不同，交流调压电路可分为相控式（采用晶闸管）和斩控式（采用全控器件）两种。相控式交流调压电路与相控式整流电路的控制原理相同，即通过改变控制角α来改变输出电压的大小，从而达到交流调压的目的。相位控制调压适用于电动机速度控制或电热控制。其主要缺点是输出电压包含较多的谐波分量，当负载是电动机时，会导致电动机产生脉动转矩和附加谐波损耗，还会引起电源电压畸变。为此，须在电源侧和负载侧分别加滤波网络。斩控式交流调压电路采用 PWM 控制，在分析其工作原理时可以将交流电压的正、负半周分别当作一个短暂的直流电压，这样就可以利用直流斩波电路的分析方法对其进行分析。斩波调压电路输出电压质量较高，对电源影响也较小，主要缺点是元器件成本较高。

变频电路在改变交流电频率的同时，一般还兼有调压的功能。变频电路分为交交变频电路和交直交变频电路两种形式。

交交变频电路不经过任何中间环节，直接将一种频率的交流电转变为另一种频率固定或可调的交流电，通常还可同时控制输出电压。这类电路的优点是电能变换效率高；缺点是控制复杂，电路较庞大。

交直交变频电路先把工频交流电整流成直流电，再把直流电逆变成频率固定或可变的交流电。这种通过中间直流环节的变频电路也称为间接变频电路。交直交变频电路结构简单，技术较成熟，在实际生产中已得到广泛应用。

6.1　单相交流调压电路仿真实验

交流调压电路可应用于异步电机的调压调速、恒流软启动、灯光控制、供电系统无功调节等。如图 6-1 所示，晶闸管 VT_1 和 VT_2 反并联后串联在交流电源和负载之间，VT_1 和 VT_2 也可用一个双向晶闸管代替。控制晶闸管就可以方便地调节输出电压有效值的大小或实现交流电路的通、断控制。

单相交流调压电路工作情况与负载性质密切相关。以电阻负载为例，输入交流电源电压u_1的正半周，在$\omega t=\alpha$时触发晶闸管 VT_1 导通，负载电压$u_o=u_1$；在$\omega t=\pi$时，输入交流电源电压由正到负过零，负载电流$i_o=0$，VT_1 自行关断，负载电压$u_o=0$。输入交流电源电压的负半周，在$\omega t=\pi+\alpha$时，触发晶闸管 VT_2 导通，负载输出电压$u_o=u_1$；在$\omega t=2\pi$

时，输入交流电源电压由负到正过零，负载电流 $i_o = 0$，VT_2 自行关断，负载电压 $u_o = 0$。以后周期重复上述过程，在负载电阻上得到的电压波形是输入交流电源电压波形的一部分，负载电流和负载电压的波形相似。改变晶闸管控制角 α 就可以调节负载电压有效值的大小。

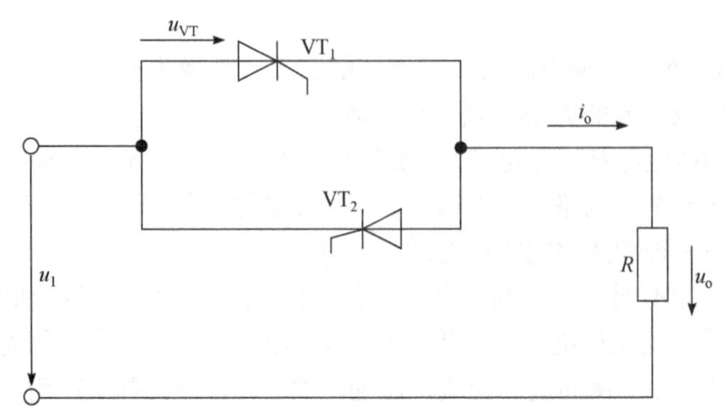

图 6-1　单相交流调压电路原理图

在 PLECS 中分别建立单相交流调压电路带电阻负载、阻感负载及阻感负载加整流二极管的电路仿真模型，仿真并分析总结：

(1)单相交流调压电路在电阻负载和阻感负载时的工作情况。

(2)触发角大小与负载电压波形间的关系。

(3)改变仿真模型中各模块的参数和仿真参数，如增大或减小阻抗角，观察波形的变化，分析波形变化的原因。

(4)单相交流调压电路带阻感负载时，触发角小于、等于、大于阻抗角时，负载电压出现变化的原因。

(5)单相交流调压电路在阻感负载时可能会出现什么现象？为什么？如何解决？

6.1.1　电阻负载建模仿真

1. 仿真模型

(1)打开 PLECS 电路仿真模型编辑窗口，新建仿真文件并保存为 1PhaseACVoltage Regulation-R. plecs。

(2)提取元器件。在“Electrical→Power Semiconductors”元件库中找到 Thyristor(晶闸管)模块，在“Electrical→Sources”元件库中找到 Voltage Source AC(交流电压源)模块，在“Electrical→Passive Components”元件库中找到 Resistor(电阻)模块，在“Control→Modulators”元件库中找到 2-Pulse Generator(双脉冲发生器)模块，在“Electrical→Meters”元件库中找到 Ammeter(电流表)和 Voltmeter(电压表)模块，在“System”元件库中找到 Signal From(信号来自)、Signal Goto(信号转到)和 Scope(示波器)模块，将这些模块复制到 PLECS 仿真模型编辑窗口。

(3)复制粘贴模块，修改模块名称，旋转并调整模块位置，连接各模块，电阻负载单相交流调压电路仿真模型如图 6-2 所示。

1PhaseACVoltageRegulation-R
File Edit View Simulation Format Coder Window Help
ug1
Thy1
Thy2
i_out
u_out
iv_out
Vin
ug2
R
1
enable
K
Clock
wt
C
Constant
enable
phi pulses
alpha
2-Pulse
Generator
ug
ug1
ug2
Probe
Probe Vin
ug
Probe
Probe Thy1
iv_out
Scope

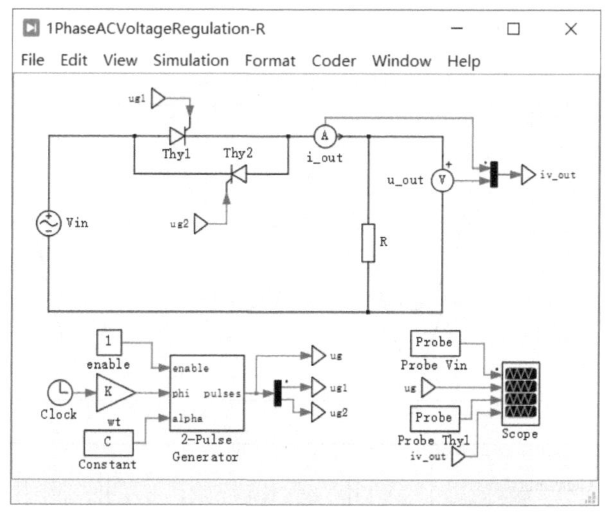

图 6-2　电阻负载单相交流调压电路仿真模型

(4) 双击仿真模型窗口中的模块设置模块参数。交流电压源 V_ac 的 Amplitude（电压幅度）设置为 311V，Frequency（频率）设置为 50Hz，即100π rad/s，相位为$0°$。

双脉冲发生器模块产生 H 桥晶闸管整流器的触发脉冲，具体使用参见 4.2 节。示例中晶闸管触发脉冲的频率为 50Hz，设置增益模块的增益为100π。常数模块“alpha”设定晶闸管的触发角 α，如果 $\text{alpha}=\dfrac{\pi}{6}$，则晶闸管的触发延迟角为$\dfrac{\pi}{6}\text{rad}=30°$。

2. 仿真结果

选择“Simulation→Simulation parameters”菜单项，设置仿真在 100ms 内完成，仿真最大步长为 1ms，其他仿真参数采用默认值，如图 6-3 所示。

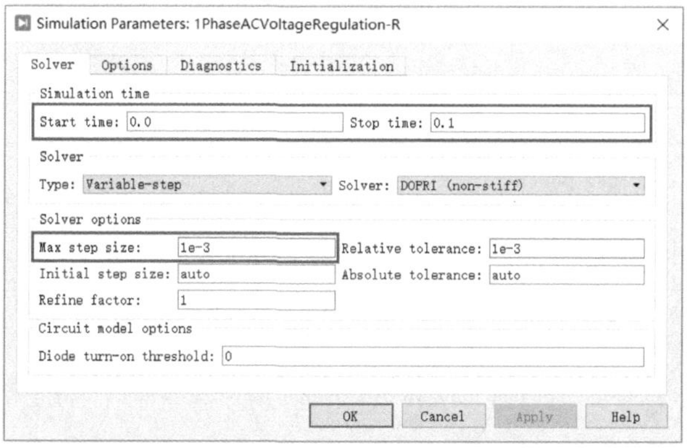

Simulation Parameters: 1PhaseACVoltageRegulation-R
Solver
Options
Diagnostics
Initialization
Simulation time
Start time: 0.0
Stop time: 0.1
Solver
Type: Variable-step
Solver: DOPRI (non-stiff)
Solver options
Max step size: 1e-3
Relative tolerance: 1e-3
Initial step size: auto
Absolute tolerance: auto
Refine factor: 1
Circuit model options
Diode turn-on threshold: 0
OK
Cancel
Apply
Help

图 6-3　仿真参数设置

选择“Simulation→Start”菜单项或使用“Ctrl+T”快捷键运行仿真，仿真结束后双击 Scope 示波器观察波形，仿真波形如图 6-4 所示。图中波形从上到下分别为交流输入电源电压 u_{in} 和电流 i_{in}、晶闸管 Thy_1 和 Thy_2 的触发脉冲 u_{g1} 和 u_{g2}、晶闸管 Thy_1 的电压 u_{Thy1} 和

电流 i_{Thy1}、输出电压 u_{out} 和电流 i_{out} 的仿真波形。

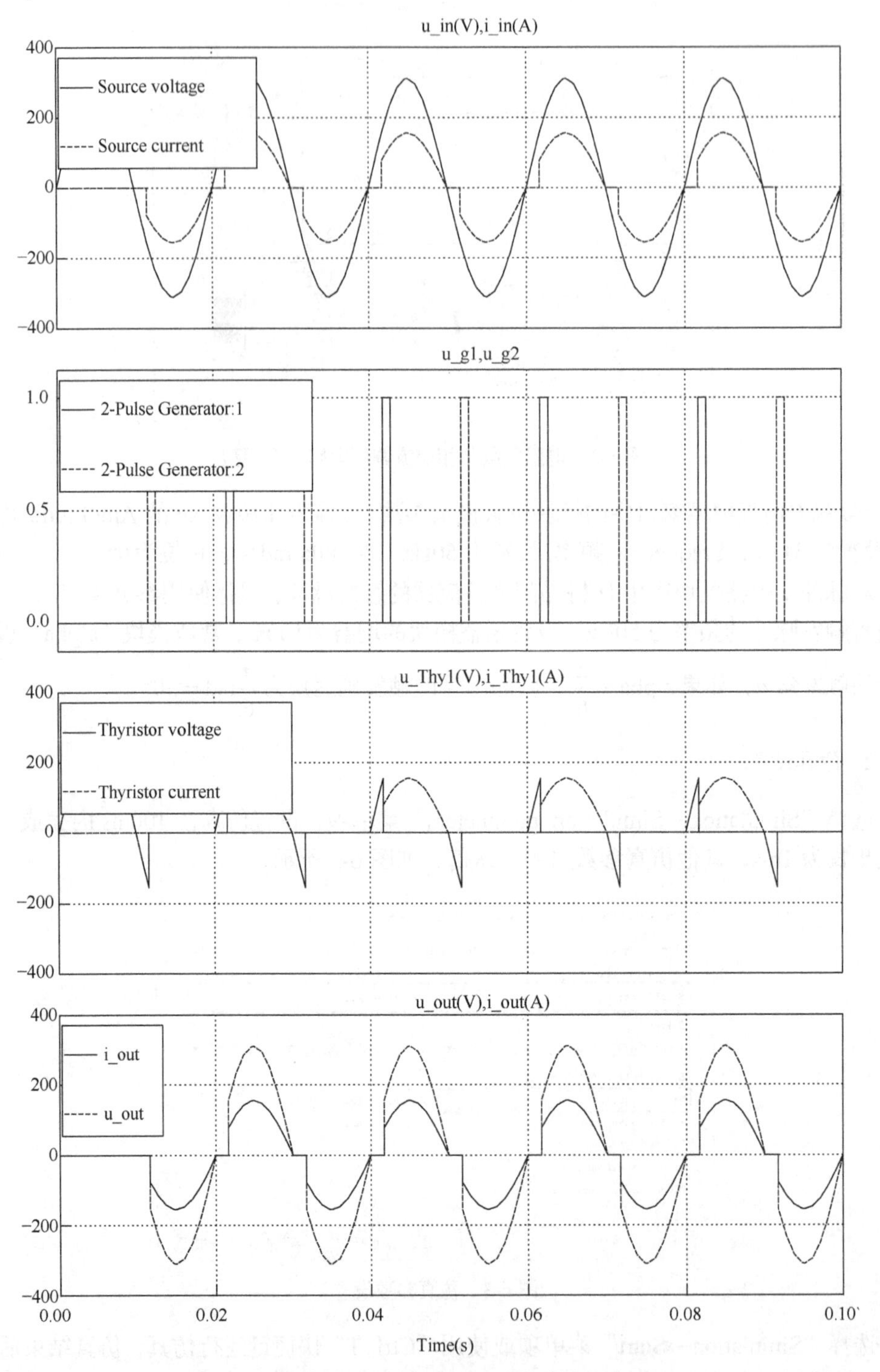

图 6-4　电阻负载单相交流调压电路仿真波形（α=30°）

依次设置触发角α为30°、60°、90°、120°、150°，即依次修改脉冲发生器模块 Pulse

Thy1 和 Pulse Thy2 的 Phase delay(相位延迟)参数值。运行仿真，选择 Scope 示波器窗口“View→Traces”菜单项，或单击工具栏中按钮，保存当前波形曲线，观察各触发角时的波形。不同触发角时电阻负载单相交流调压电路仿真波形如图 6-5 所示，图例说明参见图 6-4。

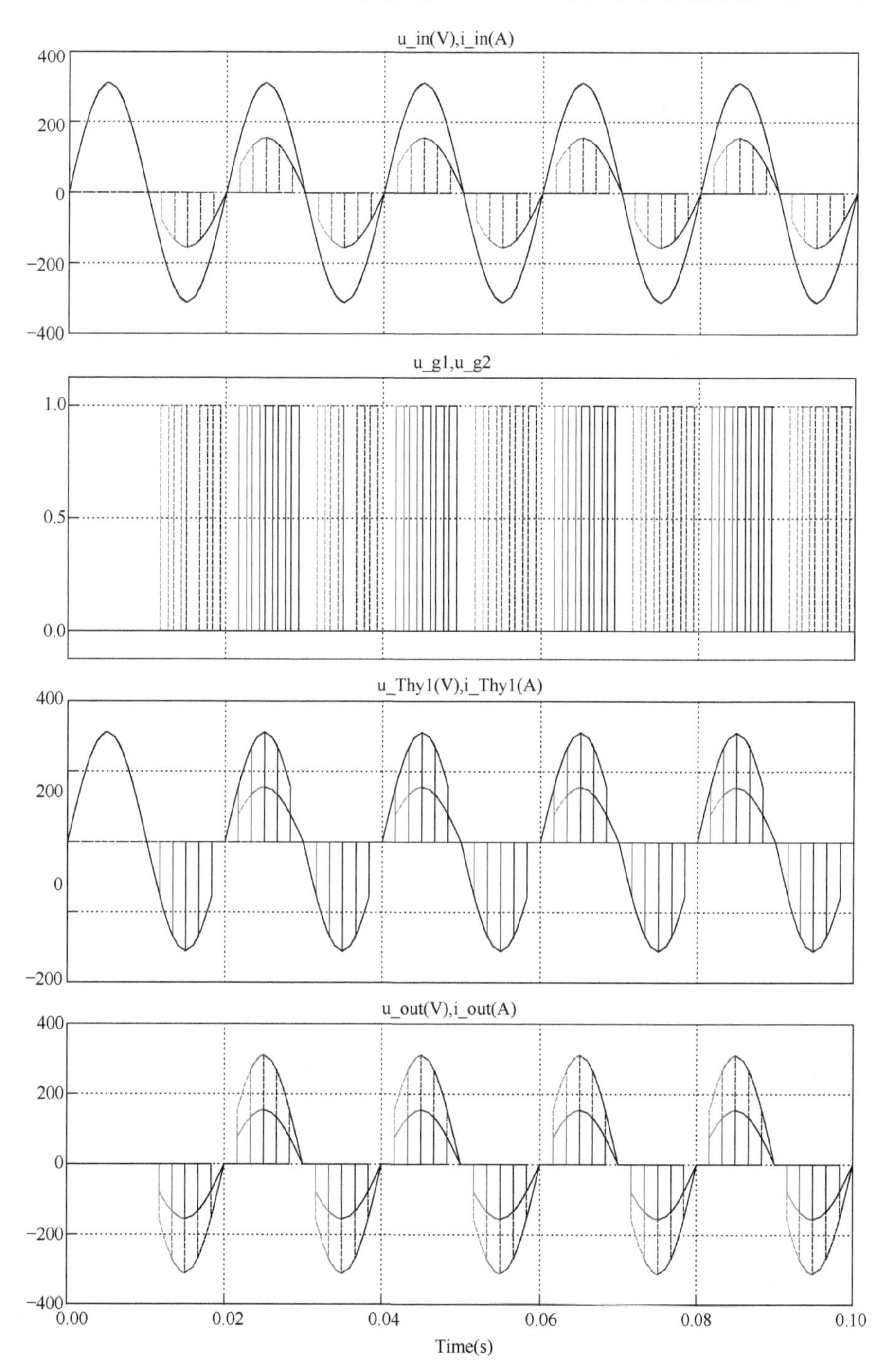

图 6-5　不同触发角时电阻负载单相交流调压电路仿真波形

电阻负载单相交流调压电路负载电流和负载电压的波形相似。改变晶闸管控制角 α 就可以调节负载电压有效值的大小。晶闸管触发角 α 的移相范围为 0°~180°，随着 α 的增大，输出电压有效值逐渐降低，当 α=180° 时，输出电压为 0，电阻性负载单相交流调压电路的电压可调范围为 0~V_{in}。

6.1.2 阻感负载建模仿真

由于负载电感对电流的变化起阻碍作用，阻感负载单相交流调压电路中，当电源电压反向过零时，电流不能立即为零，这时晶闸管的导通角不仅与触发角 α 有关，而且还与负载阻抗角 $\varphi = \arctan(\omega L / R)$ 有关。

1. 仿真模型

阻感负载单相交流调压电路建模中使用的大部分模块的提取路径、作用和参数设置与电阻负载单相交流调压电路建模基本一致。修改图 6-2，用一个电感和一个电阻的串联形式表示阻感负载，并将仿真文件另存为 1PhaseACVoltageRegulation-RL.plecs。

PLECS 库浏览器窗口的“Control→Modulators”元件库中 2-Pulse Generator（双脉冲发生器）模块可产生互差180° 的晶闸管触发脉冲，这里选用双脉冲发生器触发晶闸管 Thy_1 和 Thy_2。双脉冲发生器的用法参照 4.2.1 节。

阻感负载单相交流调压电路仿真模型如图 6-6 所示。

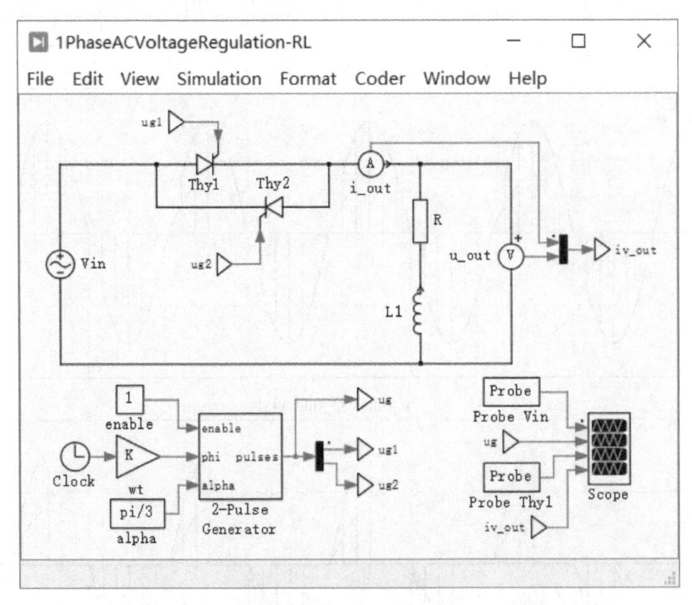

图 6-6　阻感负载单相交流调压电路仿真模型

2. 仿真结果

选择“Simulation→Simulation parameters”菜单项，设置仿真在100ms 内完成，仿真最大步长为1ms，其他仿真参数采用默认值。

修改负载电阻和电感参数。电阻 $R=\frac{\pi}{2}\Omega$，电感 $L_1=0.005\text{H}$，则阻感负载阻抗角 $\varphi=\arctan\frac{\omega L_1}{R}=\arctan\frac{2\times2\times\pi\times50\times0.005}{\pi}=45°$。修改晶闸管的触发角 α=30°，即常数模块 alpha $=\frac{\pi}{6}$。

选择“Simulation→Start”菜单项或使用“Ctrl+T”快捷键运行仿真，仿真结束后双击 Scope 示波器观察波形，仿真结果输出波形如图 6-7 所示，图中波形从上到下分别为交流

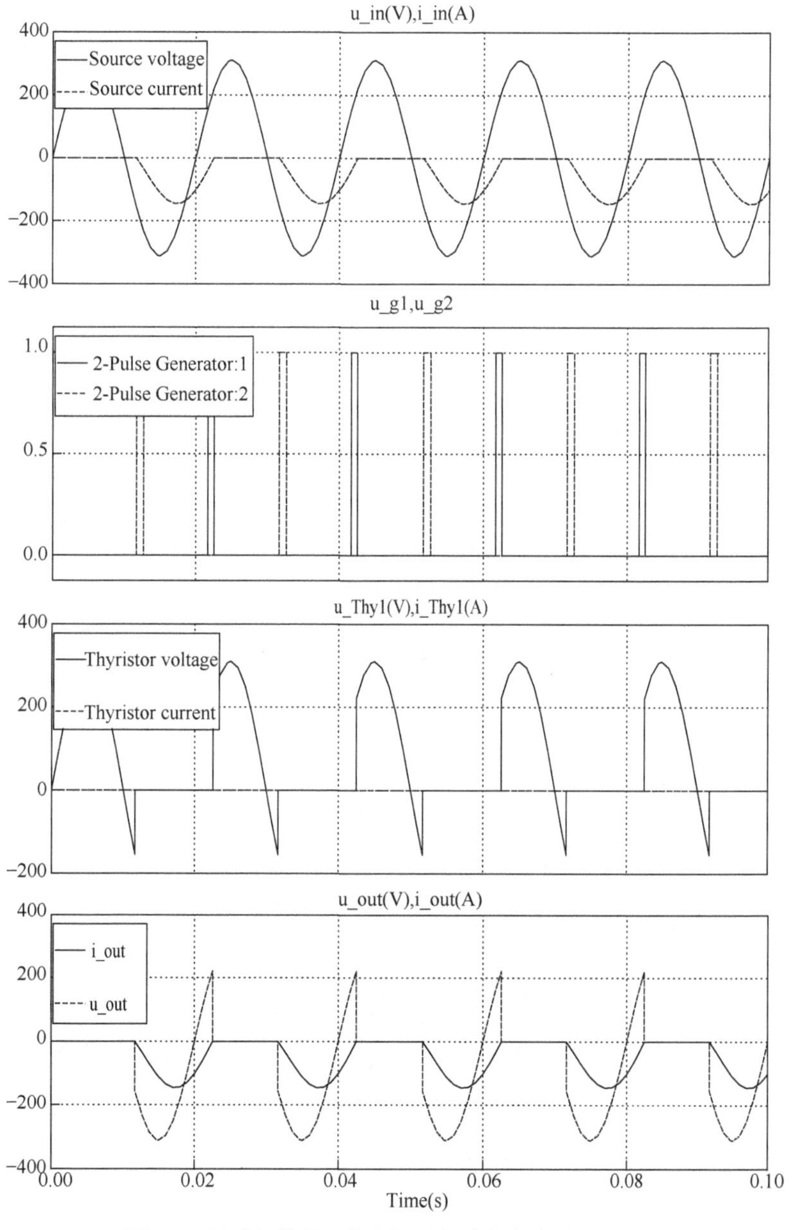

图 6-7　阻感负载单相交流调压电路仿真波形（α=30°）

输入电源电压u_{in}和电流i_{in}、晶闸管触发脉冲u_{g1}和u_{g2}、晶闸管 Thy_1 的电压u_{Thy_1}和电流i_{Thy_1}、输出电压u_{out}和电流i_{out}的仿真波形。

由图 6-7 可知，触发角α=30°时，输入电压负半周晶闸管 Thy_2 首先被触发导通，Thy_2 将一直持续导通到输入电压正半周 45°时刻，在输入电压正半周 30°时刻，晶闸管 Thy_1 的触发脉冲出现，但输入电压正半周 45°时刻晶闸管 Thy_1 的触发脉冲已经消失，晶闸管 Thy_1 不能导通，失去调节作用，输出电压出现较多的直流分量。

修改晶闸管的触发角α=60°重新仿真，仿真结果如图 6-8 所示。输入电压负半周晶闸

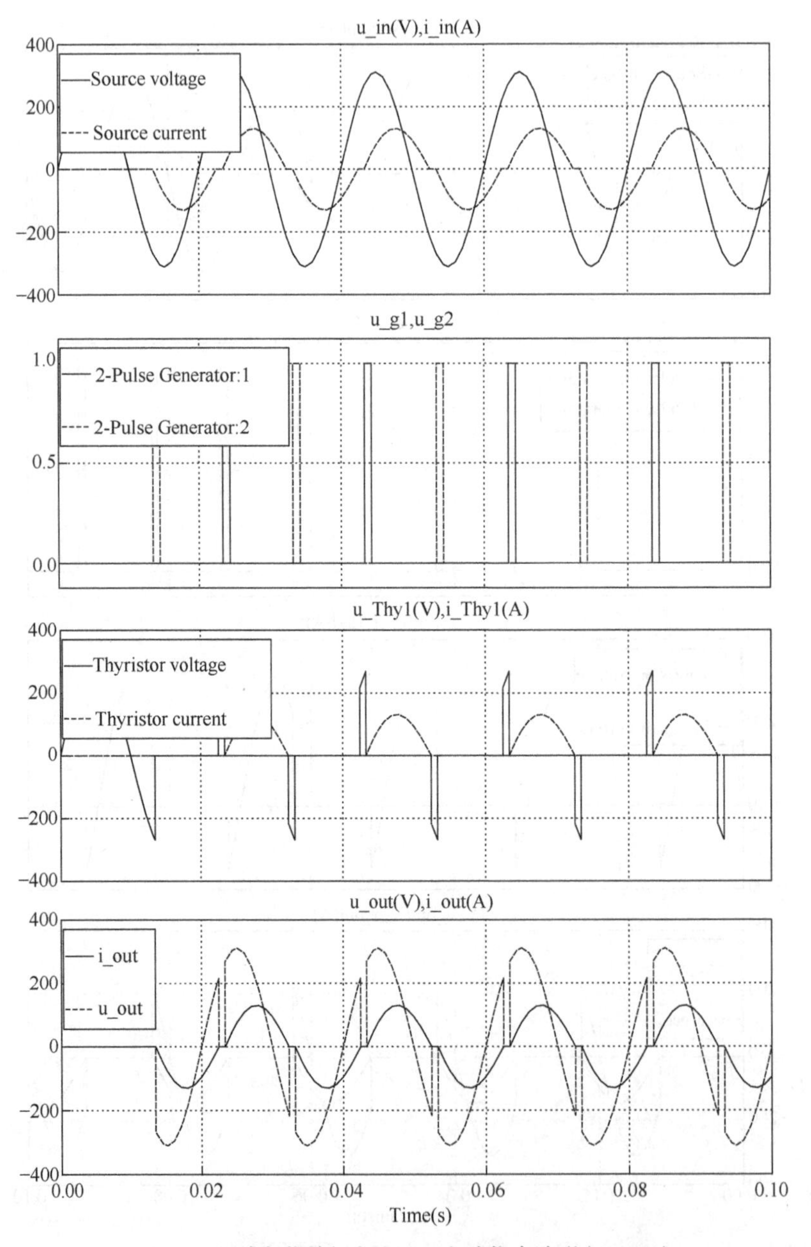

图 6-8　阻感负载单相交流调压电路仿真波形（α=60°）

管 Thy_2 首先被触发导通，Thy_2 一直持续导通到输入电压下一个周期正半周 45° 时刻关断，输出电压为零，在输入电压正半周 60° 时刻，晶闸管 Thy_1 的触发脉冲出现，晶闸管 Thy_1 触发导通一直持续到 225° 时刻关断，输出电压为零。

阻感负载单相交流调压电路中，由于负载电感对电流的变化起阻碍作用，当电源电压反向过零时，电流不能立即为零，这时晶闸管的导通角还与负载阻抗角 $\varphi = \arctan(\omega L / R)$ 有关。在用晶闸管控制时只能进行滞后控制，使负载电流更为滞后，所以，为了实现可靠、有效工作，并实现调压功能，阻抗负载单相交流调压电路触发角的移相范围为 $\varphi \leqslant \alpha \leqslant \pi$ 。

6.2　三相交流调压电路仿真实验

常用的三相交流调压电路有星形联结、支路控制三角形联结和中点控制三角形联结，其中，星形联结电路应用较为广泛。

星形联结三相交流调压电路分为三相三线和三相四线两种，星形联结三相交流调压电路如图 6-9 所示，由三个单相晶闸管交流调压电路组合而成，其公共点为三相调压器的中性线，其工作方式及原理与单相交流调压电路类似，晶闸管导通顺序为 $VT_1 \to VT_2 \to VT_3 \to VT_4 \to VT_5 \to VT_6$，相邻两个晶闸管的触发信号相位差为 60°，三相触发脉冲依次相差 120°，同一相反并联的两个晶闸管的触发脉冲相差 180° 。

在星形联结三相交流调压电路中，每相负载电流为正负对称的缺角正弦波，包含较大的奇次谐波，主要是 3 次谐波，谐波次数越低，其含量越大。因此，该电路的应用有一定的局限性。

在 PLECS 中建立星形联结三相交流调压电路带电阻负载仿真模型，仿真并分析总结：

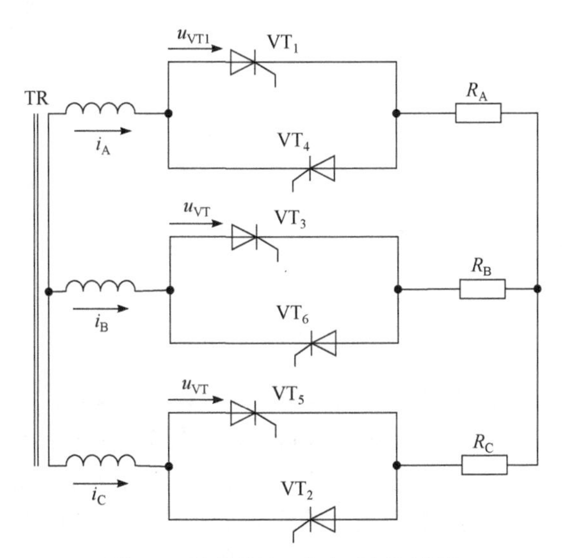

图 6-9　星形联结三相交流调压电路

(1) 星形联结三相交流调压电路工作情况。

(2) 当输入交流电压不变时，触发角与输出电压及输出电流的关系。

(3) 改变仿真模型中各模块的参数和仿真参数，如增大或减小阻抗角，观察波形的变化，分析波形变化的原因。

1. 仿真模型

(1) 打开 PLECS 电路仿真模型编辑窗口，新建仿真文件并保存为 3PhaseStarConnectionACAC.plecs。

(2) 提取元器件。在“Electrical→Power Semiconductors”元件库中找到 Thyristor(晶闸管)模块，在“Electrical→Sources”元件库中找到 Voltage Source AC(3ph)(三相交流电压源)模块，在“Electrical→Passive Components”元件库中找到 Resistor(电阻)模块，在“Control→Modulator”元件库中找到 6-Pulse Generator(6 脉冲发生器)模块，在“Electrical→Meters”元件库中找到 Ammeter(电流表)模块和 Voltmeter(电压表)模块，在“System”元件库中找到 Signal From(信号来自)标签、Signal Goto(信号转到)标签、Probe(探针)模块和 Scope(示波器)模块，将这些模块复制到 PLECS 仿真窗口。

(3) 复制粘贴模块，修改模块名称，旋转并调整模块位置，连接各模块，星形联结三相交流调压电路仿真模型如图 6-10 所示。

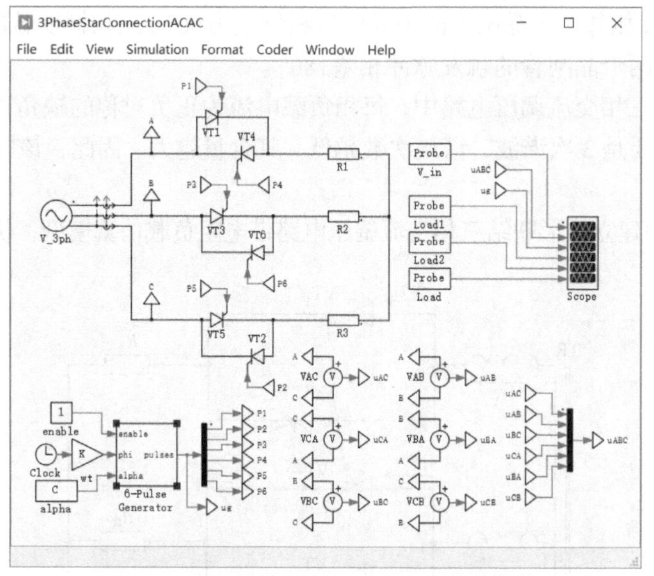

图 6-10　星形联结三相交流调压电路仿真模型

(4) 设置模块参数。双击仿真模型窗口中的模块设置模块参数。

三相交流电压源 V_3ph 的电压幅度(Amplitude)设置为 311V，频率(Frequency)设置为 50Hz，即 100πrad/s，相位为 0°。晶闸管模块 VT_1～VT_6 的参数取系统默认值。

6 脉冲发生器模块是专为三相整流电路或逆变电路设计的，产生三相晶闸管触发脉冲，其输入为逻辑使能信号(enable)、斜坡信号 φ(phi)和触发角 α(alpha)。使能信号使用常数模块输入。斜坡信号 φ 由 Gain(增益)模块和 Clock(时钟)模块产生，Clock 模块在“Control→Sources”元件库中，输出当前仿真时间。增益模块的增益 k 按下式设定：

$$k = 2\pi f$$

其中，f 为三相交流电源的频率。示例中三相交流电源的频率为 50Hz，那么增益模块的增益应为 100π，即斜坡信号 $\varphi = 2\pi ft = 100\pi t$。晶闸管的触发角 α 的大小由常数模块“alpha”设定，如果 $\text{alpha} = \frac{\pi}{6}$，则晶闸管的触发延迟角为 $\frac{\pi}{6}\text{rad} = 30^\circ$。

负载电阻 $R_1 = R_2 = R_3 = 2\Omega$。

(5) 添加 Probe（探针）和示波器。在仿真模型窗口中分别添加 V_in、Load1、Load2、Load 共 4 个探针模块，将输入三相电源模块 V_3ph 拖入探针 V_in 编辑窗口，探测三相输入电源电压。

双击探针模块 Load，打开探针模块编辑窗口，将负载电阻 R_1、R_2、R_3 分别拖入 Load1、Load2、Load 探针模块编辑窗口，探测负载电阻的 Resistor voltage（电阻电压）和 Resistor current（电阻电流）。

2. 仿真结果

选择“Simulation→Simulation parameters”菜单项，设置在 240ms 内完成仿真，仿真最长步长为 $1\mu s$，其他仿真参数采用默认值，具体设置参见图 6-3。

采用叠加阶跃信号的方式，在仿真过程中修改晶闸管的触发角，即依次在 0s、0.06s、0.10s、0.14s、0.18s、0.22s 调整晶闸管的触发角 α 为 0°、30°、60°、90°、120°、150°，分别研究不同触发角时的工作情况。

运行仿真，仿真结束后双击打开 Scope 示波器，查看仿真波形，仿真结果如图 6-11 所示，图中波形从上到下分别为交流输入电源相电压、相电流、晶闸管触发脉冲、三相负载电压和电流。

1) 触发角 $\alpha = 0^\circ$（0～0.06s）

0.02s 后电路基本进入稳定工作状态。当触发角 $\alpha = 0^\circ$ 时，即在各相电压过零处触发晶闸管导通，以交流电源 A 相为例，在 A 相电压过零变正时，晶闸管 VT_1 导通、VT_4 自然关断，在过零变负时，晶闸管 VT_1 自然关断，晶闸管 VT_4 导通，每个晶闸管的导通角为 180°，此时晶闸管相当于二极管，负载上输出的电压等于交流电源 A 相电压。B、C 两相的导通情况与此完全相同。晶闸管导通的顺序为 $VT_1 \to VT_2 \to VT_3 \to VT_4 \to VT_5 \to VT_6$，每管导通角 $\theta = 180^\circ$，任何时刻都有三个晶闸管同时导通，负载上获得的调压电压仍为完整的正弦波，如果忽略晶闸管的管压降，此时调压电路相当于一般的三相交流电路，加到负载上的电压是额定电源电压。也就是说，触发角 $\alpha=0^\circ$ 时每管持续导通 180°，每 60° 区间有三个晶闸管同时导通。

2) 触发角 $\alpha = 30^\circ$（0.06～0.10s）

当触发角 $\alpha = 30^\circ$ 时，即在各相电压过零后 30° 处晶闸管触发导通。以交流电源 A 相为例，在 A 相电压过零后 30° 处 VT_1 触发导通，A 相电压过零变负时 VT_1 承受反向电压自然关断，A 相电压过零后 30° 处 VT_4 导通，A 相电压过零变正时 VT_4 承受反向电压自然关断，晶闸管的导通角为 $\theta = 150^\circ$。B、C 两相的导通情况与 A 相类似。

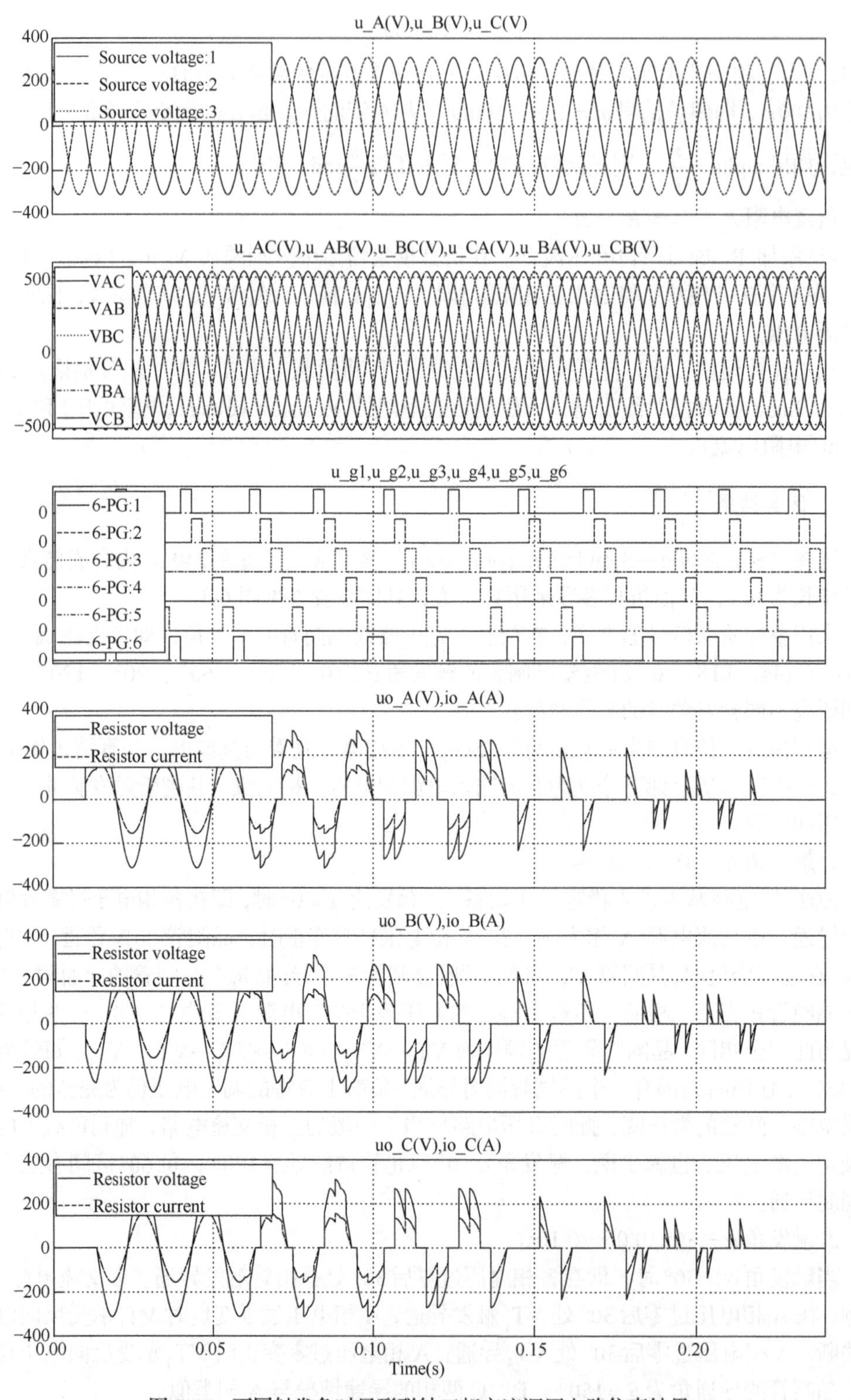

图 6-11　不同触发角时星形联结三相交流调压电路仿真结果

为分析方便，将 A 相电源的一个周期平均分成 12 个区间，各区间晶闸管导通和负载电压情况如表 6-1 所示。

表 6-1　触发角 $\alpha = 30°$ 各区间晶闸管导通、负载电压情况

A 相 ωt	电源 A 相		电源 B 相		电源 C 相		负载		
	VT_1	VT_4	VT_3	VT_6	VT_5	VT_2	A 相	B 相	C 相
0°～30°	断	断	断	通	通	断	0	$u_{CB}/2$	$u_{CB}/2$
30°～60°	通	断	断	通	通	断	u_A	u_B	u_C
60°～90°	通	断	断	通	断	断	$u_{AB}/2$	$u_{AB}/2$	0
90°～120°	通	断	断	通	断	通	u_A	u_B	u_C
120°～150°	通	断	断	断	断	通	$u_{AC}/2$	0	$u_{AC}/2$
150°～180°	通	断	通	断	断	通	u_A	u_B	u_C
180°～210°	断	断	通	断	断	通	0	$u_{BC}/2$	$u_{BC}/2$
210°～240°	断	通	通	断	断	通	u_A	u_B	u_C
240°～270°	断	通	通	断	断	断	$u_{BA}/2$	$u_{BA}/2$	0
270°～300°	断	通	通	断	通	断	u_A	u_B	u_C
300°～330°	断	通	断	断	通	断	$u_{CA}/2$	0	$u_{CA}/2$
330°～360°	断	通	断	通	通	断	u_A	u_B	u_C

从以上分析总结触发角 $\alpha = 30°$ 的导通特点为：每相上两个晶闸管各导通 $150°$，两相之间导通间隔 $120°$，晶闸管按照三相导通和两相导通轮流工作，在三相导通时，各相负载电压为本相电源电压，在两相导通时，负载电压为导通两相线电压的 1/2，未导通相的负载电压为 0V。

3）触发角 $\alpha = 60°$（0.10～0.14s）

仿真波形如图 6-12 所示，前两个周期，电路工作于过渡过程，第三个周期后，电路进入稳定工作状态。当触发角 $\alpha = 60°$ 时，即在各相电压过零后 $60°$ 处，晶闸管触发导通。以交流电源 A 相为例，在 A 相电压过零后 $60°$ 处，VT_1 触发导通，A 相电压过零变负时 VT_1 承受反向电压自然关断，A 相电压过零后 $60°$ 处，VT_4 导通，A 相电压过零变正时，VT_4 承受反向电压自然关断，晶闸管的导通角为 $\theta = 120°$。B、C 两相的导通情况与 A 相类似。

为分析方便，将 A 相电源的一个周期平均分成 6 个区间，各区间晶闸管导通和负载电压情况如表 6-2 所示。

表 6-2　触发角 $\alpha = 60°$ 各区间晶闸管导通、负载电压情况

A 相 ωt	电源 A 相		电源 B 相		电源 C 相		负载		
	VT_1	VT_4	VT_3	VT_6	VT_5	VT_2	A 相	B 相	C 相
0°～60°	断	断	断	通	通	断	0	$u_{CB}/2$	$u_{CB}/2$
60°～120°	通	断	断	通	断	断	$u_{AB}/2$	$u_{AB}/2$	0
120°～180°	通	断	断	断	断	通	$u_{AC}/2$	0	$u_{AC}/2$
180°～240°	断	断	通	断	断	通	0	$u_{BC}/2$	$u_{BC}/2$
240°～300°	断	通	通	断	断	断	$u_{BA}/2$	$u_{BA}/2$	0
300°～360°	断	通	断	断	通	断	$u_{CA}/2$	0	$u_{CA}/2$

从以上分析总结触发角 $\alpha = 60°$ 的导通特点为：任何时刻都有两相上的晶闸管有一个导通，第三相中的两个晶闸管都不导通，每个晶闸管导通120°，每个区间由两个晶闸管构成回路，电流从电源的其中一相流出回到另一相，负载电压与 $\alpha = 30°$ 时两相导通情况相同，负载电压为导通两相线电压的 1/2。

4）触发角 $\alpha = 90°$（0.14～0.18s）

交流电源 A 相电压90°处触发晶闸管 VT_1 导通时，VT_6 还有触发脉冲，A 相电压高于 B 相电压，晶闸管 VT_1 和 VT_6 一起导通，由 A、B 两相构成回路，一直维持到 A 相电压150°处，A 相电压开始小于 B 相电压但高于 C 相电压，晶闸管 VT_6 关断，晶闸管 VT_2 触发导通，晶闸管 VT_1 和 VT_2 一起导通，由 A、C 两相构成回路……如此下去，每个晶闸管导通后，与前一个触发导通的晶闸管一起构成回路导通60°后关断，然后又与新触发的下一个晶闸管一起构成回路再导通60°后关断。

为分析方便，将 A 相电源的一个周期分成 7 个区间，各区间晶闸管导通和负载电压情况如表 6-3 所示。

表 6-3　触发角 $\alpha = 90°$ 各区间晶闸管导通、负载电压情况

A 相 ωt	电源 A 相		电源 B 相		电源 C 相		负载		
	VT_1	VT_4	VT_3	VT_6	VT_5	VT_2	A 相	B 相	C 相
0°～30°	断	通	断	断	通	断	$u_{CA}/2$	0	$u_{CA}/2$
30°～90°	断	断	断	通	通	断	0	$u_{CB}/2$	$u_{CB}/2$
90°～150°	通	断	断	通	断	断	$u_{AB}/2$	$u_{AB}/2$	0
150°～210°	通	断	断	断	断	通	$u_{AC}/2$	0	$u_{AC}/2$
210°～270°	断	断	通	断	断	通	0	$u_{BC}/2$	$u_{BC}/2$
270°～330°	断	通	通	断	断	断	$u_{BA}/2$	$u_{BA}/2$	0
330°～360°	断	通	断	断	通	断	$u_{CA}/2$	0	$u_{CA}/2$

从以上分析总结触发角 $\alpha = 90°$ 的导通特点为：任何时刻都有两相上的晶闸管有一个

导通，第三相中的两个晶闸管都不导通，每个晶闸管导通120°，每个区间由两个晶闸管构成回路，电流从电源的其中一相流出回到另一相，负载电压与 $\alpha=30°$ 时两相导通情况相同，负载电压为导通两相线电压的 1/2。触发角 $\alpha=90°$ 时的工作情况与 $\alpha=60°$ 时相同，但负载上电压明显随 α 的增大而减小。

5) 触发角 $\alpha=120°$（0.18～0.22s）

交流电源 A 相电压 120°处触发晶闸管 VT_1 导通时，VT_6 还有触发脉冲，A 相电压高于 B 相电压，晶闸管 VT_1 和 VT_6 一起导通，由 A、B 两相构成回路，一直维持到 A 相电压 150°处，A 相电压开始小于 B 相电压但高于 C 相电压，晶闸管 VT_6 关断，晶闸管 VT_2 触发导通，晶闸管 VT_1 和 VT_2 一起导通，由 A、C 两相构成回路……如此下去，每个晶闸管导通后，与前一个触发导通的晶闸管一起构成回路，导通 30°后关断，然后又与新触发的下一个晶闸管一起构成回路再导通 30°后关断。

为分析方便，将 A 相电源的一个周期分成 12 个区间，各区间晶闸管导通和负载电压情况如表 6-4 所示。

表 6-4　触发角 $\alpha=120°$ 各区间晶闸管导通、负载电压情况

A 相 ωt	电源 A 相		电源 B 相		电源 C 相		负载		
	VT_1	VT_4	VT_3	VT_6	VT_5	VT_2	A 相	B 相	C 相
0°～30°	断	通	断	断	通	断	$u_{CA}/2$	0	$u_{CA}/2$
30°～60°	断	断	断	断	断	断	0	0	0
60°～90°	断	断	断	通	通	断	0	$u_{CB}/2$	$u_{CB}/2$
90°～120°	断	断	断	断	断	断	0	0	0
120°～150°	通	断	断	通	断	断	$u_{AB}/2$	$u_{AB}/2$	0
150°～180°	断	断	断	断	断	断	0	0	0
180°～210°	通	断	断	断	断	通	$u_{AC}/2$	0	$u_{AC}/2$
210°～240°	断	断	断	断	断	断	0	0	0
240°～270°	断	断	通	断	断	通	0	$u_{BC}/2$	$u_{BC}/2$
270°～300°	断	断	断	断	断	断	0	0	0
300°～330°	断	通	通	断	断	断	$u_{BA}/2$	$u_{BA}/2$	0
330°～360°	断	断	断	断	断	断	0	0	0

从以上分析总结触发角 $\alpha=120°$ 的导通特点为：每个晶闸管触发后导通 30°，关断 30°，再触发导通 30°；各区间要么由两个晶闸管导通构成回路，要么没有晶闸管导通，属于两相断续工作方式。

6) 触发角 $\alpha=150°$（0.22～0.24s）

仿真波形如图 6-11 所示，负载上没有交流电压输出。以晶闸管 VT_1 为例，当触发角 $\alpha=150°$ 时，晶闸管 VT_1 和 VT_6 均有触发脉冲，但由于 $u_{AB}<0$，VT_1 和 VT_6 均无法导通，其他晶闸管的情况也是如此，因此，当触发角 $\alpha\geqslant150°$ 时，从电源到负载均不构成通路，

输出电压为0。

由图6-11可以看出，交流调压所得的负载电压和电流波形都不是正弦波，且随着触发角α增大，负载电压相应变小，负载电流开始出现断流。电阻负载下星形联结三相交流调压电路触发角的移相范围为0°～150°。

星形联结三相三线交流调压电路带阻感负载的工作情况与单相交流调压电路带阻感负载分析方法相同，但情况更复杂一些。

第 7 章　逆变电路仿真实验

逆变电路也称为直流-交流(DC-AC)变换电路，与整流电路相对应，逆变电路将直流电变换成交流电。当交流侧接有交流电源时称为有源逆变；当交流侧直接和交流用电负载连接时称为无源逆变，又称为变频器。

逆变电路的应用非常广泛。各种直流电源，如蓄电池、燃料电池、太阳能电池等，向交流负载供电或者向电网送电时，都需要逆变电路。另外，交流电机调速用的变频器、不间断电源、感应加热电源等电力电子装置使用非常广泛，其电路的核心部分都是逆变电路。逆变电路的基本功能是在控制电路的作用下，将中间直流电路输出的直流电源转换为频率和电压都任意可调的交流电源。目前，绝大多数逆变电路采用全控型器件，简化了逆变主电路，提高了逆变器的性能。

为了满足不同用电设备对交流电源性能参数的要求，已发展了多种逆变电路，大致可按以下方式分类。

(1)按输出电能的去向分，可分为有源逆变电路和无源逆变电路。有源逆变电路输出的电能返回公共交流电网，无源逆变电路输出的电能直接供给用电设备。

(2)按直流电源的性质分，可分为由电压型直流电源供电的电压型逆变电路和由电流型直流电源供电的电流型逆变电路。

(3)按主电路的器件分，可分为由具有自关断能力的全控型器件组成的全控型逆变电路和由无关断能力的半控型器件(如普通晶闸管)组成的半控型逆变电路。半控型逆变电路必须利用换流电压以关断退出导通的器件。若换流电压取自逆变负载端，称为负载换流式逆变电路，这种电路仅适用于容性负载，对于非容性负载，换流电压必须由专门的换流电路产生，称为自换流式逆变电路。

(4)按电流波形分，可分为正弦逆变电路和非正弦逆变电路。正弦逆变电路开关器件中的电流为正弦波，开关损耗较小，宜工作于较高频率。非正弦逆变电路开关器件中的电流为非正弦波，开关损耗较大，工作频率较正弦逆变电路低。

(5)按输出相数分，可分为单相逆变电路和三相逆变电路。单相逆变电路适用于小功率场合，三相逆变电路适用于中、大功率场合。

7.1　有源逆变电路仿真实验

有源逆变交流侧是供电电源，该交流电与电网相连，即将直流电逆变成与交流电网同频率的交流电输送给电网，例如，可控整流电路供给直流电动机负载，当电动机处于制动或发电状态时，这种逆变称为有源逆变。

全控整流电路既能工作在整流方式，又能工作在有源逆变方式，即在一定条件下，电能从交流到直流，在另外的条件下，电能又可以从直流到交流。全控整流电路工作于逆变状态必须同时满足两个条件：一是触发角$\alpha > 90°$，二是有一个电压大于整流输出电压平均值U_d的外加直流电源。当变流器工作于逆变状态时，常将触发角α改用逆变角β表示，触发角α和逆变角β满足$\alpha + \beta = 180°$，例如，逆变角$\beta = 30°$时，触发角$\alpha = 150°$。

7.1.1　单相桥式全控有源逆变电路建模仿真

单相桥式全控有源逆变电路如图 7-1 所示。u_2为输入交流电源电压，u_d为负载电压，i_d为负载电流，E为提供逆变的直流电源，i_{VT1}、i_{VT2}分别为流过晶闸管 VT_1、VT_2的电流，u_{VT_1}、u_{VT_2}分别为晶闸管VT_1和VT_2阳极与阴极间电压，u_{g1}、u_{g2}分别为晶闸管VT_1和VT_2的触发脉冲电压。

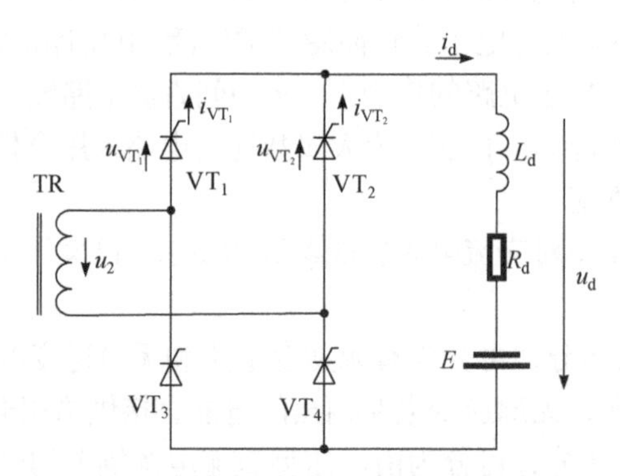

图 7-1　单相桥式全控有源逆变电路

晶闸管VT_1和VT_4的触发角相同，VT_2和VT_3的触发角相同，且互差$180°$。

在 PLECS 中建立单相桥式全控有源逆变电路仿真模型，仿真分析并掌握单相桥式全控有源逆变电路的工作情况；验证可控整流电路在有源逆变时的工作条件，并比较其与整流工作时的区别；改变仿真模型中各模块的参数和仿真参数，如增大或减小直流电压源的电压，观察波形变化，分析波形变化原因，理解逆变角大小与负载电压波形间的关系。

1. 仿真模型

单相桥式全控有源逆变电路仿真建模过程可参考 4.2.2 节阻感负载单相桥式全控整流电路仿真建模过程，在负载端添加直流电压源E。单相桥式全控有源逆变电路仿真模型如图 7-2 所示，仿真文件保存为 1PhaseBridgeThyActiveInverter.plecs。

双击交流电压源 V_ac 模块设置模块参数，Amplitude（电压幅度）设置为 311V，Frequency（频率）设置为 50Hz，即100π rad/s，相位为$0°$。

双脉冲发生器模块产生 H 桥晶闸管整流器的触发脉冲，其输入为逻辑使能信号(enable)、斜坡信号φ(phi)和触发角α(alpha)，具体使用参见 4.2.1 节。晶闸管触发脉冲的频率为 50Hz，增益模块的增益设为100π。逆变角β与触发角α（单位为 rad）满足$\alpha + \beta = \pi$，逆变角β由常数模块“Beta”设定，设置逆变角β=60°。

1PhaseBridgeThyActiveInverter
File Edit View Simulation Format Coder Window Help
ug1
VT1
ug2
VT2
R
L
u_in
V_ac
u_out
E
ug2
VT3
ug1
VT4
i_out
1
enable
Clock
K
wt
enable
phi pulses
alpha
2-Pulse
Generator
pi
pi/3
Beta
Probe
Probe
Scope

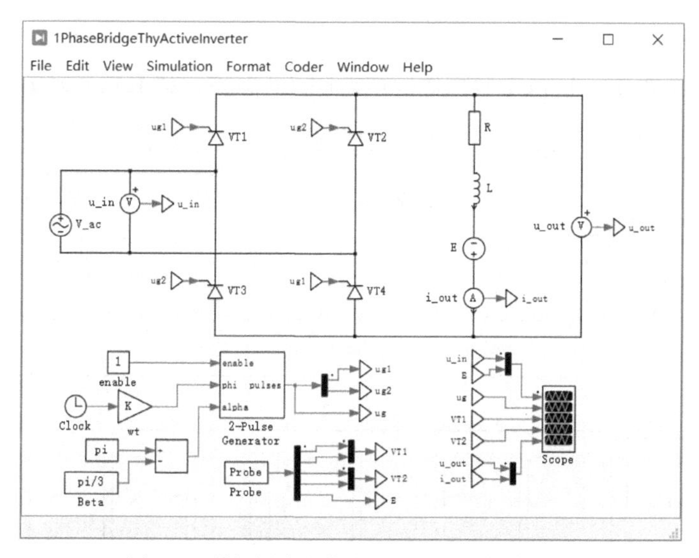

图 7-2 单相桥式全控有源逆变电路仿真模型

负载电阻 $R=1\Omega$ ，负载电感 $L=0.01\text{H}$ ，直流电压源 $E=250\text{V}$ 。

其余模块参数可保持默认设置。

添加 Probe(探针)模块，将晶体管 VT_1、VT_2 和电动势模块 E 拖拽进入探针模块编辑器窗口的 Probed components(探测元件)区，探测晶体管 VT_1、VT_2 的电压、电流以及电动势 E 的电源电压。

2. 仿真结果

1)逆变角 β=60°时仿真分析

选择“Simulation→Simulation parameters”菜单项，设置 Start time(开始时间)为 0.0s，Stop time(终止时间)为 0.1s，即仿真在 100ms 内完成。仿真最长步长设为 1ms，其他仿真参数采用默认值，如图 7-3 所示。

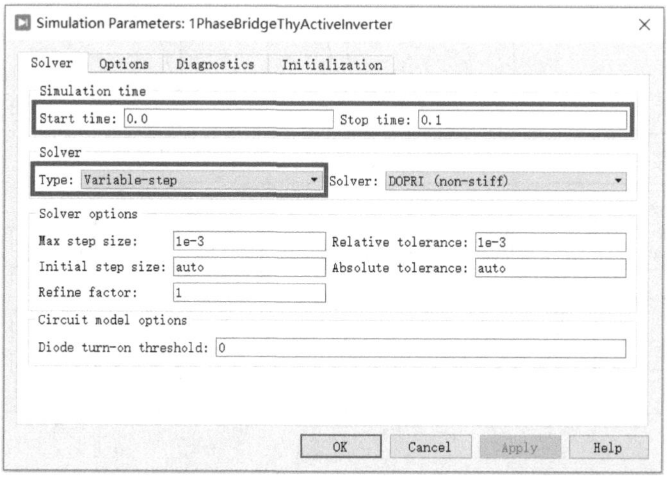

Simulation Parameters: 1PhaseBridgeThyActiveInverter
Solver
Options
Diagnostics
Initialization
Simulation time
Start time: 0.0
Stop time: 0.1
Solver
Type: Variable-step
Solver: DOPRI (non-stiff)
Solver options
Max step size: 1e-3
Relative tolerance: 1e-3
Initial step size: auto
Absolute tolerance: auto
Refine factor: 1
Circuit model options
Diode turn-on threshold: 0
OK
Cancel
Apply
Help

图 7-3 仿真参数设置

选择“Simulation→Start”菜单项以启动仿真运行，仿真运行结束后双击 Scope 示波器模块查看仿真波形。仿真结果输出波形如图 7-4 所示，从上到下分别为输入交流电源

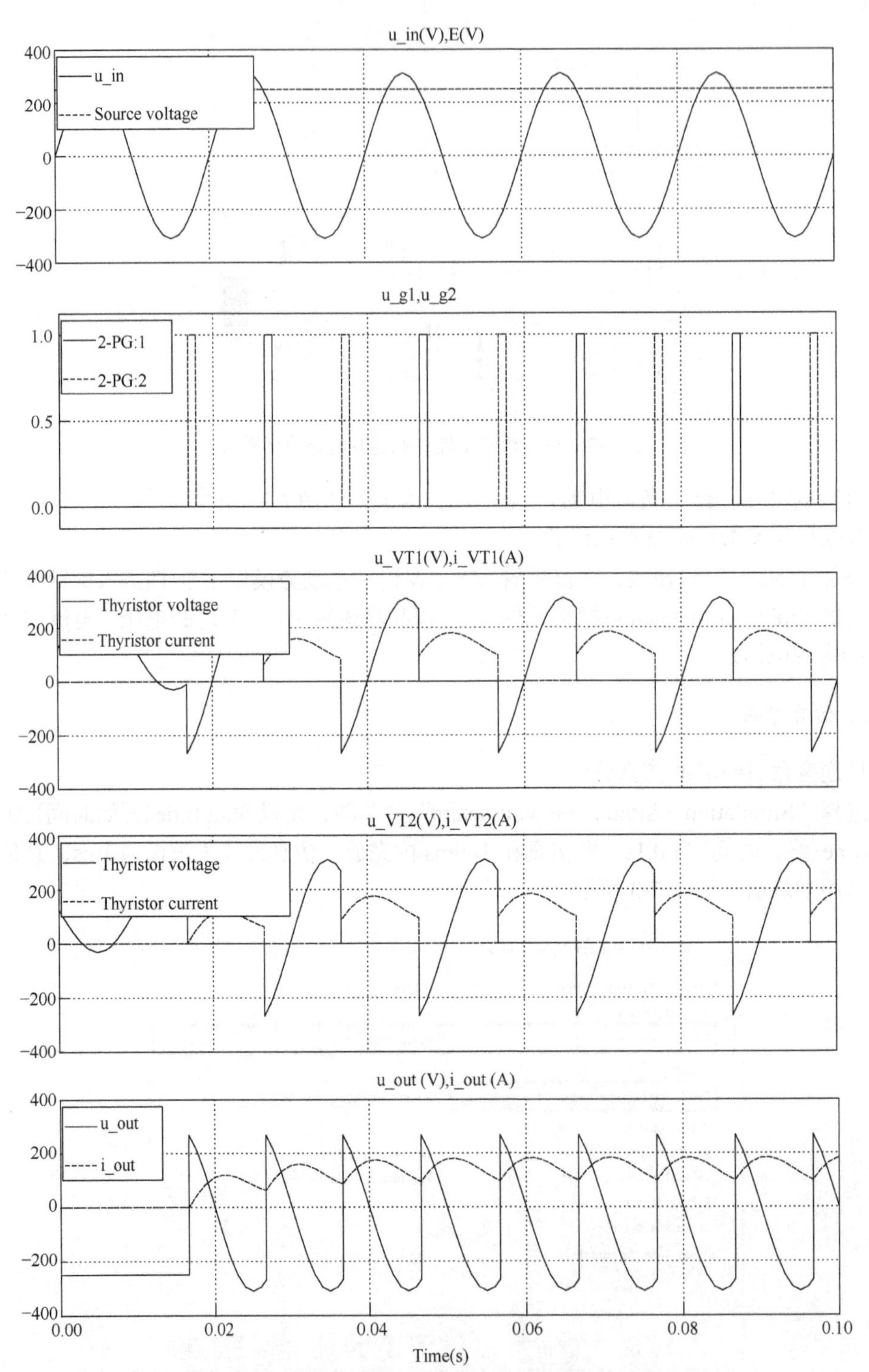

图 7-4　单相桥式全控有源逆变电路仿真波形（β=60°）

电压和反电动势 E、晶闸管 VT_1(4)和 VT_2(3)的触发脉冲、晶闸管 VT_1 的电压和电流、晶闸管 VT_2 的电压和电流、负载电压和电流的仿真波形。

从仿真结果可以看出，前两个周期电路处于过渡过程，第三个周期后电路工作基本稳定。稳定工作状态下，输出电压瞬时值在整个周期内有正有负，但其负面积总是大于正面积，故输出电压平均值为负值，负载向电源回馈电能。

2) 不同逆变角时仿真分析

采用叠加阶跃信号的方式，在仿真过程中修改晶闸管的逆变角，依次设置逆变角 β 为 $30°$、$60°$、$90°$，即依次修改图 7-2 中常数模块 Beta 的值为 $\frac{\pi}{6}$、$\frac{\pi}{3}$、$\frac{\pi}{2}$。

选择"Simulation→Simulation parameters"菜单项，设置仿真在140ms 内完成，仿真最长步长设为 1ms，其他仿真参数采用默认值，具体设置参见图 7-3。

运行仿真，仿真结束后双击打开 Scope 示波器查看仿真波形，仿真结果输出波形如图 7-5 所示。从上到下分别为输入电源电压和反电动势 E、晶闸管 VT_1(4)和 VT_2(3)的触发脉冲、晶闸管 VT_1 的电压和电流、晶闸管 VT_2 的电压和电流、负载电压和电流的仿真波形；从左到右，0.00～0.06s 区间逆变角 $\beta = 30°$，0.06～0.10s 区间逆变角 $\beta = 60°$，0.10～0.14s 区间逆变角 $\beta = 90°$。

从仿真结果可以看出，输出电压波形的负面积总是大于正面积，负载向电源回馈电能，逆变角 β 越小，负载向电源回馈的电能越多。

(1) 测量单相桥式全控有源逆变电路负载电压平均值 U_d，记录于表 7-1，并与理论计算值进行比较。

表 7-1　单相桥式全控有源逆变电路负载电压记录表

逆变角 β	30°	60°	90°
电源电压有效值 U_2			
负载电压 U_d（测量值）			
负载电压 U_d（理论值）			

(2) 根据仿真结果分析单相桥式全控有源逆变电路的工作情况。

(3) 改变仿真模型中各模块的参数和仿真参数，例如，增大或减小直流电压源的大小，观察波形的变化，分析波形变化的原因。

(4) 单相桥式全控有源逆变电路谐波分析。

7.1.2　三相半波有源逆变电路建模仿真

三相半波有源逆变电路如图 7-6 所示。u_A、u_B、u_C 分别为输入交流电源 A、B、C 三相的电压，u_d 为负载电压，i_d 为负载电流，E 为提供逆变能量的直流电源，i_{VT_1}、i_{VT_2}、i_{VT_3} 分别为流过晶闸管 VT_1、VT_2、VT_3 的电流，u_{VT_1}、u_{VT_2}、u_{VT_3} 分别为晶闸管 VT_1、VT_2、VT_3 阳极与阴极间的电压，u_{g1}、u_{g2}、u_{g3} 分别为晶闸管 VT_1、VT_2、VT_3 的触发脉

冲电压，晶闸管VT_1、VT_2、VT_3的触发角之间互差120°。

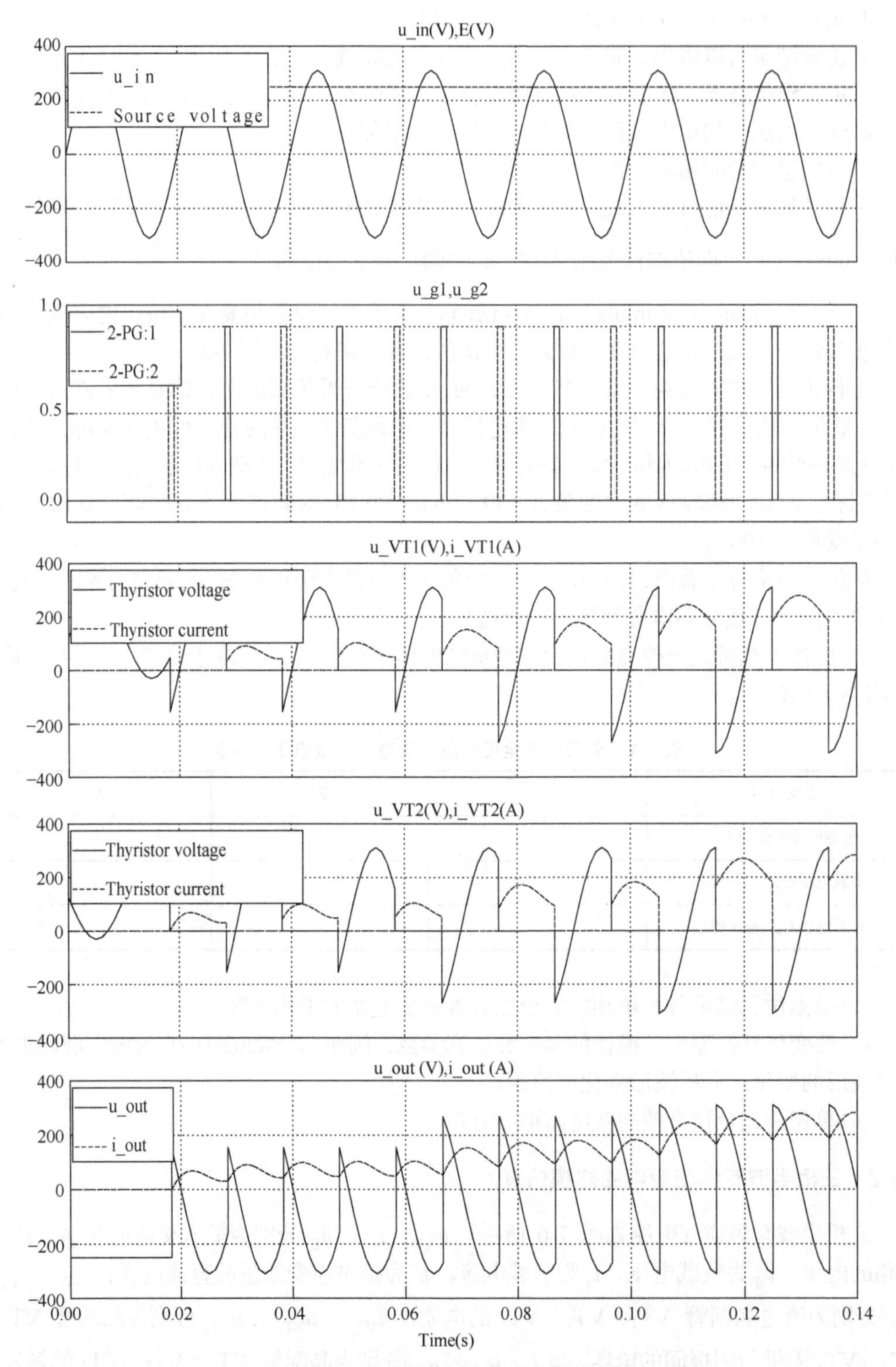

图 7-5　各逆变角时单相桥式全控有源逆变电路仿真结果

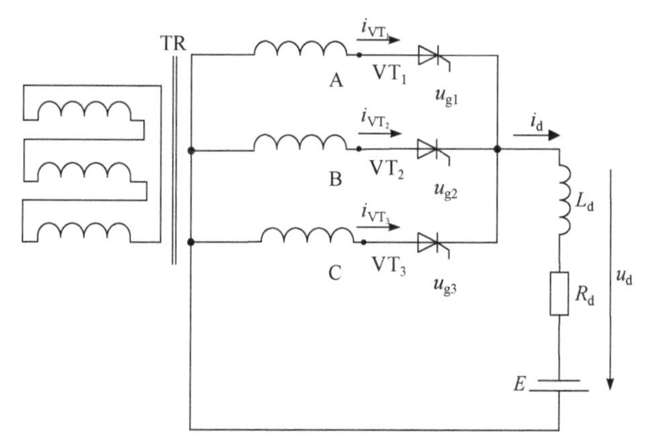

图 7-6　三相半波有源逆变电路

在 PLECS 中建立三相半波有源逆变电路仿真模型，仿真分析并掌握三相半波有源逆变电路的工作情况；验证可控整流电路在有源逆变时的工作条件，并比较其与整流工作时的区别；改变仿真模型中各模块的参数和仿真参数，如增大或减小直流电压源的大小，观察波形变化，分析波形变化原因，理解逆变角大小与负载电压波形间的关系。

1. 仿真模型

三相半波有源逆变电路仿真建模过程可参考 4.3.2 节阻感负载三相半波整流电路仿真建模过程，在负载端添加直流电压源 E。三相半波有源逆变电路仿真模型如图 7-7 所示，仿真文件保存为 3PhaseHalfwaveThyActiveInverter.plecs。

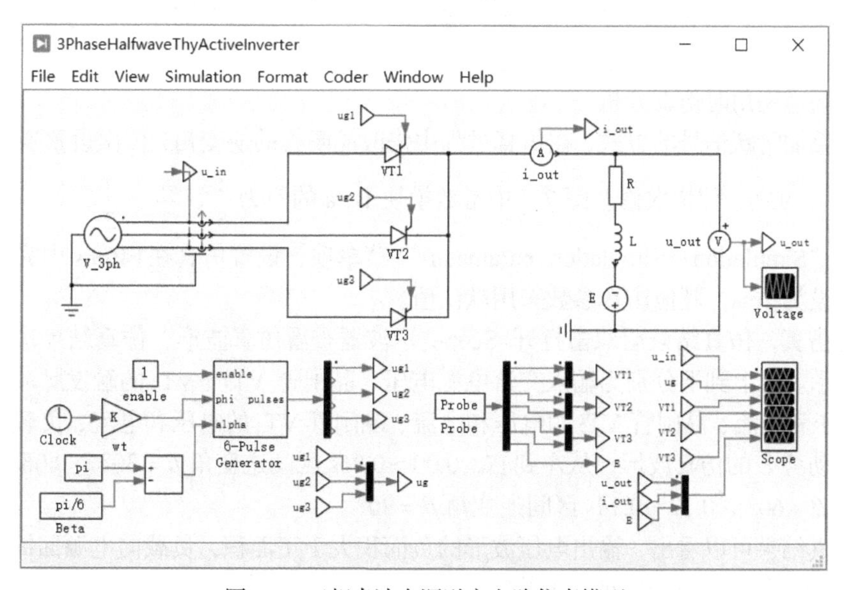

图 7-7　三相半波有源逆变电路仿真模型

双击仿真模型编辑窗口中交流电压源 V_3ph 模块设置模块参数，Amplitude（电压幅度）设置为 311V，Frequency（频率）设置为 50Hz，即 $100\pi\ \mathrm{rad/s}$，相位为 0°。

6脉冲信号模块产生三相晶闸管触发脉冲，具体使用参见4.3.1节。晶闸管触发脉冲的频率为50Hz，增益模块的增益设置为100π。逆变角β由常数模块“Beta”设定，逆变角β与6脉冲信号模块输入信号触发角α（单位为rad）的关系为$\alpha=\pi-\beta$，设置逆变角$\beta=60°$。

负载电阻$R=2\Omega$，负载电感$L=0.02\text{H}$，直流电压源$E=300\text{V}$。

其余模块参数可保持默认设置。

添加Probe（探针）模块，将晶体管VT_1、VT_2、VT_3和电动势E模块拖拽进入探针模块编辑器窗口的Probed components（探测元件）区，探测晶体管VT_1、VT_2、VT_3的电压、电流以及电动势E的电源电压。

2. 仿真结果

1）逆变角β=60°仿真分析

选择“Simulation→Simulation parameters”菜单项，设置Start time（开始时间）为0.0s，Stop time（终止时间）为0.1s，即仿真在100ms内完成。设置Max step time（最长步长）为1ms，其他仿真参数采用默认值，具体设置参见图7-3。

选择“Simulation→Start”菜单项以启动仿真，仿真运行结束后双击Scope示波器模块查看仿真波形。仿真波形如图7-8所示，从上到下分别为输入交流电源电压、晶闸管VT_1～VT_3的触发脉冲、晶闸管VT_1的电压和电流、晶闸管VT_2的电压和电流、晶闸管VT_3的电压和电流、负载电压和电流及反电动势E的仿真波形。

从图7-8的仿真结果来看，第一个周期电路处于过渡状态，第二个周期后电路基本处于稳定工作状态。在电路稳定工作状态，输出电压瞬时值在整个周期内均为负值，平均电压在–127.7V左右，负载向电源回馈电能。

2）不同逆变角时仿真分析

采用叠加阶跃信号的方式，在仿真过程中修改晶闸管的逆变角，依次设置逆变角β为30°、60°、90°，即依次修改图7-7中常数模块Beta的值为$\frac{\pi}{6}$、$\frac{\pi}{3}$、$\frac{\pi}{2}$。

选择“Simulation→Simulation parameters”菜单项，设置仿真在140ms内完成，仿真最长步长设为1ms，其他仿真参数采用默认值。

运行仿真，仿真结束后双击打开Scope示波器查看仿真波形，仿真结果输出波形如图7-9所示。从上到下分别为输入交流电源电压、晶闸管VT_1～VT_3的触发脉冲、晶闸管VT_1的电压和电流、晶闸管VT_2的电压和电流、晶闸管VT_3的电压和电流、负载电压和电流及反电动势E的仿真波形；从左到右，0.00～0.06s区间逆变角$\beta=30°$，0.06～0.10s区间逆变角$\beta=60°$，0.10～0.14s区间逆变角$\beta=90°$。

从仿真结果可以看出，输出电压波形的负面积大于正面积，负载向电源回馈电能。逆变角β越小，负载向电源回馈的电能越多。

（1）利用示波器游标测量三相半波有源逆变电路负载电压平均值U_d，记录于表7-2，并与理论计算值进行比较。

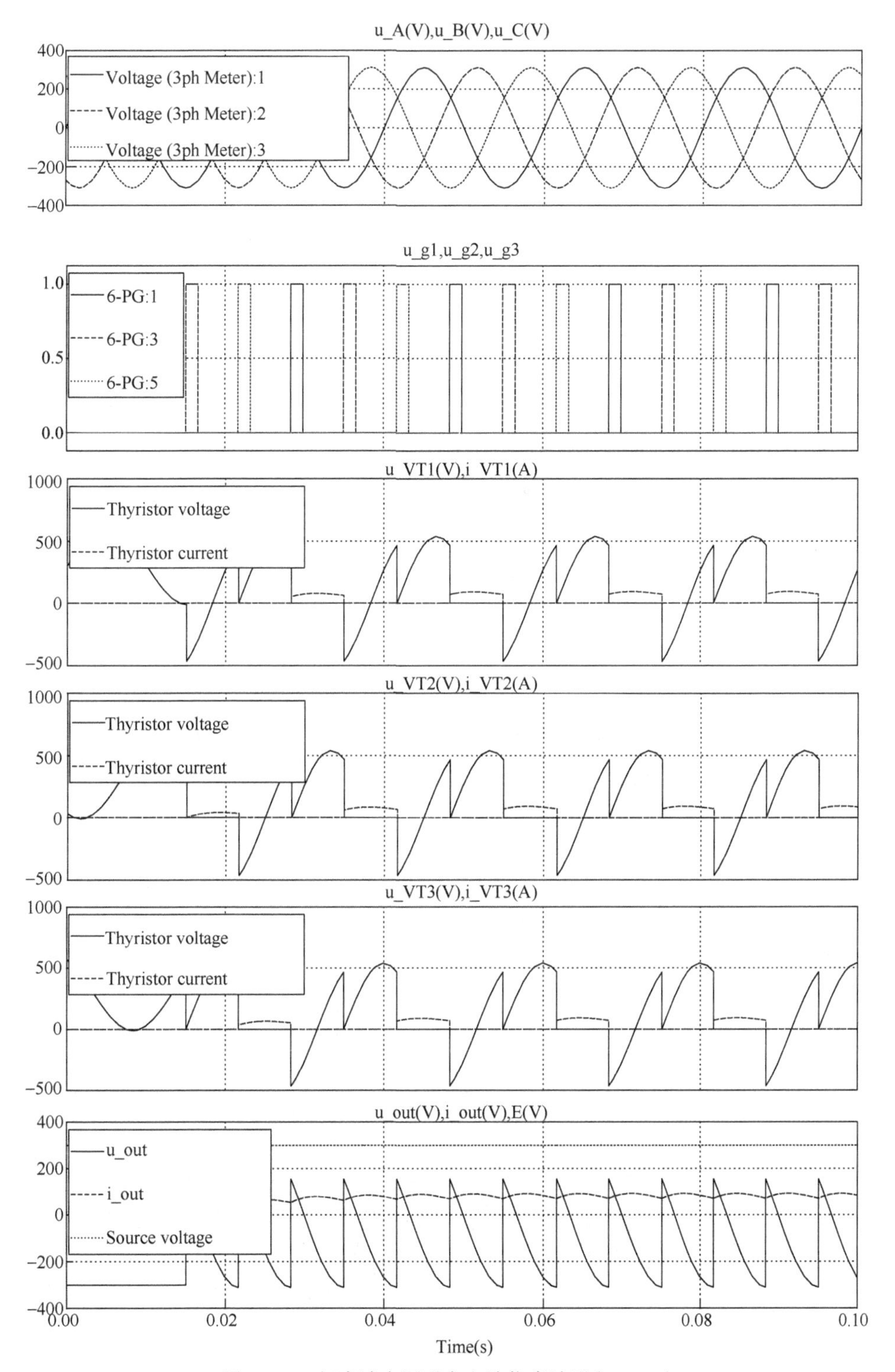

图 7-8　三相半波有源逆变电路仿真波形（β=60°）

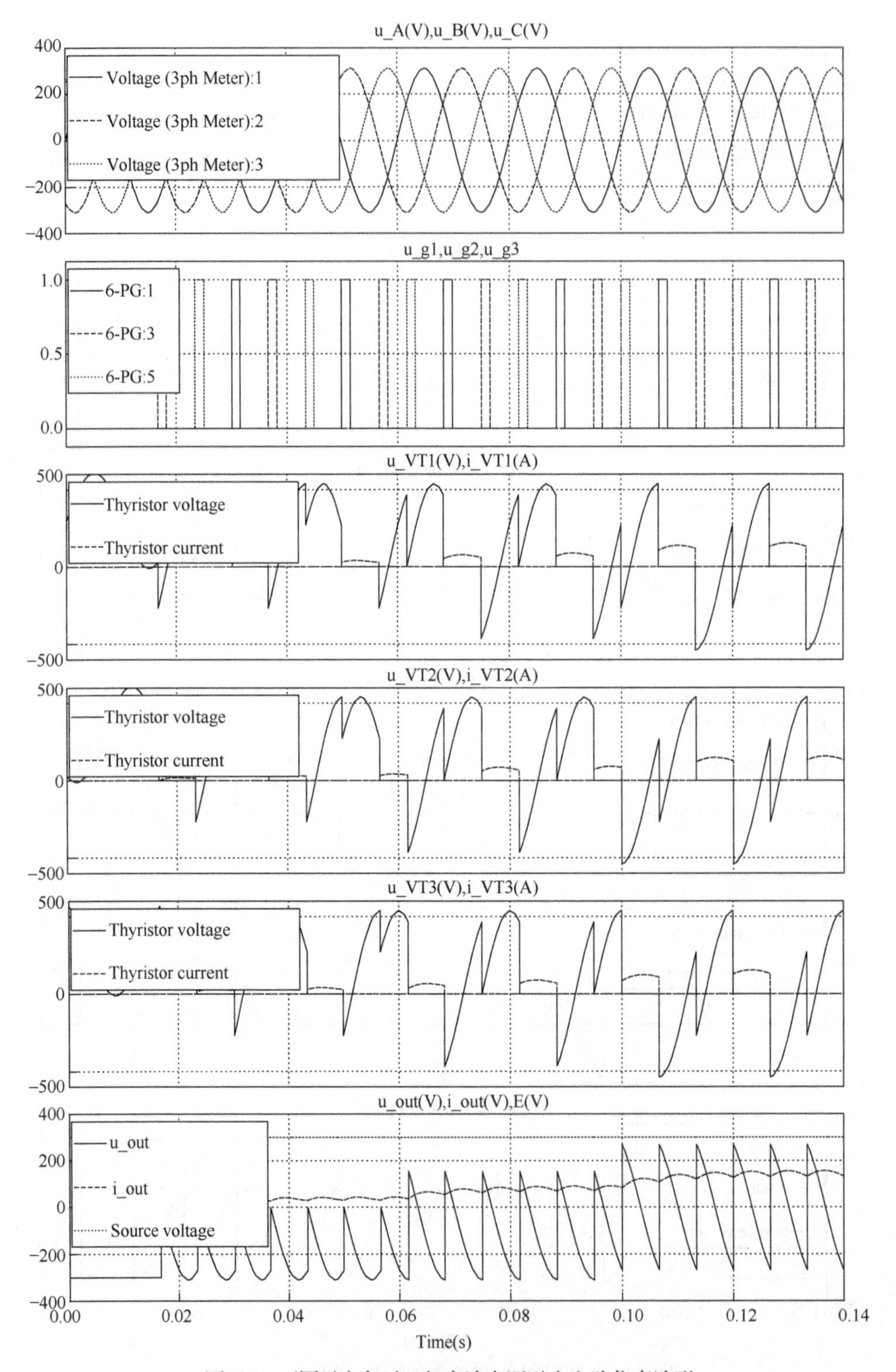

图 7-9　不同逆变角时三相半波有源逆变电路仿真波形

表 7-2　三相半波有源逆变电路负载电压记录表

逆变角 β	30°	60°	90°
电源相电压有效值 U_2			
负载电压 U_d（测量值）			
负载电压 U_d（理论值）			

(2) 根据仿真结果分析三相半波有源逆变电路的工作情况。

(3) 改变仿真模型中各模块的参数和仿真参数，如增大或减小直流电压源的大小，观察波形的变化，分析波形变化的原因。

(4) 三相半波有源逆变电路谐波分析。

7.1.3　三相桥式有源逆变电路建模仿真

三相半波有源逆变电路如图 7-10 所示。u_A、u_B、u_C 分别为输入交流电源 A、B、C 三相的电压，u_d 为负载电压，i_d 为负载电流，E 为提供逆变能量的直流电源，i_{VT_1}、i_{VT_2}、i_{VT_3} 分别为流过晶闸管 VT1、VT2、VT3 的电流，u_{VT_1}、u_{VT_2}、u_{VT_3} 分别为晶闸管 VT1、VT2、VT3 的阳极与阴极间电压，u_{g1}～u_{g6} 为晶闸管 VT_1～VT_6 的触发脉冲电压。

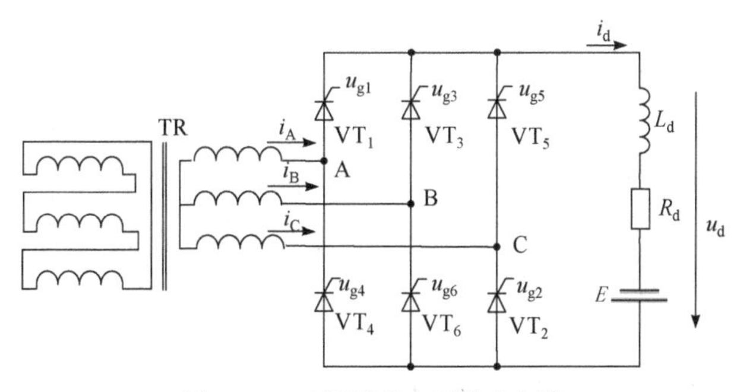

图 7-10　三相桥式有源逆变电路

在 PLECS 中建立三相桥式有源逆变电路仿真模型，仿真分析并掌握三相桥式有源逆变电路的工作情况；验证可控整流电路在有源逆变时的工作条件，并比较其与整流工作时的区别；改变仿真模型中各模块的参数和仿真参数，如增大或减小直流电压源的大小，观察波形变化，分析波形变化原因，理解逆变角大小与负载电压波形间的关系。

1. 仿真模型

三相桥式有源逆变电路仿真建模过程可参考 4.4.2 节阻感负载三相桥式整流电路仿真建模过程，在负载端添加直流电压源 E。三相桥式有源逆变电路仿真模型如图 7-11 所示，仿真文件保存为 3PhaseBridgeThyActiveInverter.plecs。

双击仿真模型编辑窗口中交流电压源 V_3ph 模块设置模块参数，Amplitude（电压幅度）设置为 311V，Frequency（频率）设置为 50Hz，即 $100\pi\ \mathrm{rad/s}$，相位为 $0°$。

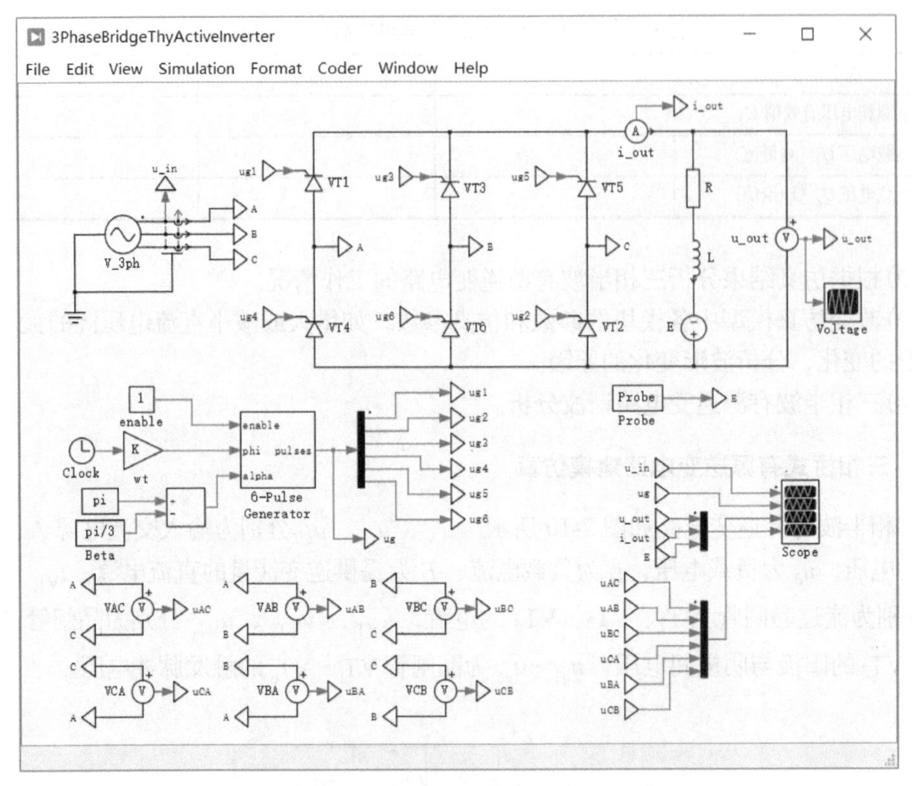

图 7-11　三相桥式有源逆变电路仿真模型

6 脉冲信号模块产生三相晶闸管触发脉冲，具体使用参见 4.3.1 节。晶闸管触发脉冲的频率为 50Hz，增益模块的增益设置为100π。逆变角β由常数模块“Beta”设定，逆变角β与 6 脉冲信号模块输入信号触发角α（单位为 rad）的关系为$\alpha=\pi-\beta$，设置逆变角$\beta=60°$。

负载电阻$R=2\Omega$，负载电感$L=0.02\text{H}$，直流电压源$E=500\text{V}$。

其余模块参数可保持默认设置。

添加 Probe（探针）模块，将电动势 E 模块拖拽进入探针模块编辑器窗口的 Probed components（探测元件）区，探测电动势E的电源电压。

2. 仿真结果

1）逆变角β=60° 仿真分析

选择“Simulation→Simulation parameters”菜单项，设置 Start time（开始时间）为 0.0s，Stop time（终止时间）为 0.1s，即仿真在 100ms 内完成。设置 Max step time（最长步长）为 1ms，其他仿真参数采用默认值，具体设置参见图 7-3。

选择“Simulation→Start”菜单项以启动仿真，仿真运行结束后双击 Scope 示波器模块查看仿真波形。仿真波形如图 7-12 所示，从上到下分别为输入交流电源相电压、晶闸管 VT_1～VT_6 的触发脉冲、输入交流电源线电压、负载电压和电流及直流电源电压E。

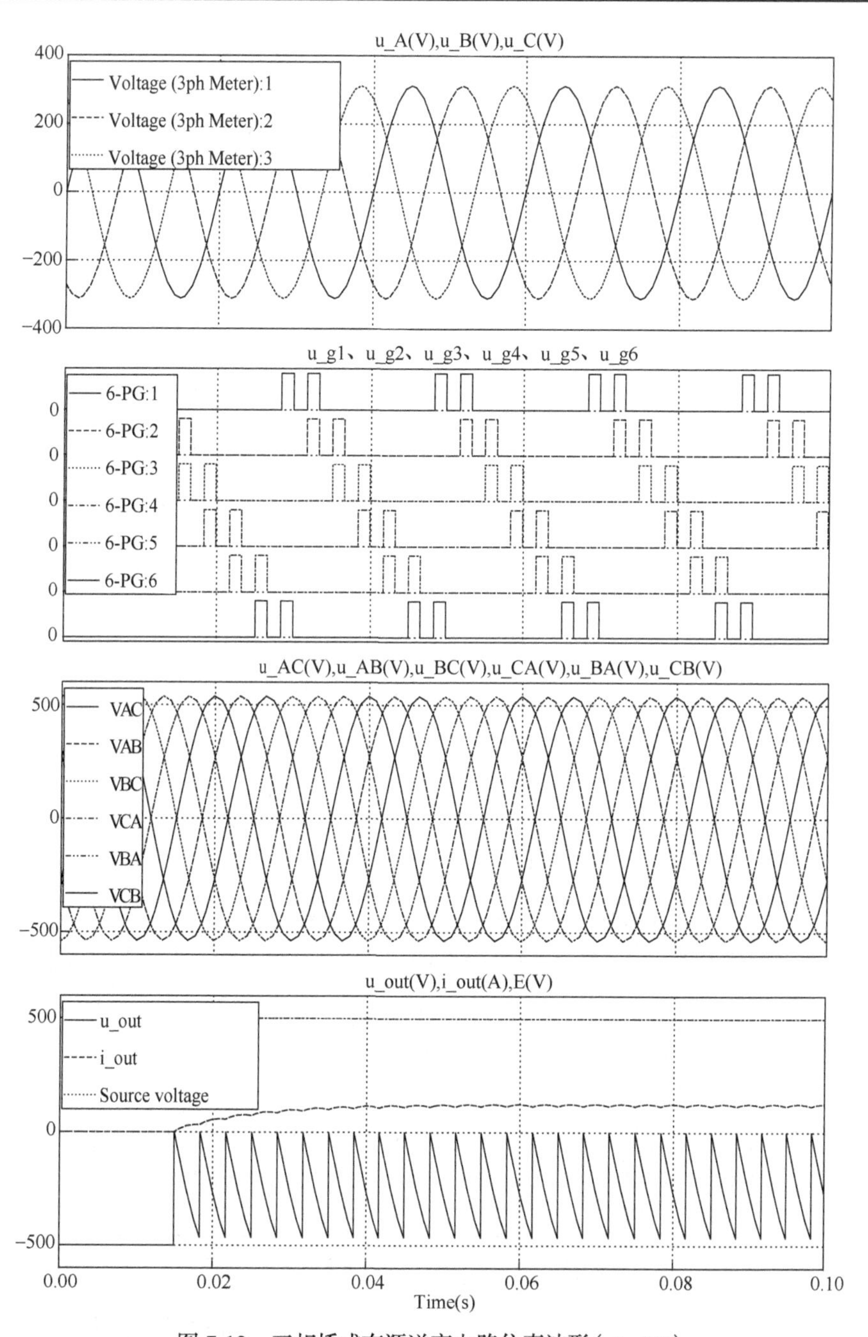

图 7-12　三相桥式有源逆变电路仿真波形（β=60°）

从图 7-12 的仿真结果来看，第一个周期电路处于过渡状态，第二个周期后电路基本处于稳定工作状态。在电路稳定工作状态，输出电压瞬时值在整个周期内均为负值，平均电压在−440V 左右，负载向电源回馈电能。

2) 不同逆变角时仿真分析

采用叠加阶跃信号的方式，在仿真过程中修改晶闸管的逆变角，依次设置逆变角 β 为

30°、60°、90°，即依次修改图 7-11 中常数模块 Beta 的值为 $\frac{\pi}{6}$、$\frac{\pi}{3}$、$\frac{\pi}{2}$。

选择“Simulation→Simulation parameters”菜单项，设置仿真在140ms 内完成，仿真最长步长设为 1ms，其他仿真参数采用默认值。

运行仿真，仿真结束后双击打开 Scope 示波器查看仿真波形，仿真结果输出波形如图 7-13 所示。从上到下分别为输入交流电源相电压、晶闸管 VT_1～VT_6 的触发脉冲、输入

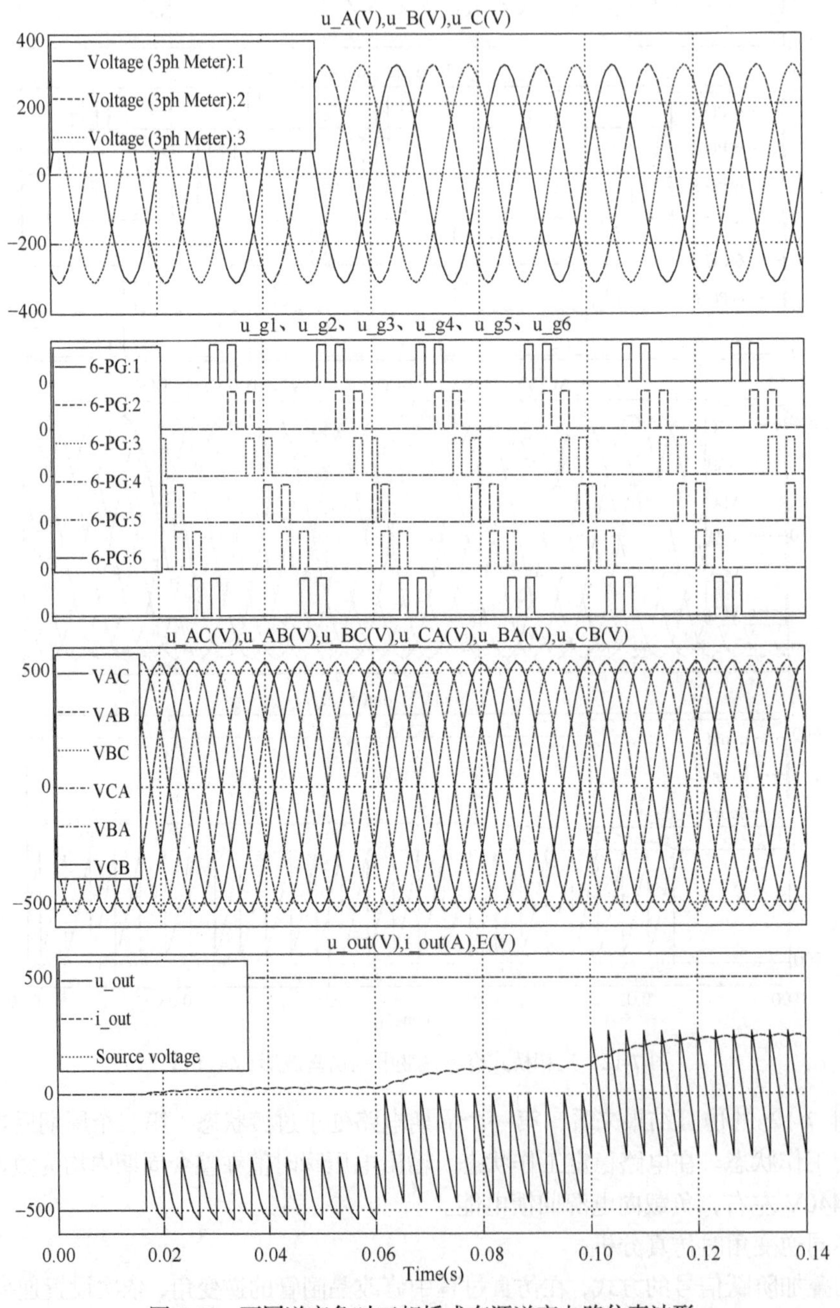

图 7-13　不同逆变角时三相桥式有源逆变电路仿真波形

交流电源线电压、负载电压和电流及直流电源电压 E；从左到右，0.00～0.06s 区间逆变角 $\beta=30°$，0.06～0.10s 区间逆变角 $\beta=60°$，0.10～0.14s 区间逆变角 $\beta=90°$。

从仿真结果可以看出，负载电压波形的负面积大于正面积，负载向电源回馈电能。逆变角 β 越小，负载向电源回馈的电能越多。

(1)利用示波器游标测量三相桥式有源逆变电路负载电压平均值 U_d，记录于表 7-3，并与理论计算值进行比较。

表 7-3　三相桥式有源逆变电路负载电压记录表

逆变角 β	30°	60°	90°
电源相电压有效值 U_2			
负载电压 U_d（测量值）			
负载电压 U_d（理论值）			

(2)根据仿真结果分析三相桥式有源逆变电路的工作情况。

(3)改变仿真模型中各模块的参数和仿真参数，如增大或减小直流电压源的大小，观察波形的变化，分析波形变化的原因。

(4)三相桥式有源逆变电路谐波分析。

7.2　无源逆变电路建模仿真实验

无源逆变电路交流侧是具体的用电设备，逆变输出的交流电与电网无联系，交流电仅供给具体的用电设备。电压型逆变电路的直流侧为电压源，或并联大电容，直流侧基本无脉动，直流回路呈现低阻抗。由于直流电压源的钳位作用，交流侧输出电压波形为矩形波，且与负载阻抗角无关。交流侧输出电流波形和相位因负载阻抗情况而定，当交流侧为阻感负载时需提供无功功率，直流侧电容可起到缓冲无功能量的作用，同时逆变各桥臂均反并联二极管，进而为无功能量提供通道。

7.2.1　单相电压型半桥逆变电路建模仿真

单相电压型半桥逆变电路如图 7-14 所示，由两个桥臂组成，每个桥臂由一个可控器件(如 IGBT、MOSFET)和一只反并联二极管组成。直流侧有两个串联的大电容，两个电容的连接点是直流电源的中点。负载连接在电容的连接点与桥臂的连接点之间。

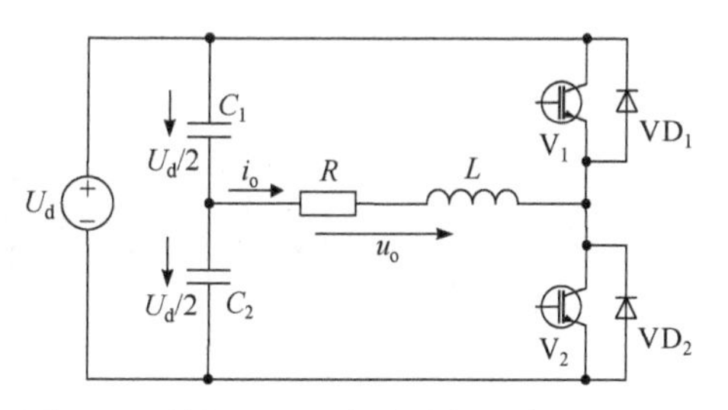

图 7-14　单相电压型半桥逆变电路

设开关器件 V_1、V_2 的栅极信号在一个周期各有半周正偏、半周反偏，且二者互补。当 V_1 或 V_2 导通时，负载电流与电压同方向，直流侧向负载提供能量；当 VD_1 或 VD_2 导通时，负载电流与电压反向，负载电感将其吸收的能量反馈回直流侧。

半桥逆变电路常用于小功率场合，其优点是电路简单、器件少、控制容易、管压降损耗小，其缺点是输出交流电压幅值为输入直流电压的 1/2，且需要两个电容串联。

在 PLECS 中建立单相电压型半桥逆变电路仿真模型，仿真分析并掌握单相电压型半桥逆变电路的工作原理、控制方式及数量关系；改变仿真模型中各模块的参数和仿真参数，如增大或减小直流电压源的电压，观察波形变化，分析波形变化原因。

1. 仿真模型

(1) 打开 PLECS 电路仿真模型编辑窗口，新建仿真文件并保存为 1Phase Voltage HalfbridgeInverter.plecs。

(2) 提取元器件。在“Electrical→Power Semiconductors”元件库中找到 IGBT 模块、Diode(二极管)模块，在“Electrical→Sources”元件库中找到 Voltage Source DC(直流电压源)模块，在“Electrical→Passive Components”元件库中找到 Resistor(电阻)模块、Inductor(电感)模块和 Capacitor(电容)模块，在“Control→Sources”元件库中找到 Pulse Generator(脉冲发生器)模块，在“Electrical→Meters”元件库中找到 Ammeter(电流表)模块和 Voltmeter(电压表)模块，在“System”元件库中找到 Electrical Label(电气标签)模块、Signal From(信号来自)模块、Signal Goto(信号转到)模块和 Scope(示波器)模块，将这些模块复制到 PLECS 仿真窗口。

(3) 复制粘贴模块，修改模块名称，旋转并调整模块位置，然后连接各模块，单相电压型半桥逆变电路仿真模型如图 7-15 所示。

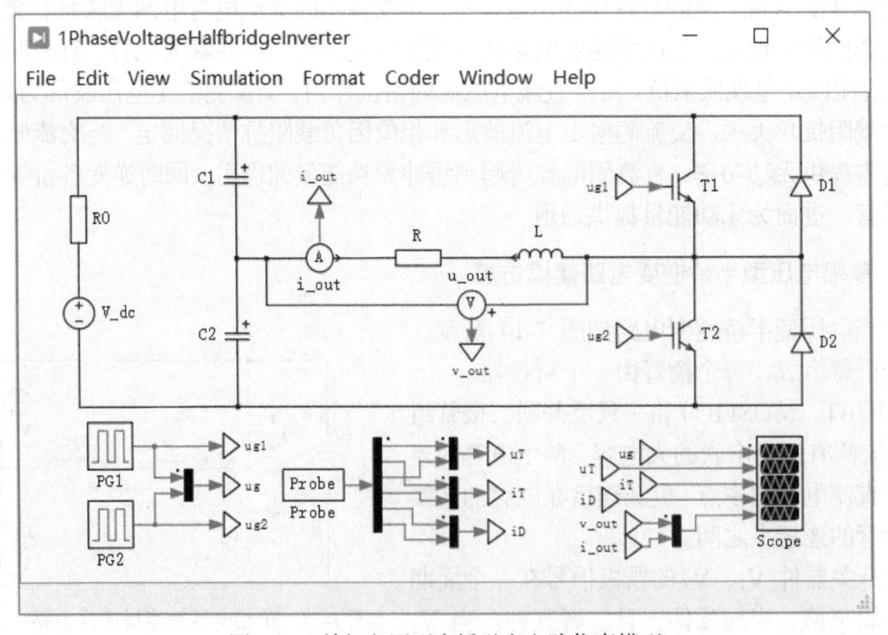

图 7-15　单相电压型半桥逆变电路仿真模型

(4)双击仿真模型编辑窗口中的模块设置模块参数。

直流电压源 V_dc 的电压为 300V。双击电容及负载电阻、电感模块，设置其参数分别为 $C_1 = C_2 = 4700\mu F$ ， $R = 2\Omega$ ， $L = 10mH$ 。其他模块参数采用系统默认值。

脉冲发生器模块 PG_1 产生开关管 VT_1 的驱动信号，其发生频率与逆变器的工作频率一致，本示例设为 50Hz。PG_1 的参数中，High-state output（高态）为 1，Low-state output（低态）为 0，Frequency（频率）为 50Hz，Duty cycle（占空比）为 0.49，留出 1%的死区时间，Phase delay（相位延迟）为 0s。脉冲发生器模块 PG_2 产生开关管 VT_2 的驱动信号，除 Phase delay（相位延迟）参数外，PG_2 的参数与 PG_1 参数设置一致，PG_2 的 Phase delay（相位延迟）为 0.01s。

(5)添加 Probe（探针）模块，将 IGBT 管 T_1、T_2 和二极管 D_1、D_2 拖拽进入探针模块编辑器窗口的 Probed components（探测元件）区，探测 IGBT 管 T_1、T_2 的电压和电流及二极管 D_1、D_2 的电流。

2. 仿真结果

选择“Simulation→Simulation parameters”菜单项，设置 Start time（开始时间）为 0.0，Stop time（终止时间）为 0.1s，即仿真在 100ms 内完成。设置 Max step time（最长步长）为 1μs，其他仿真参数采用默认值，具体设置方法参见图 7-3。

选择“Simulation→Start”菜单项以启动仿真，仿真运行结束后双击 Scope 示波器模块查看仿真波形。仿真波形如图 7-16 所示，图中波形从上到下分别为 IGBT 管 T_1 和 T_2 的控制信号、IGBT 管 T_1 和 T_2 的电压、IGBT 管 T_1 和 T_2 的电流、二极管 D_1 和 D_2 的电流、输出电压和电流的仿真波形。

电路在前两个工作周期处于过渡状态，到第三个工作周期时，电路基本稳定，以第 3 个工作周期为例，具体工作过程如下。

(1)当开关管 T_1 的驱动信号电平变高时，因为二极管 D_1 仍在续流，开关管 T_1 不能导通，等到二极管 D_1 中电流减小到零，开关管 T_1 才导通。二极管续流及开关管导通期间，输出电压 u_o 为输入直流电源电压的 1/2，即 $u_o = \frac{1}{2}V_{dc}$ 。

(2)当开关管 T_1 的驱动信号电平变低后，开关管 T_1 关断，二极管 D_2 开始续流，输出电压 $u_o = -\frac{1}{2}V_{dc}$ 。

(3)当开关管 T_2 的驱动信号电平变高时，因为二极管 D_2 仍在续流，开关管 T_2 不能导通，等到二极管 D_2 中电流减小到零，开关管 T_2 才导通。二极管续流及开关管导通期间，输出电压 $u_o = -\frac{1}{2}V_{dc}$ 。

(4)当开关管 T2 关断后，二极管 D1 续流，直到开关管 T1 导通，进入下一个工作周期。

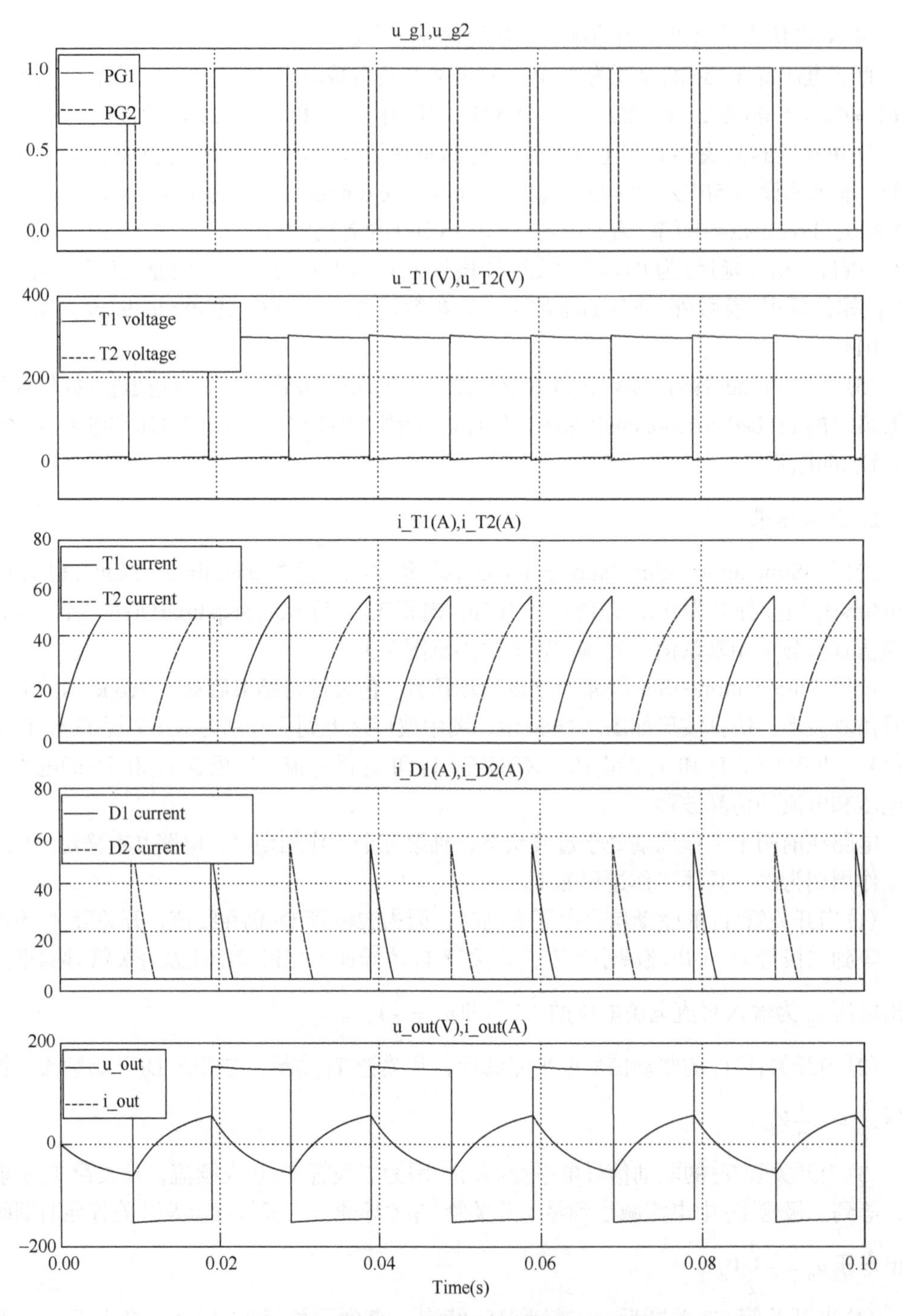

图 7-16　单相电压型半桥逆变电路仿真波形

7.2.2　单相电压型全桥逆变电路建模仿真

单相电压型全桥逆变电路可看成两个单相电压型半桥逆变电路的组合，如图 7-17 所示，VT_1、VT_4组成一对桥臂，VT_2、VT_3组成另一对桥臂，两对开关管轮流导通。在阻感负载情况下，开关器件侧反并联二极管 VD_1～VD_4 起续流作用。VT_1和 VT_2、VT_3和 VT_4的控制脉冲互补，VT_3 基极的控制脉冲相位落后 VT_1 的控制脉冲 θ 角（$0° < \theta < 180°$）。

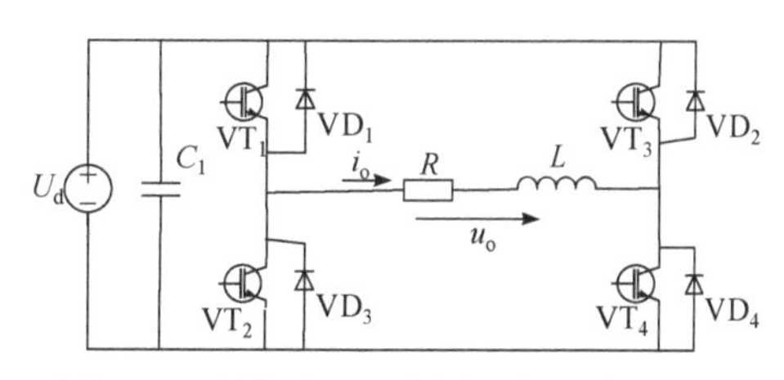

图 7-17　单相电压型全桥逆变电路原理图

在 PLECS 中建立单相电压型全桥逆变电路仿真模型，仿真分析并掌握单相电压型全桥逆变电路的工作原理、控制方式及数量关系；改变仿真模型中各模块的参数和仿真参数，如增大或减小直流电压源的大小，观察波形变化，分析波形变化原因。

1. 仿真模型

(1) 打开 PLECS 电路仿真模型编辑窗口，新建仿真文件并保存为 1PhaseVoltageBridgeInverter.plecs。

(2) 提取元器件。在“Electrical→Power Semiconductors”元件库中找到 IGBT with Diode（带体二极管的 IGBT）模块，在“Electrical→Sources”元件库中找到 Voltage Source DC（直流电压源）模块，在“Electrical→Passive Components”元件库中找到 Resistor（电阻）模块、Inductor（电感）模块和 Capacitor（电容）模块，在“Control→Sources”元件库中找到 Pulse Generator（脉冲发生器）模块，在“Electrical→Meters”元件库中找到 Ammeter（电流表）模块和 Voltmeter（电压表）模块，在“System”元件库中找到 Electrical Label（电气标签）模块、Signal From（信号来自）模块、Signal Goto（信号转到）模块、Scope（模块和示波器）模块，将这些模块复制到 PLECS 仿真窗口。

(3) 复制粘贴模块、修改模块名称、旋转并调整模块位置，然后连接各模块，单相电压型全桥逆变电路仿真模型如图 7-18 所示。

(4) 双击仿真模型编辑窗口中的模块设置模块参数。

直流电压源 V_dc 的电压为 300V。双击负载电阻及电感模块，设置其参数分别为 $R = 2\Omega$，$L = 10\text{mH}$。其他模块参数采用系统默认值。

脉冲发生器模块 PG_1 产生开关管 T_1 和 T_4 的驱动信号，其发生频率与逆变器的工作频率一致，本示例设为 50Hz。PG_1 的参数中，High-state output（高态）为 1，Low-state output（低态）为 0，Frequency（频率）为 50Hz，Duty cycle（占空比）为 0.49，留出 1%的死区时间，Phase delay（相位延迟）为 0s。脉冲发生器模块 PG_2 产生开关管 T_2 和 T_3 的驱动信号，除 Phase delay（相位延迟）参数外，PG_2 的参数与 PG_1 参数设置一致，PG_2 的 Phase delay（相位延迟）为 0.01s。

(5) 添加 Probe（探针）模块，将 IGBT 管 T_1、T_2 拖拽进入探针模块编辑器窗口的 Probed components（探测元件）区，探测 IGBT 管 T_1、T_2 的电压和电流。

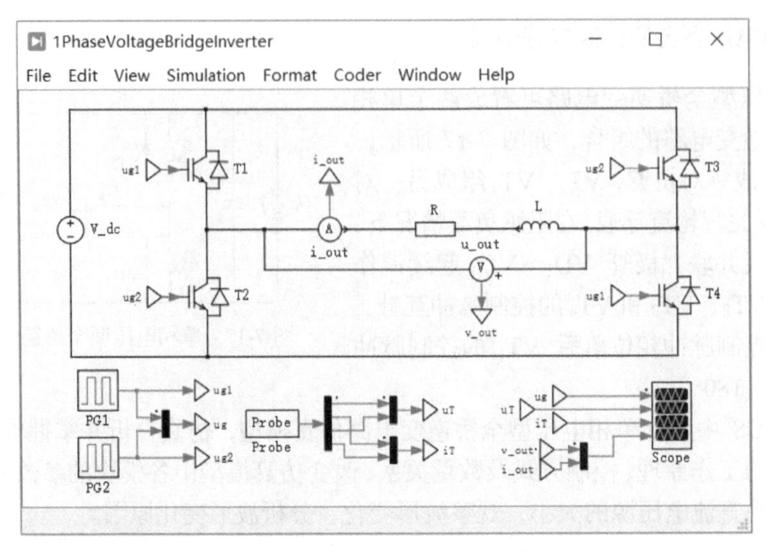

图 7-18　单相电压型全桥逆变电路仿真模型

2. 仿真结果

选择“Simulation→Simulation parameters”菜单项，设置在 100ms 内完成仿真，仿真最长步长为1μs，其他仿真参数采用默认值，具体设置方法参见图 7-3。

选择“Simulation→Start”菜单项以启动仿真，仿真运行结束后双击 Scope 示波器模块查看仿真波形。仿真结果波形输出如图 7-19 所示，图中波形从上到下分别为开关管 $T_1(T_4)$ 和 $T_2(T_3)$ 的触发脉冲、开关管 T_1 和 T_2 的电压、开关管 T_1 和 T_2 的电流、输出电压和电流的仿真波形。

电路在前两个工作周期处于过渡状态，到第三个工作周期时，电路基本稳定。电路稳态后工作过程如下。

(1) 当开关管 T_1 和 T_4 的驱动信号电平变高时，因为开关管 T_1 和 T_4 的体内二极管仍在续流，开关管 T_1 和 T_4 不能导通，等到二极管中电流减小到零，开关管 T_1 和 T_4 才导通。二极管续流及开关管导通期间，输出电压 u_o 为输入直流电源电压的 1/2，即 $u_o = V_{dc}$。

(2) 当开关管 T_1 和 T_4 的驱动信号电平变低后，开关管 T_1 和 T_4 关断，开关管 T_2 和 T_3 二极管开始续流，输出电压 $u_o = -V_{dc}$。

(3) 当开关管 T_2 和 T_3 的驱动信号电平变高时，因为其体内二极管仍在续流，开关管 T_2 和 T_3 不能导通，等到二极管电流减小到零，开关管 T_2 和 T_3 才导通。二极管续流及开关管导通期间，输出电压 $u_o = -V_{dc}$。

(4) 当开关管 T_2 和 T_3 的驱动信号电平变低后，开关管 T_2 和 T_3 关断，开关管 T_1 和 T_4 的体内二极管开始续流，输出电压 $u_o = V_{dc}$，直到开关管 T_1 和 T_4 导通，进入下一个工作周期。

开关管关断期间承受的电压为输入电源电压，输出交流电压的幅值为输入电源电压。

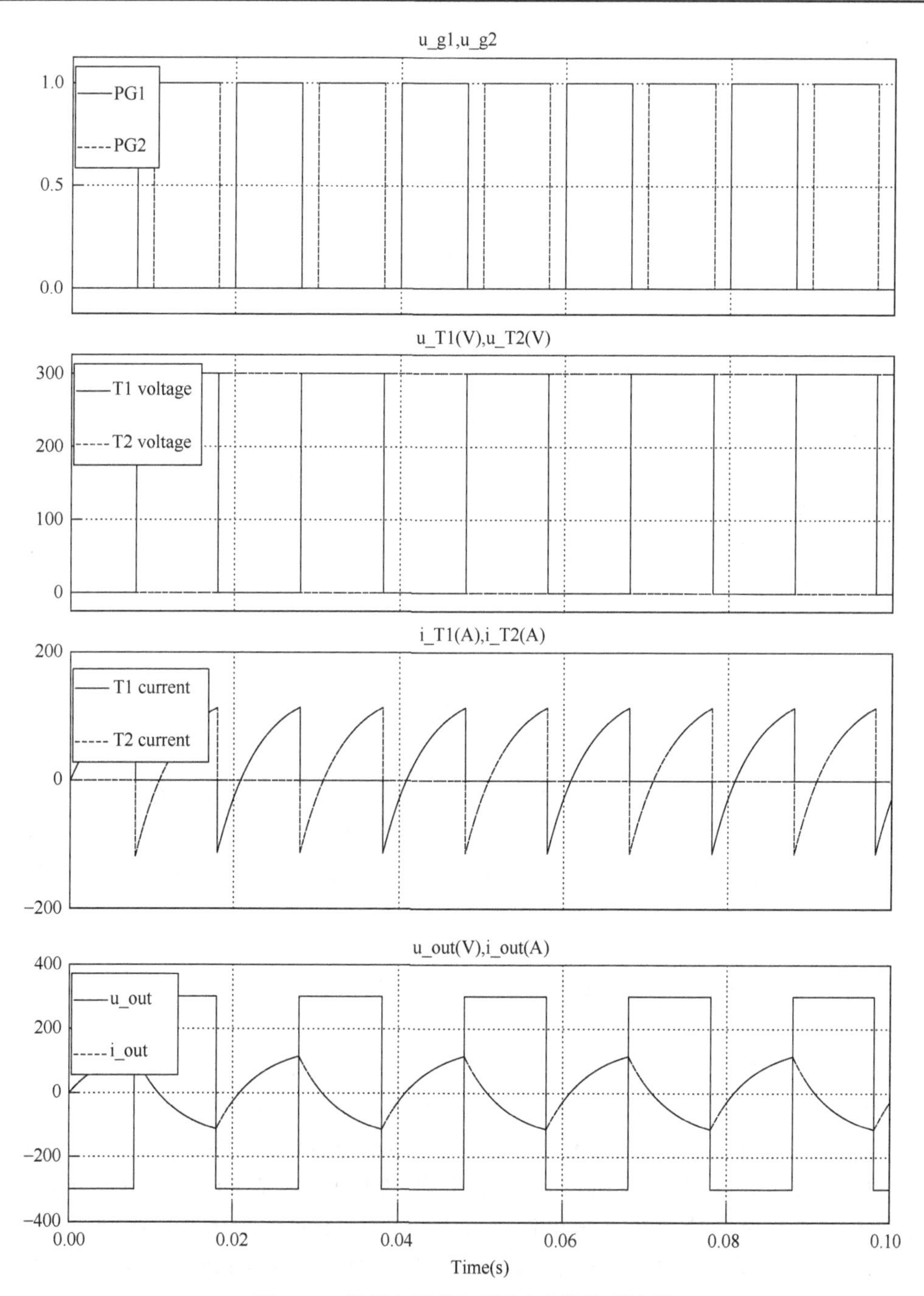

图 7-19　单相电压型全桥逆变电路仿真波形

7.2.3　三相电压型全桥逆变电路建模仿真

在大功率变换或负载要求提供三相电源时，需要使用三相电压型全桥逆变电路。三相电压型全桥逆变电路可以看成由三个单相半桥逆变电路组成，采用 IGBT 为开关器件的三相电压型桥式逆变电路如图 7-20 所示。

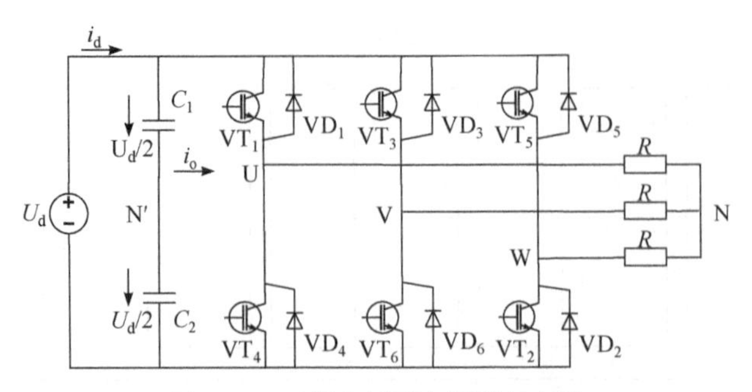

图 7-20　三相电压型全桥逆变电路

三相电压型全桥逆变电路的基本工作方式也是180° 导电方式，每个桥臂的导电角度为180°，同一相(即同一半桥)上下两臂交替导电，各相开始导电的角度差120°，任一瞬间有三个桥臂同时导通。每个脉冲间隔 60° 区间内有 3 个 IGBT 导通，且分别属于上桥臂和下桥臂，6 个 IGBT 的导通顺序为 5、6、1→6、1、2→1、2、3→2、3、4→3、4、5→4、5、6→5、6、1，每组管子导通 60°。上桥臂器件对应的相电压为正，下桥臂器件所对应的相电压为负。3 个相电压相位相差 120°，相电压之和为 0。线电压为相电压的 $\sqrt{3}$ 倍。

实际应用中，为了防止同一相上、下桥臂的开关器件同时导通而引起直流侧电源短路，一般采取“先断后开”的方法。即先给应关断的器件关断信号，待其关断后留一定的时间裕量，然后给应导通的器件发出开通信号，即在两者之间留一个短暂的死区时间，死区时间的长短由器件的开关速度来决定，器件的开关速度越快，死区时间越短。

在 PLECS 中建立图 7-20 所示三相电压型全桥逆变电路仿真模型，仿真分析并掌握三相电压型全桥逆变电路的工作原理、控制方式及数量关系，根据仿真结果进行谐波分析。

1. 仿真模型

(1) 打开 PLECS 电路仿真模型编辑窗口，新建仿真文件并保存为 3Phase Voltage BridgeInverter.plecs。

(2) 提取元器件。在“Electrical→Power Semiconductors”元件库中找到 IGBT with Diode (带体二极管的 IGBT) 模块，在“Electrical→Sources”元件库中找到 Voltage Source DC (直流电压源) 模块，在“Electrical→Passive Components”元件库中找到 Resistor (电阻) 模块、Inductor (电感) 模块和 Capacitor (电容) 模块，在“Control→Modulator”子库中包含了大量的调制器模块，这里选用 6-Pulse Generator (6 脉冲发生器) 模块，在“Electrical→Meters”元件库中找到 Ammeter (电流表) 模块和 Voltmeter (电压表) 模块，在“System”元件库中找到 Electrical Label (电气标签) 模块、Signal From (信号来自) 模块、Signal Goto (信号转到) 模块、Scope (模块和示波器) 模块，将这些模块复制到 PLECS 仿真窗口。

(3) 复制粘贴模块、修改模块名称、旋转并调整模块位置，然后连接各模块，三相电压型全桥逆变电路仿真模型如图 7-21 所示。

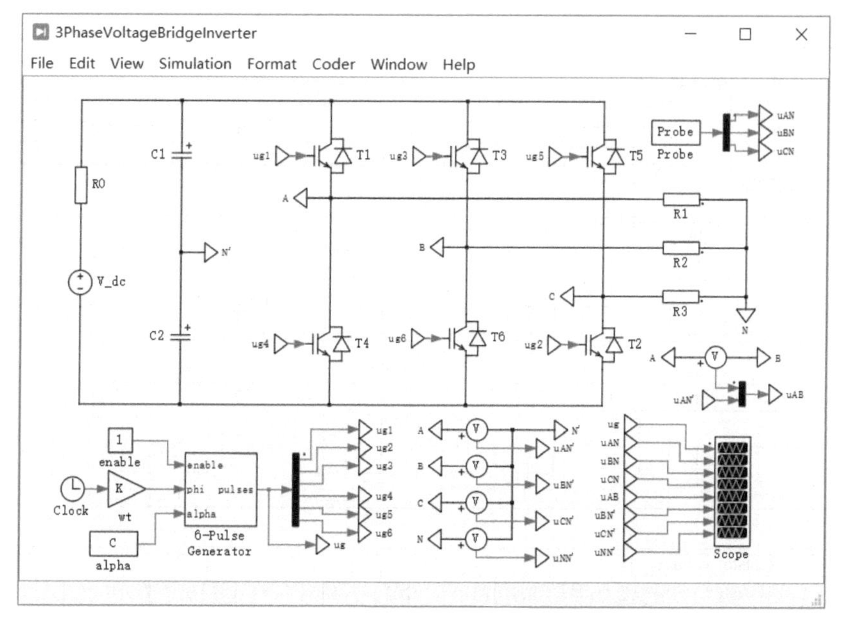

图 7-21　三相电压型全桥逆变电路仿真模型

(4)双击仿真模型编辑窗口中的模块设置模块参数。

直流电压源 V_dc 的电压 U_d 为 300V。双击电容及负载电阻模块，设置其参数分别为 $C_1 = C_2 = 4700\mu F$ ，$R = 5\Omega$ 。其他模块参数采用系统默认值。

6 脉冲发生器模块是专为三相整流电路或逆变电路设计的，具体使用参见 4.4.1 节。这里采用 6 脉冲发生器模块产生 IGBT 的控制脉冲，与晶闸管触发脉冲不同，IGBT 的控制脉冲整个导通期间有效，6 脉冲发生器模块参数设置对话框中 Pulse width [rad](触发脉冲的宽度(弧度))参数设置为$180°$，Pulse type(脉冲类型)选择 Single pulse(单脉冲)。输出波形频率为 50Hz，设置增益模块的增益为100π。控制角 α 为$120°$，由常数模块“alpha”设定，$\text{alpha} = \frac{\pi}{3}$。

(5)添加 Probe(探针)模块，将负载电阻 R_1、R_2、R_3 拖拽进入探针模块编辑器窗口的 Probed components(探测元件)区，探测负载电阻 R_1、R_2、R_3 的电压 u_{AN}、u_{BN}、u_{CN}。

2. 仿真结果

选择“Simulation→Simulation parameters”菜单项，设置在 100ms 内完成仿真，仿真最长步长为$1\mu s$，其他仿真参数采用默认值，具体设置方法参见图 7-3。

选择“Simulation→Start”菜单项以启动仿真，仿真运行结束后双击 Scope 示波器模块查看仿真波形。仿真波形如图 7-22 所示，图中波形从上到下分别为 IGBT 管 T1～T6 的控制脉冲，负载相电压 u_{AN}、u_{BN}、u_{CN}，输出线电压 u_{AB}、u_{BC}、u_{CA} 和相电压 $u_{AN'}$、$u_{BN'}$、$u_{CN'}$，电源中点与负载中心点电压 $u_{NN'}$。

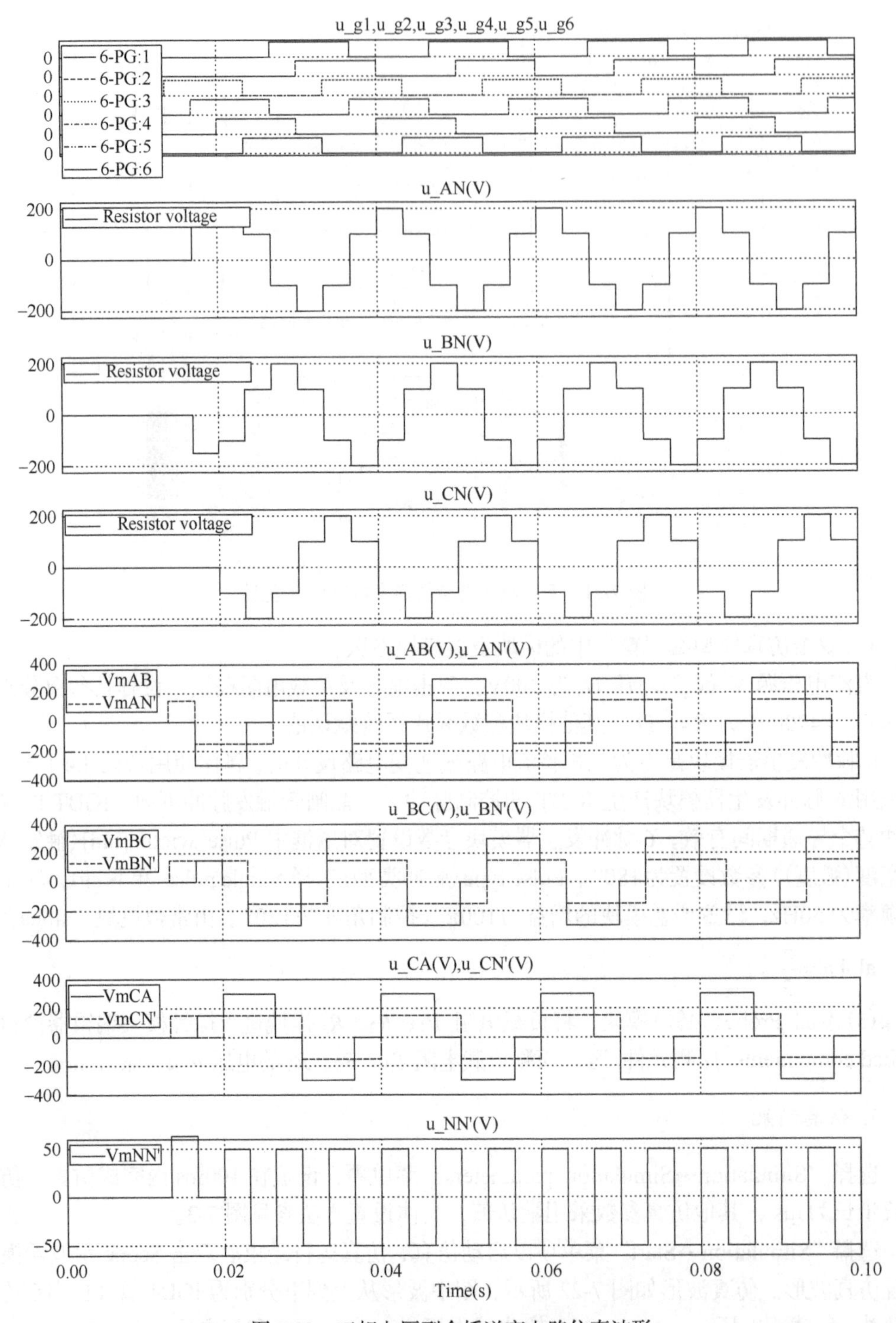

图 7-22　三相电压型全桥逆变电路仿真波形

电路在前两个工作周期处于过渡状态，到第三个工作周期时，电路基本稳定。电路稳定工作后，同一相(同一半桥)上下两个桥臂交替导通180°，各相开始导通的角度相差120°。任何时刻将有三个桥臂同时导通，导通顺序为1、2、3→2、3、4→3、4、5→4、5、

6→5、6、1→6、1、2，可能是上面一个桥臂和下面两个桥臂同时导通，也可能是上面两个桥臂和下面一个桥臂同时导通，每次换流都是在同一相上下两个桥臂之间进行的。输出相电压$u_{AN'}$、$u_{BN'}$、$u_{CN'}$是幅值为$\pm\frac{1}{2}U_d$的矩形波，相位依次相差120°。负载线电压u_{AB}、u_{BC}、u_{AC}的波形是幅值为$\pm U_d$、宽度为120°的阶梯波，负载相电压u_{AN}、u_{BN}、u_{CN}是幅值为$\pm\frac{1}{3}U_d$和$\pm\frac{2}{3}U_d$的阶梯波。电源中点与负载中心点之间电压幅值为$\pm\frac{1}{6}U_d$、频率为负载相电压 3 倍的矩形波。

读者可进一步对三相电压型全桥逆变电路进行谐波分析。

7.3　单相 SPWM 控制逆变电路仿真实验

电力电子技术的发展与控制技术密切联系，由半控型晶闸管构成的整流电路和交-交变换电路采用的是相控技术，即通过改变触发延迟角来调节输出。随着全控型电力电子器件的发展，脉宽调制(Pulse Width Modulation，PWM)技术得到了广泛应用。PWM 技术是电能转换电路中常用的一种控制技术，在逆变电路中的应用最为广泛，对逆变电路的影响也最为深刻，现在大量应用的逆变电路中，绝大部分都是 PWM 型逆变电路。采用 PWM 方式的无源逆变电路可以改善电路输出电压的波形，减小输出电压波形的畸变程度，减少对电网的污染。

1964 年，德国人 A.Schonung 将通信变频思想 PWM 用于电力电子。PWM 控制就是对脉冲的宽度进行调制的技术，即通过对一系列脉冲的宽度进行调制来等效地获得所需要的波形(含形状和幅值)。脉宽调制器的输出端为一系列宽度可调的等高矩形脉冲，它根据输入电压的值控制输出电压脉冲的宽度，输出电压脉冲的宽度决定了逆变器的输出电压，这样输入电压通过脉宽调制器控制逆变器的输出电压。输入电压越高，脉宽调制器输出电压的脉冲宽度就越宽，逆变器的输出电压也就越高；反之，输入电压越低，脉宽调制器输出电压的脉冲宽度就越窄，逆变器的输出电压也就越低。实际工程中主要采用的 PWM 技术是电压正弦 PWM(SPWM)，即希望逆变器的平均输出电压是正弦波形，它通过调节脉冲宽度来调节平均输出电压的大小。目前，中小功率的逆变电路几乎都采用 SPWM 技术。

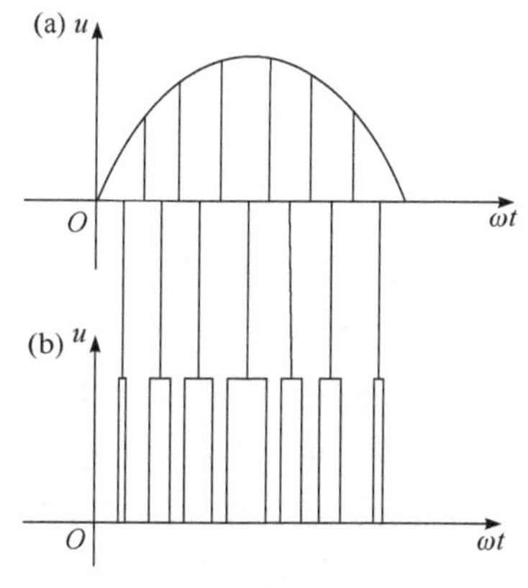

图 7-23　与正弦波等效的等幅不等宽矩形脉冲

SPWM 的基本思想是用正弦波等效的一系列等幅不等宽的矩形脉冲波形来等效正弦波，如图 7-23 所示，将一个正弦半波划分成 N 等份，将每一等份中正弦曲线与横轴所包围的面积都用一个与此面积相等的等高矩形波来代替，且矩形脉冲的中点与相应正弦等份的中点重合，这样得到的 N 个等幅不等宽的矩形脉冲所组成的波形就与正弦波的半周波形等效。同样，正弦波的负半周也可用相同的方法与一系列负脉冲等效。这种正弦波正、负半周分别用等幅不等宽的正、负矩形脉冲等效的 SPWM 波形称作单极性 SPWM。单极性 SPWM 波形在半周期内的脉冲电压只在“正”、“负”和“零”之间变化，如果输出脉冲电压在“正”和“负”之间变化，就得到双极性 SPWM 波形。

SPWM 控制有计算法和调制法两种。计算法根据逆变电路的正弦波输出频率、幅值和半个周期内的脉冲数，将 SPWM 波形中各脉冲的宽度和间隔准确计算出来，按照计算结果控制逆变电路中各开关器件的通断，得到所需要的 SPWM 波形。计算法非常烦琐，当需要输出的正弦波的频率、幅值或相位变化时，结果都要变化。调制法把希望输出的波形作为调制信号，把接受调制的信号作为载波，通过信号波的调制得到所期望的 PWM 波形。调制法通常采用等腰三角波作为载波，因为等腰三角波上下宽度与高度呈线性关系且左右对称，当它与任何一个平缓变化的调制信号波相交时，如果在交点时刻控制电路中开关器件的通断，就可以得到宽度正比于信号波幅值的脉冲，这正好符合 PWM 控制的要求。当调制信号波为正弦波时，得到的就是 SPWM 波形。根据载波的极性可实现单极性 SPWM 调制和双极性 SPWM 调制。

7.3.1 单相单极性电压型桥式 SPWM 逆变电路建模仿真

图 7-24 所示是采用功率晶体管作为开关器件的电压型单相桥式逆变电路，设负载为电感性，L 足够大，能保证负载电流连续。

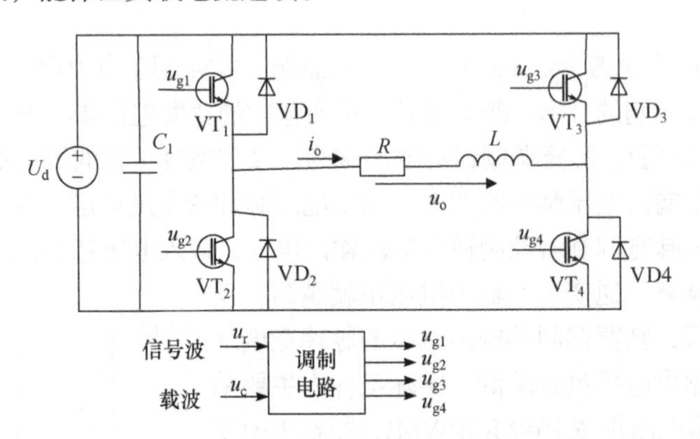

图 7-24　电压型单相桥式 PWM 逆变电路

按如下规律控制各晶体管。

(1) 在信号 u_r 的正半周，晶体管 VT_1 保持导通，晶体管 VT_4 交替通断。当 VT_1 和 VT_4 导通时，加在负载上的电压 $u_o = U_d$；当 VT_1 导通而 VT_4 关断时，由于感性负载中的电流不能突变，负载电流将通过二极管 VD_2、VD_3 续流，则负载上所加电压 $u_o = 0$。如果负载电流较大，那么直到使 VT_4 再一次导通之前，VD3 一直保持导通。

(2) 在信号 u_r 的负半周，晶体管 VT_2 保持导通，晶体管 VT_3 交替通断。当 VT_2 和 VT_3 导通时，加在负载上的电压 $u_o = -U_d$；当 VT_2 导通而 VT_3 关断时，由于感性负载中的电流不能突变，负载电流将通过二极管 VD_1、VD_4 续流，则负载上所加电压 $u_o = 0$。如果负载电流较大，那么直到使 VT_3 再一次导通之前，VD_3 一直保持导通。

这样，在一个周期内，逆变器输出的波形由U_d、0 和$-U_d$三种电平组成。

SPWM 控制方式是用频率为f_r的正弦波作为调制波u_r，$u_r = U_{rm}\sin\omega_r t = U_{rm}\sin 2\pi f_r t$，用幅值为$U_{cm}$、频率为$f_c$的三角波作为载波$u_c$。载波比$N = f_c/f_r$，幅值调制深度$m = U_{rm}/U_{cm}$。通常情况下，$m \leqslant 1$，$f_c \gg f_r$，SPWM 逆变器输出电压随调制深度$m$线性变化。当$m$不变时，提高载波频率$f_c$，输出电压的最低次谐波也增加。

在 PLECS 中完成单相单极性电压型桥式 SPWM 逆变电路仿真。

1. 仿真模型

(1) 打开 PLECS 电路仿真模型编辑窗口，新建仿真文件并保存为 1PhaseVoltageBridgeInverter-SSPWM.plecs。

(2) 主电路部分与单相电压型全桥逆变电路基本一致，但在控制方式上采用 SPWM 控制，具体建模过程参见 7.2.2 节。模型中增加了输出滤波。

单极性 SPWM 驱动部分由 PLECS 库浏览器窗口“Control→Discontinuous”元件库中 Comparator(比较器)模块，“Control→Logical”元件库中 Logical Operator(逻辑运算)模块，“Control→Sources”元件库中 Sin Wave Generator(正弦波发生器)、Triangular Wave Generator(三角波发生器)和 Pulse Generator(脉冲发生器)模块组成。将这些模块复制到 PLECS 仿真窗口。

(3) 复制粘贴模块、修改模块名称、旋转并调整模块位置，然后连接各模块，单相单极性电压型桥式 SPWM 逆变电路仿真模型如图 7-25 所示。

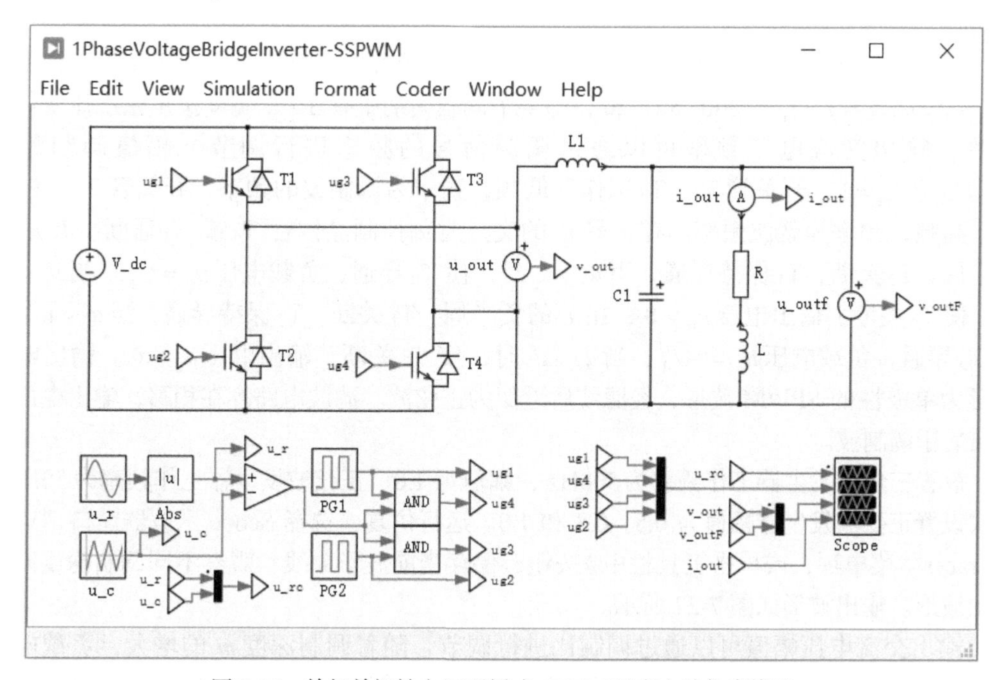

图 7-25　单相单极性电压型桥式 SPWM 逆变电路仿真模型

(4) 双击仿真模型编辑窗口中的模块设置模块参数。

直流电压源 V_dc 的电压参数 $U_d = 300V$。双击滤波电容 C_1、电感 L_1、负载电阻 R 及电感 L 模块，设置其参数分别为 $C_1 = 47\mu F$，$L = 47mH$，$R = 50\Omega$，$L = 100mH$。其他模块参数采用系统默认值。

正弦波发生器工作频率为 50Hz，幅值为 1.0。三角波发生器工作频率为 1000Hz，三角波为单极性，幅值为 1.0。正弦波发生器与三角波调制产生单极性 SPWM 波。

脉冲发生器模块 PG_1 产生开关管 T_1 的控制信号，同时与 SPWM 信号相与产生开关管 T_4 的驱动信号，其发生频率与逆变器的工作频率一致，本示例设为 50Hz。PG_1 的参数中，High-state output（高态）为 1，Low-state output（低态）为 0，Frequency（频率）为 50Hz，Duty cycle（占空比）为 0.49，留出 1%的死区时间，Phase delay（相位延迟）为 0s。脉冲发生器模块 PG_2 产生开关管 T_2 的控制信号，同时与 SPWM 信号相与产生开关管 T_3 的驱动信号。除 Phase delay（相位延迟）参数外，PG_2 的其他参数与 PG_1 设置一致，PG_2 的 Phase delay（相位延迟）为 0.01s。

2. 仿真结果

选择“Simulation→Simulation parameters”菜单项，设置在 60ms 内完成仿真，仿真最长步长为 1μs，其他仿真参数采用默认值，具体设置方法参见图 7-3。

选择“Simulation→Start”菜单项以启动仿真，仿真运行结束后双击 Scope 示波器模块查看仿真波形。仿真结果波形输出如图 7-26 所示，图中波形从上到下分别为调制信号和载波信号波形、开关管 T_1～T_4 的控制脉冲、逆变输出电压和滤波后负载电压波形、负载电流波形。

单极性 SPWM 信号仅有一种极性，载波 u_c 为正极性的三角波，调制信号波 u_r 为正弦波，载波比 $N = f_c / f_r = 1000/50 = 20$，即半个调制周期中有 10 个宽度按正弦规律变化的脉冲，输出交流电压频率可以通过调制信号的频率进行调节。幅值调制深度 $m = U_{rm} / U_{cm} = 1$。开关管 T_1、T_2 工作于低频，频率为调制波的频率，开关管 T_3、T_4 工作于高频，频率为载波频率。在 u_r 和 u_c 的交点时刻控制晶体管 T_4 或 T_3 通断。在 u_r 的正半周，T_2 关断，T_1 保持导通，当 $u_r > u_c$ 时，使 T_4 导通，负载电压 $u_o = U_d$；当 $u_r < u_c$ 时，使 T_4 关断，输出电压 $u_o = 0$；在 u_r 的负半周，T_1 关断，T_2 保持导通，当 $u_r < u_c$ 时，使 T_3 导通，负载电压 $u_o = -U_d$；当 $u_r > u_c$ 时，使 T_3 关断，输出电压 $u_o = 0$。输出电压波形为单极性的 SPWM 波形，经滤波后近似为正弦波。滤波电路存在相移，输出电压相位滞后于调制波。

设置三角波发生器工作频率为 500Hz，幅值为 1.0，正弦波发生器工作频率为 50Hz，依次设置正弦波发生器幅值为 0.5、0.8 和 1.0。运行仿真，选择 Scope 示波器窗口“View→Traces”菜单项，或单击工具栏中按钮，保存当前波形曲线，观察不同调制深度时的输出波形。输出波形如图 7-27 所示。

输出交流电压幅值可以通过调制比进行调节，随着调制深度 m 的增大，负载电压的中心部分脉冲明显加宽，基波的幅值不断增加。载波频率增加，负载电流更接近正弦波。

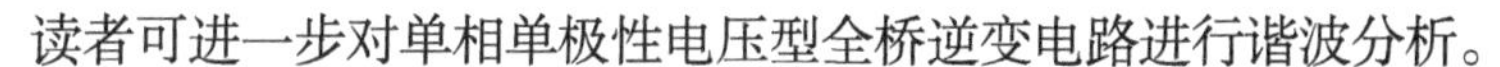

读者可进一步对单相单极性电压型全桥逆变电路进行谐波分析。

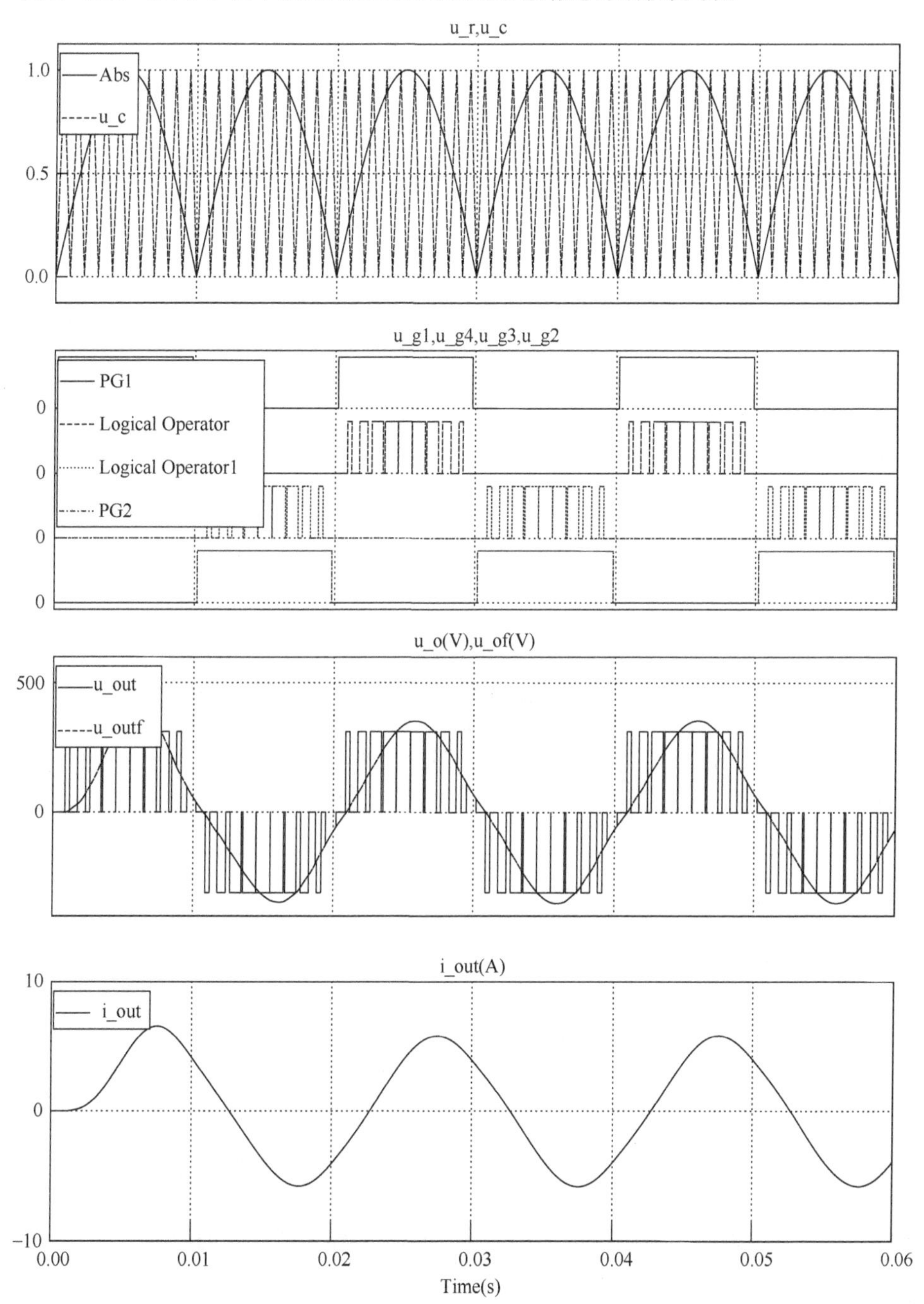

图 7-26　单相单极性电压型全桥逆变电路仿真波形

7.3.2　单相双极性电压型桥式 SPWM 逆变电路建模仿真

单相双极性电压型桥式 SPWM 逆变电路主电路与单相单极性电压型桥式 SPWM 逆变电路主电路一样，差别主要是 SPWM 控制信号不同。

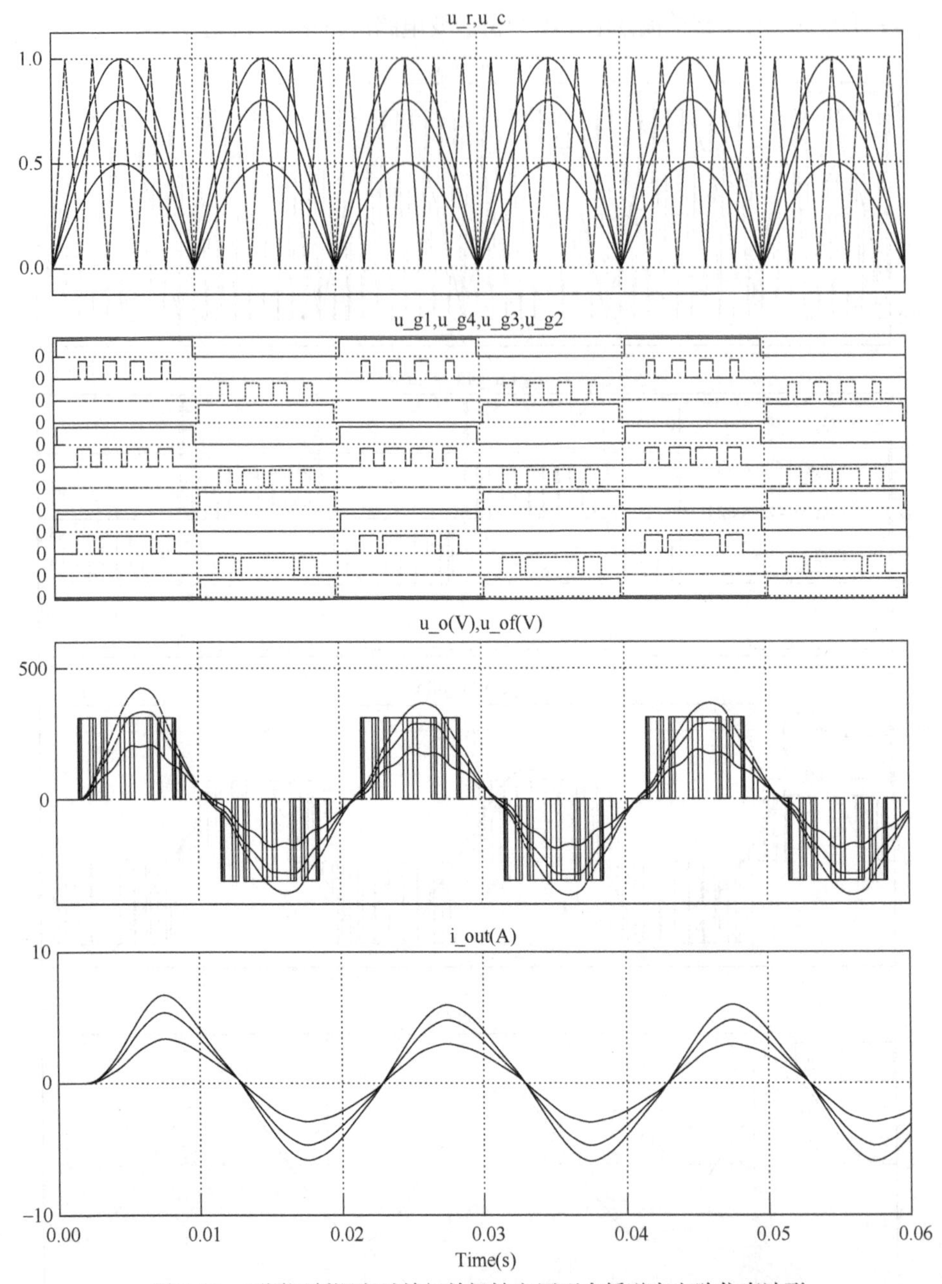

图 7-27 不同调制深度时单相单极性电压型全桥逆变电路仿真波形

1. 仿真模型

(1) 打开 PLECS 电路仿真模型编辑窗口，新建仿真文件并保存为 1PhaseVoltageBridgeInverter-DSPWM.plecs。

(2) 双极性 SPWM 也采用正弦波调制，单相双极性电压型桥式 SPWM 逆变电路仿真模型如图 7-27 所示，主电路与图 7-24 几乎完全一致，不同的是 SPWM 信号发生器。

双极性 SPWM 驱动部分由 PLECS 库浏览器窗口 “Control→Discontinuous” 元件库中 Comparator（比较器）模块、“Control→Logical” 元件库中 Logical Operator（逻辑运算）模块、“Control→Sources” 元件库中 Sin Wave Generator（正弦波发生器）和 Triangular Wave Generator（三角波发生器）模块组成。将这些模块复制到 PLECS 仿真窗口。

(3) 复制粘贴模块、修改模块名称、旋转并调整模块位置，然后连接各模块，单相双极性电压型桥式 SPWM 逆变电路仿真模型如图 7-28 所示。

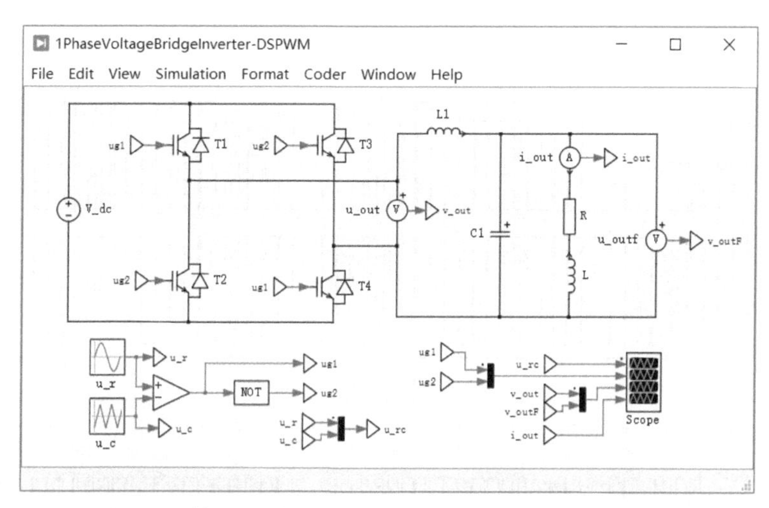

图 7-28　单相双极性电压型桥式 SPWM 逆变电路仿真模型

(4) 双击仿真模型编辑窗口中的模块设置模块参数。

直流电压源 V_dc 的电压参数 $U_\mathrm{d}=311\mathrm{V}$ 。滤波电容 C_1、电感 L_1、负载电阻 R 及电感 L 的参数分别为 $C_1=47\mu\mathrm{F}$ ， $L=47\mathrm{mH}$ ， $R=50\Omega$ ， $L=100\mathrm{mH}$ 。其他模块参数采用系统默认值。

正弦波发生器工作频率为 50Hz ，幅值为 1.0。三角波发生器工作频率为 1000Hz ，三角波为双极性，幅值为 $-1.0\sim1.0$ 。正弦波与双极性三角波调制生成双极性 SPWM 信号。

2. 仿真结果

选择 “Simulation→Simulation parameters” 菜单项，设置在 60ms 内完成仿真，仿真最长步长为 1μs ，其他仿真参数采用默认值，具体设置方法参见图 7-3。

选择 “Simulation→Start” 菜单项以启动仿真，仿真运行结束后双击 Scope 示波器模块查看仿真波形。仿真结果波形输出如图 7-29 所示，图中波形从上到下分别为调制信号和载波信号波形、开关管 $T_1\sim T_4$ 的控制脉冲、逆变输出电压和滤波后负载电压波形、负载电流波形。

电路在前两个周期处于过渡过程，第三个周期时基本进入稳态。双极性 SPWM 信号有两种极性，载波 u_c 为双极性的三角波，调制信号波 u_r 为正弦波，载波比 $N=f_\mathrm{c}/f_\mathrm{r}=1000/50=20$ ，即半个调制周期中有 10 个宽度按正弦规律变化的脉冲，输出交流电压频率可以通过调制信号的频率进行调节。幅值调制深度 $m=U_\mathrm{rm}/U_\mathrm{cm}=1$ 。四个开关管均工作于高频，频率为载波频率，开关管 T_1、T_4 驱动波形相同，开关管 T_2、T_3 驱动波形相

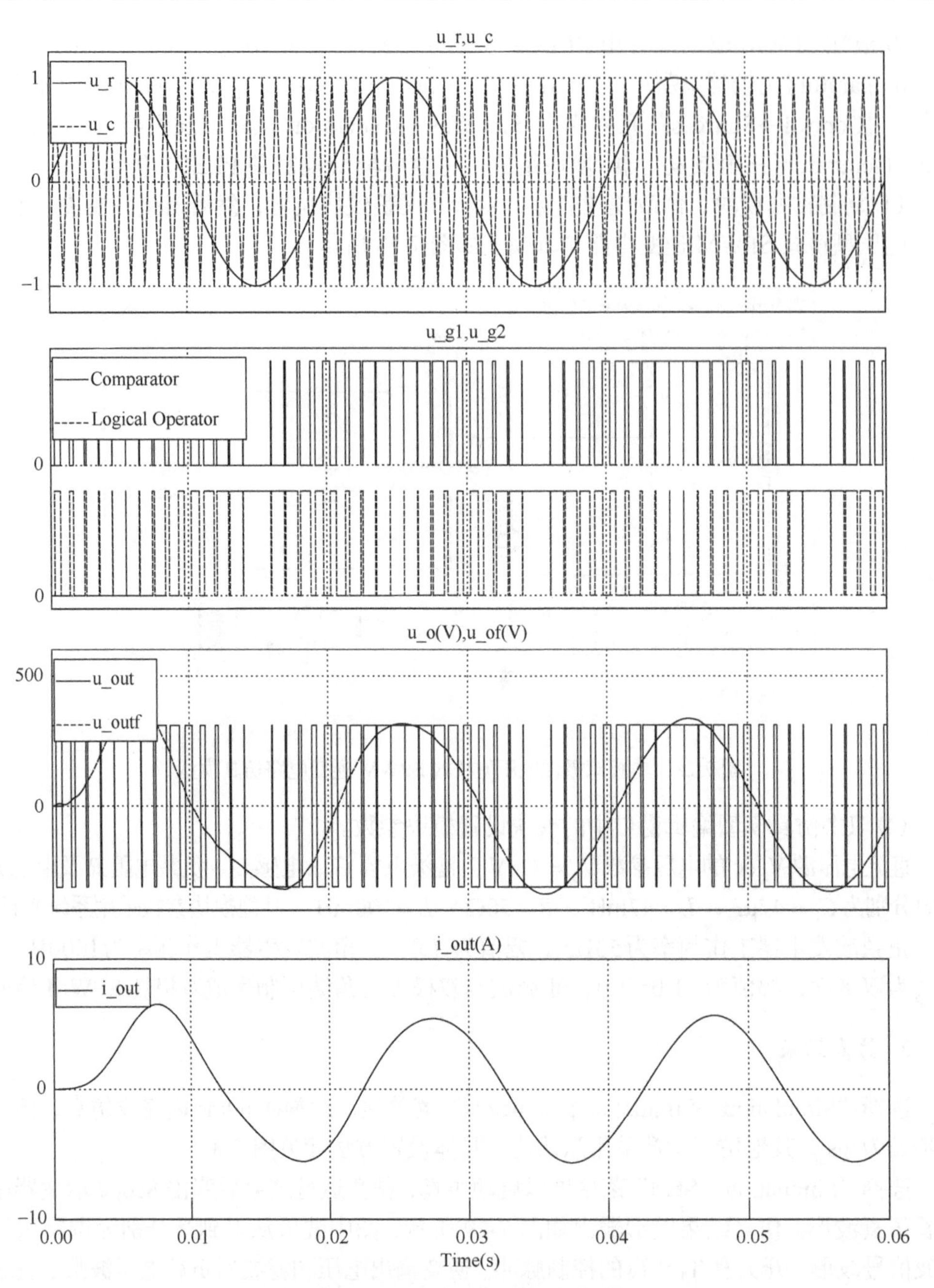

图 7-29　单相双极性电压型全桥逆变电路仿真波形

同。在 u_r 的正半周，开关管 T_1、T_4 导通，逆变器输出电压 $u_o = U_d$；在 u_r 的负半周，开关管 T_2、T_3 导通，逆变器输出电压 $u_o = -U_d$。输出电压波形为双极性的 SPWM 波形，经滤波后近似为正弦波。滤波电路存在相移，输出电压相位滞后于调制波。

设置三角波发生器工作频率为1000Hz，幅值为 −1.0～1.0，正弦波发生器工作频率为 50Hz，依次设置正弦波发生器幅值为 0.5、0.8 和 1.0。运行仿真，选择 Scope 示波器窗口

“View→Traces”菜单项，或单击工具栏中按钮，保存当前波形曲线，观察不同调制深度时的输出波形，如图 7-30 所示。

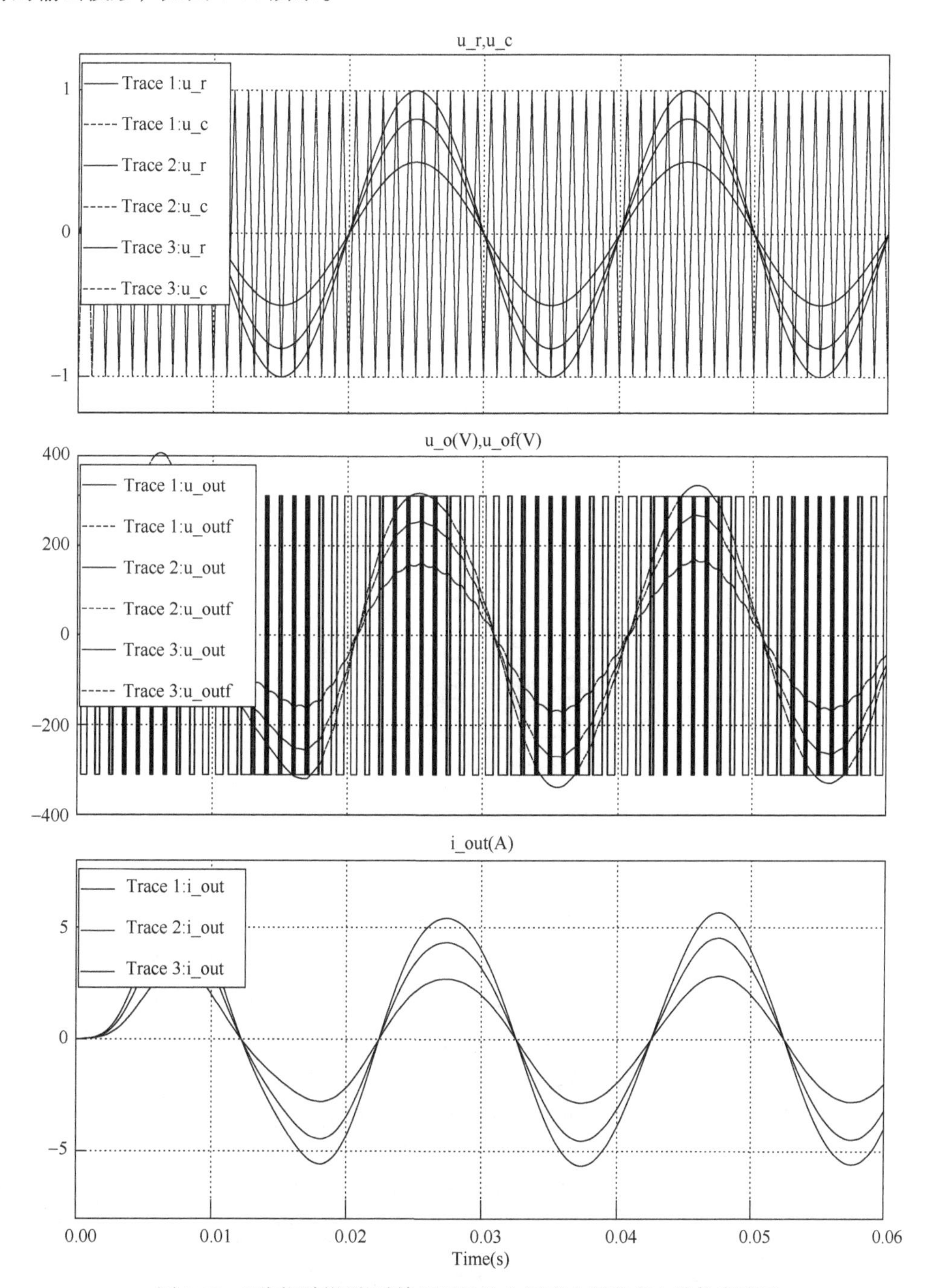

图 7-30　不同调制深度时单相双极性电压型全桥逆变电路仿真波形

输出交流电压幅值可以通过调制比进行调节，随着调制深度 m 的增大，交流电压的中心部分加宽，基波的幅值不断增加，负载电流更接近正弦波，与单极性相比，负载电压在一个周期内是正负两个方向变化的。

读者可进一步对单相双极性电压型全桥逆变电路进行谐波分析。

7.3.3　三相电压型桥式 SPWM 逆变电路建模仿真

用三个单相逆变器电路可以组合成一个三相逆变电路，但在三相逆变电路中，应用最广的还是三相桥式逆变电路，采用 IGBT 开关器件的电压型三相桥式逆变电路如图 7-31 所示，包括功率级主电路、SPWM 控制电路和负载三部分。

在 PLECS 中完成图 7-31 所示三相电压型桥式 SPWM 逆变电路仿真，理解电压型三相 SPWM 逆变器电路的工作原理及仿真波形，了解输出相电压和线电压 SPWM 波形中电平种类，了解调制深度对输出波形的影响。

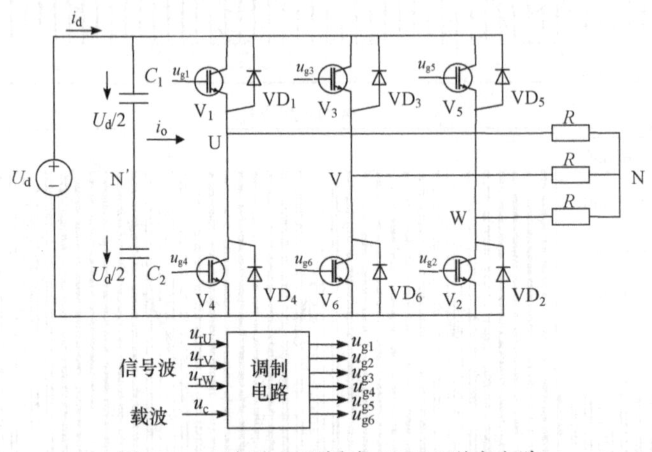

图 7-31　三相电压型桥式 SPWM 逆变电路

1. 仿真模型

(1) 打开 PLECS 电路仿真模型编辑窗口，新建仿真文件并保存为 3Phase SPWMInverter.plecs。

(2) 功率电路部分与三相电压型全桥逆变电路相同，包括 6 个独立的 IGBT 模块，也可以使用 PLECS 库浏览器窗口“Electrical→Power Modules”元件库中 IGBT Half Bridge(IGBT 半桥)模块替代这 6 个独立的 IGBT 模块，如图 7-32 所示，这里为叙述方便，仍采用 6 个独立的 IGBT 模块。电路中其他元件参照 7.2.3 节。

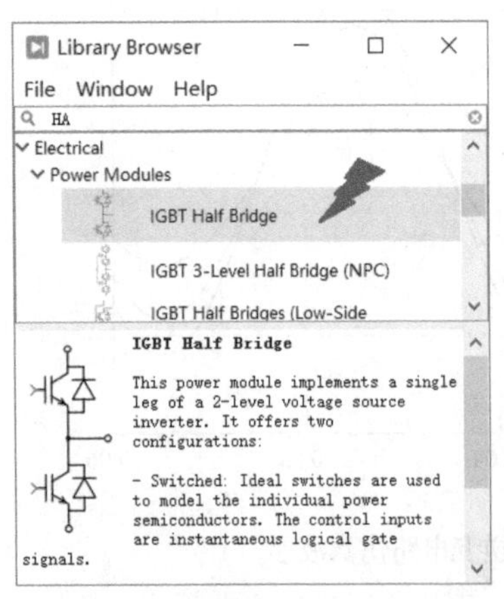

图 7-32　元件库中 IGBT Half Bridge(IGBT 半桥)模块

直流电压源 V_{dc} 的电压 $U_d = 100V$。电容 $C_1 = C_2 = 4700\mu F$，IGBT 模块参数采用系统默认值。

(3) SPWM 驱动由 PLECS 库浏览器窗口“Control→Discontinuous”元件库中 Comparator(比较器)模块、“Control→Logical”元件库中 Logical Operator(逻辑运算)模块，“Control→Sources”元件库中 Sin Wave

Generator(正弦波发生器)和 Triangular Wave Generator(三角波发生器)模块组成。

比较器模块比较两个电压的大小，当“+”输入端电压高于“−”输入端时，电压比较器输出为高电平；当“+”输入端电压低于“−”输入端时，电压比较器输出为低电平。

双击仿真窗口中所有逻辑操作模块，在弹出的模块参数对话框中，选择逻辑操作(Operator)为非门(NOT)，输入端口(Number of Inputs)参数为“1”，即修改逻辑操作为非门。

双击三个正弦波发生器模块 u_rU、u_rV、u_rW，设置三相调制信号的 Amplitude(幅值)为 0.7，Frequence(频率)为 100π rad / s，即 50Hz。三相调制信号 u_rU 的相位为 0rad，三相调制信号 u_rV 的相位为 $\frac{2\pi}{3}$ rad，三相调制信号 u_rW 的相位为 $\frac{4\pi}{3}$ rad。

载波选用等腰三角波，三角波模块 u_c 的幅值为 −1.0～1.0，频率为 500Hz。

(4) 三相负载有星形和三角形两种连接方式，这里负载采用星形联结，平衡负载，负载电阻 $R_1 = R_2 = R_3 = 50\Omega$，负载电感 $L_1 = L_2 = L_3 = 10\text{mH}$。

三相桥式 SPWM 逆变电路仿真模型如图 7-33 所示。

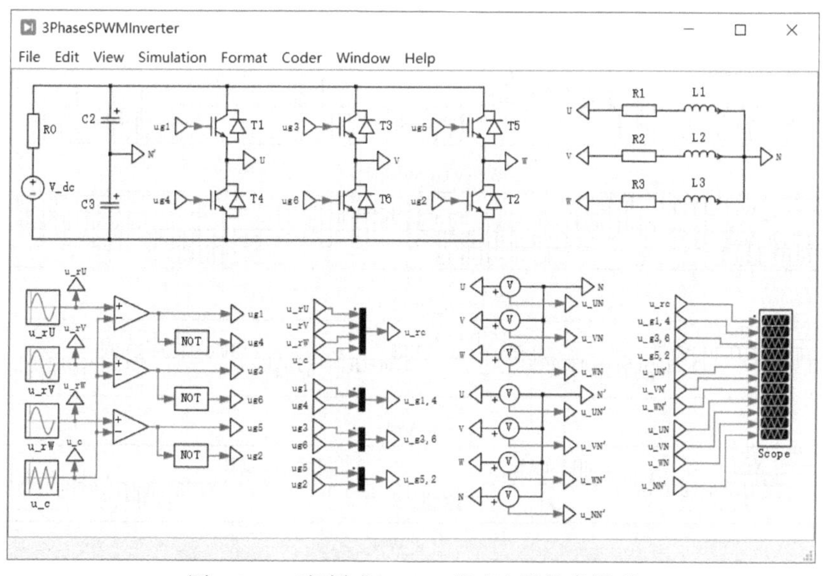

图 7-33　三相桥式 SPWM 逆变电路仿真模型

2. 仿真结果

选择“Simulation→Simulation parameters”菜单项，设置在 60ms 内完成仿真，仿真最长步长为 1μs，其他仿真参数采用默认值，具体设置方法参见图 7-3。

选择“Simulation→Start”菜单项以启动仿真运行，仿真运行结束后双击 Scope 示波器模块查看仿真波形。仿真结果波形输出如图 7-34 所示，图中波形从上到下分别为调制波和载波，IGBT 管 T_1、T_4 的驱动信号，IGBT 管 T_3、T_6 的驱动信号，IGBT 管 T_5、T_2 的驱动信号，输出 U 相电压 $u_{UN'}$，输出 V 相电压 $u_{VN'}$，输出 W 相电压 $u_{WN'}$，负载 U 相电压 u_{UN}，负载 V 相电压 u_{VN}，负载 W 相电压 u_{WN}，电源中点与负载中心点电压 $u_{NN'}$ 的仿真波形。

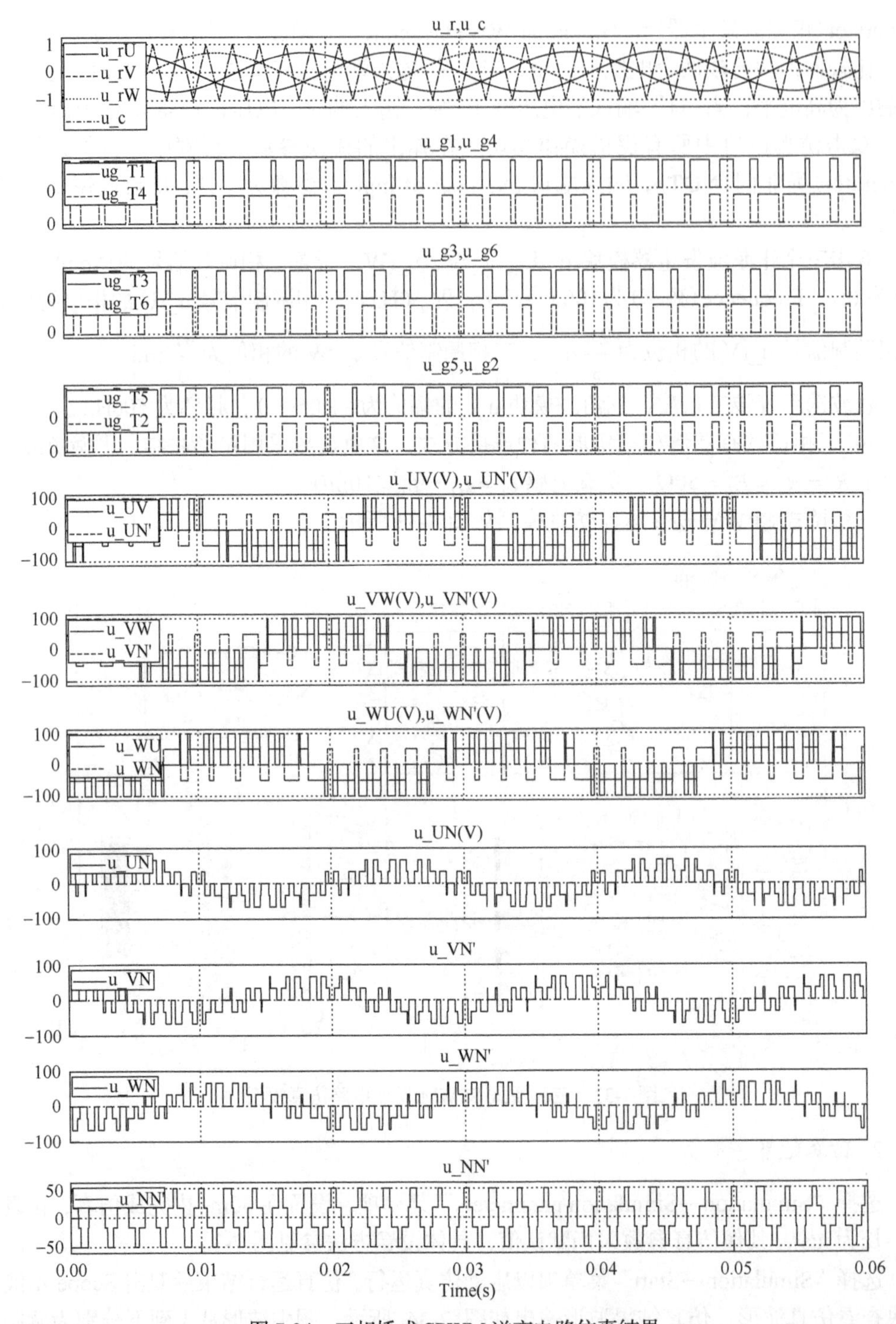

图7-34　三相桥式SPWM逆变电路仿真结果

三相桥式SPWM逆变电路采用双极性控制方式，U、V和W三相的PWM控制通常共用一个三角载波u_c，三相调制信号u_{rU}、u_{rV}和u_{rW}分别为三相正弦信号，其幅值和频率均相同，相位依次相差120°。U、V和W各相开关器件的控制规律相同，以U相为例，当$u_{rU} > u_c$时，上桥臂开关管 T_1导通，下桥臂开关管 T_4关断，则 U 相相对于直流电源假想的中点 N′ 的输出电压$u_{UN'} = U_d / 2$。当$u_{rU} < u_c$时，上桥臂开关管 T_1关断，下桥臂开关管 T_4导通，则 U 相相对于直流电源假想的中点 N′ 的输出电压$u_{UN'} = -U_d / 2$。T_1和 T_4的驱动信号始终是互补的。当给 T_1(T_4)加导通信号时，可能是 T_1(T_4)导通，也可能是其体内二极管续流导通，这主要由感性负载中原来电流的方向和大小来决定，和单相桥式逆变电路单极性 PWM 控制时的情况相同。V 相和 W 相的控制方式与 U 相相同。

由仿真波形可知，同一相(同一半桥)上下两个桥臂交替导通$180°$，各相开始导通的角度相差$120°$。任何时刻将有三个桥臂同时导通，导通顺序为 1、2、3→2、3、4→3、4、5→4、5、6→5、6、1→6、1、2，可能是上面一个桥臂和下面两个桥臂同时导通，也可能是上面两个桥臂和下面一个桥臂同时导通，每次换流都是在同一相上下两个桥臂之间进行的。$u_{UN'}$、$u_{VN'}$和$u_{WN'}$为互差$120°$的双极性 PWM 波，且只有$U_d / 2$、$-U_d / 2$两种电平。负载线电压u_{UV}的波形可由$u_{UN'} - u_{VN'}$得到，当 T_1、T_4导通时，$u_{UV} = U_d$，当 T_2、T_3导通时，$u_{UV} = -U_d$，当 T_1、T_3导通时或 T_2、T_4导通时，$u_{UV} = 0$。逆变电路输出负载线电压u_{UV}、u_{VW}、u_{WU}为单极性 PWM 波形，宽度为$120°$，由U_d、$-U_d$和 0 三种电平组成。

由仿真波形可知，负载相电压u_{UN}、u_{VN}、u_{WN}是幅值为$U_d / 3$、$-U_d / 3$、$2U_d / 3$和$-2U_d / 3$的阶梯波。电源中点与负载中心点之间电压幅值为$U_d / 6$、$-U_d / 6$、$U_d / 2$和$-U_d / 2$，频率为负载相电压频率 3 倍的阶梯波。

参 考 文 献

陈坚, 康勇, 2002. 电力电子学——电力电子变换和控制技术. 3 版. 北京: 高等教育出版社.

陈中, 2019. 基于 MATLAB 的电力电子技术和交直流调速系统仿真. 2 版. 北京: 清华大学出版社.

拉什德, 2019. 电力电子学——电路、器件及应用. 4 版. 罗昉, 裴学军, 梁俊睿, 等译. 北京: 机械工业出版社.

王兆安, 刘进军, 2009. 电力电子技术. 5 版. 北京: 机械工业出版社.

邹甲, 赵锋, 王聪, 2018. 电力电子技术 MATLAB 仿真实践指导及应用. 北京: 机械工业出版社.

Plexim GmbH. PLECS-the simulation platform for power electronic system-user manual version 4.6[EB/OL]. [2022-02-02]. https://www.plexim.com/download/documentatin.